DIANQI

高职高专电气系列规划教材

电气控制技术

（第四版）

主 编 李崇华

副主编 方 民 李海标

内 容 简 介

本书是高职高专电气专业系列教材。主要介绍常用低压电器的型号、规格、结构、工作原理、技术数据及其在控制电路中的作用;利用低压电器组成各种典型控制电路的工作原理和运行情况;常用机床电气控制线路的工作原理和运行过程;桥式起重机电气控制设备的工作原理;继电接触器控制系统的设计。本书的实训、实验部分有专门的配套教材《电气控制技术实训教程》供广大读者使用。

本书可作为高职高专院校电气专业教材,同时可作为职业大学、电视大学、中等专科学校电气专业的教材,也可供有关工程技术人员学习参考。

图书在版编目(CIP)数据

电气控制技术 / 李崇华主编. - -4 版. - -重庆 : 重庆大学出版社,2020.8
高职高专电气系列教材
ISBN 978-7-5624-3177-0

Ⅰ.①电… Ⅱ.①李… Ⅲ.①电气控制—高等职业教育—教材 Ⅳ.①TM921.5

中国版本图书馆 CIP 数据核字(2020)第 134265 号

电气控制技术
(第四版)
主 编 李崇华
副主编 方 民 李海标
策划编辑 周 立
责任编辑:曾显跃 版式设计:曾显跃
责任校对:关德强 责任印制:张 策
*
重庆大学出版社出版发行
出版人:饶帮华
社址:重庆市沙坪坝区大学城西路 21 号
邮编:401331
电话:(023) 88617190 88617185(中小学)
传真:(023) 88617186 88617166
网址:http://www.cqup.com.cn
邮箱:fxk@cqup.com.cn(营销中心)
全国新华书店经销
中雅(重庆)彩色印刷有限公司印刷
*
开本:787mm×1092mm 1/16 印张:11 字数:275 千
2020 年 8 月第 4 版 2020 年 8 月第 12 次印刷
印数:28 001—29 000
ISBN 978-7-5624-3177-0 定价:35.00 元

本书如有印刷、装订等质量问题,本社负责调换
版权所有,请勿擅自翻印和用本书
制作各类出版物及配套用书,违者必究

前言

本书是高职高专电气专业系列教材，是根据专家和专业教师讨论制定的高等职业技术学校电气自动化专业《电气控制技术》课程教学大纲编写的，为该专业的教学用书，也可作为有关专业的教学参考书。由于该课程专业性很强，在编写过程中，为了使教材更好地与高职教育的特点相结合，同时也结合我国的工业技术的发展，我们力求从基础着手，循序渐进，在教学内容上，尽量以教学内容结合生产实践，做到理论联系实际，同时，也增加了对一些先进电器元件和设备的介绍。为配合本课程的实践教学，我们特编写了配套教材《电气控制技术实训教程》供广大读者使用。

本书由李崇华主编，方民、李海标副主编。参加本书编写工作的有：方民、李海标、李崇华、吴志坚、刘克勤、高文华、陈向贵。

由于编者的水平有限，书中不当之处，恳请广大读者提出宝贵意见。

编　者

2020 年 6 月

目录

第 1 章
常用低压电器

1.1 低压电器的基本知识

1.1.1 电器的定义和分类

电器是能依据操作信号或外界现场信号的要求，自动或手动接通和断开电路，断续或连续地改变电路参数，以实现对电路或用电设备的切换、控制、保护、检测、变换和调节的电工装置、设备和元件。按我国电工行业的习惯，电机（包括变压器）属于生产和变换电能的机械，不包括在电器之列。

电器的用途广泛，功能多样，种类繁多、构造各异，其分类方法很多，下面介绍几种常用的分类方法。

(1) 按工作电压等级分

1) 低压电器

工作电压在交流 1 200 V 或直流 1 500 V 以下的各种电器。例如，接触器、控制器、启动器、刀开关、自动开关、熔断器、继电器、电阻器、主令电器等。

2) 高压电器

工作电压高于交流 1 200 V 或直流 1 500 V 以上的各种电器。例如，高压断路器、隔离开关、高压熔断器、避雷器等。

(2) 按动作原理分

1) 手动电器　需要人工直接操作才能完成指令任务的电器。例如，刀开关、控制器、转换开关、控制按钮等。

2) 自动电器　不需要人工操作，而是按照电或非电信号自动完成指令任务的电器。例如，自动开关、交直流接触器、继电器、高压断路器等。

(3) 按用途分

1) 控制电器　用于各种控制电路和控制系统的电器。例如，接触器、各种控制继电器、控制器、启动器等。

2) 主令电器　用于自动控制系统中发送控制指令的电器。例如，控制按钮、行程开关、万能转换开关等。

3) 保护电器　用于保护电路及用电设备的电器。例如，熔断器、热继电器、各种保护继电器、避雷器等。

4)配电电器　用于电能的输送和分配的电器。例如,高压断路器、隔离开关、刀开关、自动开关等。

5)执行电器　用于完成某种动作或传动功能的电器。例如,电磁铁、电磁离合器等。

(4)按工作原理分

1)电磁式电器　依据电磁感应原理来工作的电器。例如,交直流接触、各种电磁式继电器等。

2)非电量控制电器　电器的工作是靠外力或某种非电物理量的变化而动作的电器。例如,刀开关、行程开关、按钮、速度继电器、压力继电器、温度继电器等。

(5)按电器的执行机械的特点分

按电器的执行机械的特点可分为:有触点电器、无触点电器和混合电器。

1.1.2　电磁式电器的工作原理

电磁式电器在电气控制线路中使用量最大,其类型也很多,各类电磁式电器在工作原理和构造上亦基本相同。就其结构而言,大部分由两个主要部分组成:电磁机构和触头系统。

(1)电磁机构

电磁机构是电磁式电器的感测部分,它的主要作用是将电磁能量转换成机械能量,带动触头动作,从而完成接通或分断电路。

1)电磁机构的结构形式

电磁机构通常采用电磁铁的形式,由吸引线圈、铁芯和衔铁三部分组成。磁路包括铁芯、铁轭、衔铁和空气隙。图1.1是几种常用的电磁机构结构示意图。按磁系统形状分类,电磁机构可分为U形(见图1.1(c))和E形(见图1.1(d))两种。铁芯按衔铁的运动方式分为如下几类:

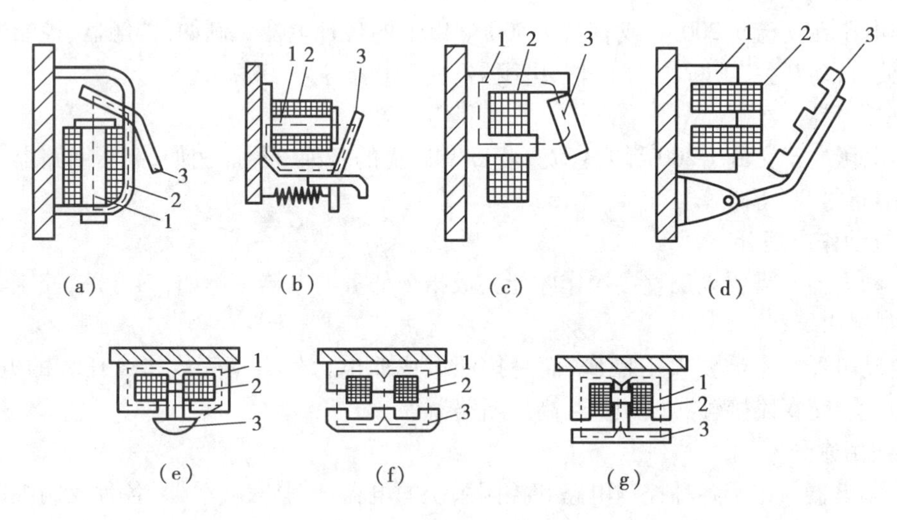

图1.1　常用电磁机构的形式

1—铁芯　2—线圈　3—衔铁

①衔铁沿棱角转动的拍合式铁芯,如图1.1(a)和(b)所示。其衔铁绕铁轭的棱角转动,

磨损较小,铁芯一般用电工软铁制成,适用于直流继电器和接触器。

②衔铁沿轴转动的拍合式铁芯,如图1.1(c)和(d)所示,其衔铁绕轴而转动。铁芯一般用硅钢片叠成,常用于较大容量交流接触器。

③衔铁做直线运动的直动式铁芯,如图1.1(e)、(f)和(g)所示。衔铁在线圈内做直线运动,较多用于中小容量交流接触器和继电器中。

2)吸引线圈

吸引线圈的作用是将电能转换成磁场能量。吸引线圈按其通电种类可分为交流电磁线圈和直流电磁线圈。对于交流电磁线圈,为了减小因涡流造成的能量损失和温升,铁芯和衔铁用硅钢片叠铆而成。由于其铁芯存在磁滞和涡流损耗,这样线圈和铁芯都发热,因此交流电磁机构的吸引线圈设有骨架,使铁芯与线圈隔离,并将线圈制成短而厚的"矮胖"形,这样做有利于铁芯和线圈的散热。

对于直流电磁线圈,铁芯和衔铁可以用整块电工软钢制成。因其铁芯不发热,只有线圈发热,所以,直流电磁机构的吸引线圈做成高而薄的"瘦高"型,且不设线圈骨架,使线圈与铁芯直接接触,易于散热。

当线圈做成并联于电源工作的线圈,称为电压线圈,它的特点是匝数多,线径较细;当线圈做成串联于电路工作的线圈,称为电流线圈,它的特点是匝数少,线径较粗。

3)吸力特性和反力特性

电磁机构的工作特性常用吸力特性和反力特性来表达。电磁机构使衔铁吸合的力与气隙的关系曲线称为吸力特性。电磁机构使衔铁释放(复位)的力与气隙的关系曲线称为反力特性。

①反力特性　电磁机构使衔铁释放的力一般有两种:一种是利用弹簧的反力,如图1.1(b)所示;另一种是利用衔铁的自身重力,如图1.1(d)所示。弹簧的反力与其变形量 x 成正比,其反力特性可写为:

弹簧的反力特性:
$$F_{f1} = K_1 x \tag{1.1}$$

自重的反力特性:
$$F_{f2} = M \tag{1.2}$$

考虑到常开触头闭合时超行程机构的弹力作用,上述两种反力特性曲线如图1.2所示。其中,δ_1 为电磁机构气隙的初始值,δ_2 为动、静触头开始接触时的气隙长度。由于超行程机构的弹力作用,反力特性在 δ_2 处有一突变。

②吸力特性　电磁机构的吸力与很多因素有关,当铁芯与衔铁端面互相平行,且气隙 δ 比较小,吸力可近似地按下式求得:

$$F = 4 \times 10^5 B^2 S \tag{1.3}$$

式中　B——气隙磁通密度,T;

S——吸力处端面积,m^2;

F——电磁吸力,N。

当端面积 S 为常数时,吸力 F 与磁通密度 B^2 成正比;也可以认为 F 与磁通 Φ^2 成正比,反比于端面积 S,即:

$$F \propto \Phi^2 / S \tag{1.4}$$

电磁机构的吸力特性反映的是其电磁吸力与气隙的关系,而励磁电流的种类不同,其吸力特性也不一样,以下对交、直流电磁机构的电磁吸力特性分别讨论。

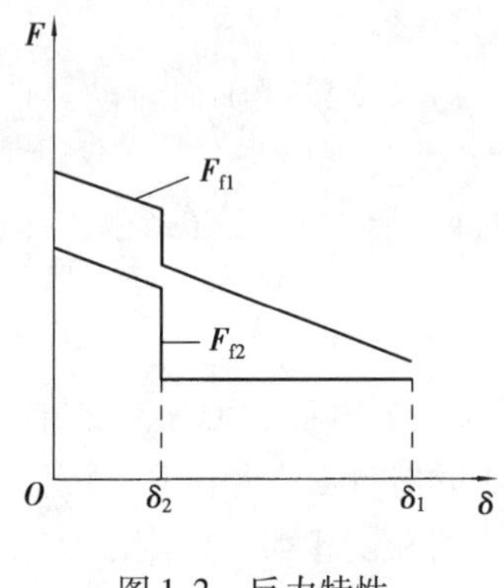

图 1.2　反力特性

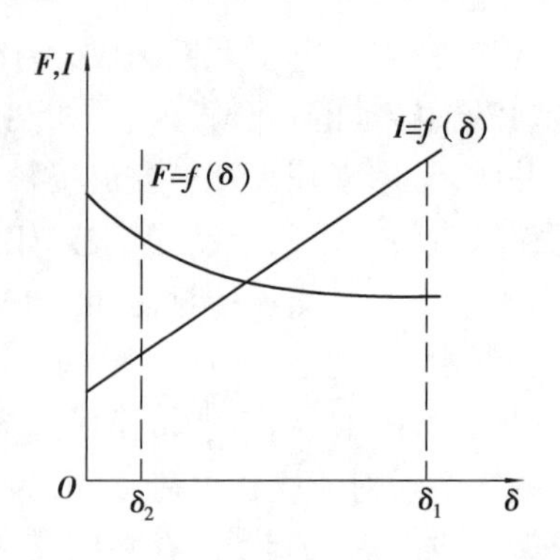

图 1.3　交流吸力特性

A. 交流电磁机构的吸力特性　交流电磁机构励磁线圈的阻抗主要取决于线圈的电抗(电阻相对很小),则

$$U \approx E = 4.44 f \Phi W \tag{1.5}$$

$$\Phi = \frac{U}{4.44 f W} \tag{1.6}$$

式中　U——线圈电压,V;

E——线圈感应电动势,V;

f——线圈外加电压的频率,Hz;

Φ——气隙磁通,Wb;

W——线圈匝数。

当频率 f、匝数 W 和外加电压 U 都为常数时,由式(1.6)可知,磁通 Φ 亦为常数。由式(1.4)又可知,此时电磁吸力 F 为常数。但是,因为交流励磁时,电压、磁通都随时间做周期性变化,其电磁吸力也做周期变化。因此,此处 F 为常数是指电磁吸力的幅值不变。由于线圈外加电压 U 与气隙 δ 的变化无关,因此其吸力 F 亦与气隙 δ 的大小无关。实际上,考虑到漏磁通的影响,吸力 F 随气隙 δ 的减小略有增加,其吸力特性如图 1.3 所示。虽然交流电磁机构的气隙磁通 Φ 近似不变,但气隙磁阻随气隙长度 δ 而变化。根据磁路定律:

$$\Phi = \frac{IW}{R_m} = \frac{IW}{\frac{\delta}{\mu_0 S}} = \frac{(IW)(\mu_0 S)}{\delta} \tag{1.7}$$

由式(1.7)可知,交流励磁线圈的电流 I 与气隙 δ 成正比。一般 U 形交流电磁机构的励磁线圈通电而衔铁尚未动作时,其电流可达到吸合后额定电流的 5 ~ 6 倍;E 形电磁机构则达到 10 ~ 15 倍额定电流,如果衔铁卡住不能吸合或者频繁动作,交流励磁线圈很可能因过电流而烧毁。所以,在可靠性要求高或操作频繁的场合,一般不采用交流电磁机构。

B. 直流电磁机构的吸力特性　直流电磁机构由直流电流励磁。稳态时,磁路对电路无影响,所以可认为其励磁电流不受气隙变化的影响,即其磁势 IW 不受气隙变化的影响,动作过程中为恒磁势工作,由式(1.7)和式(1.4)知,其吸力与气隙的平方成反比,所以吸力特性曲线比较陡峭,如图 1.4 所示。

C. 剩磁的吸力特性　由于铁磁物质有剩磁,它使电磁机构的励磁线圈失电后仍有一定的磁性吸力存在,剩磁的吸力随气隙的增大而减小。剩磁的吸力特性如图 1.5 曲线 4 所示。

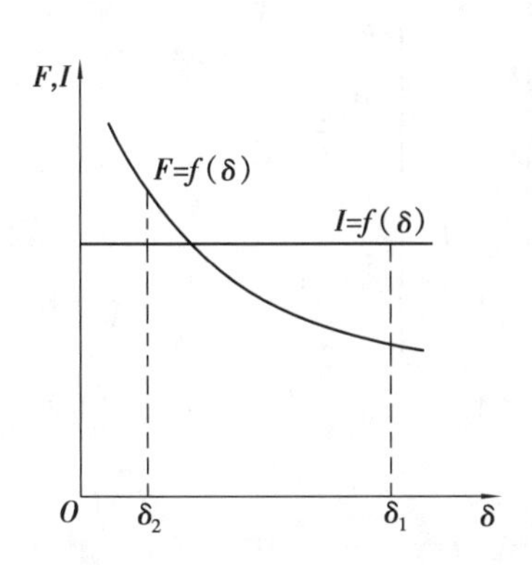

图1.4　直流电磁机构的吸力特性

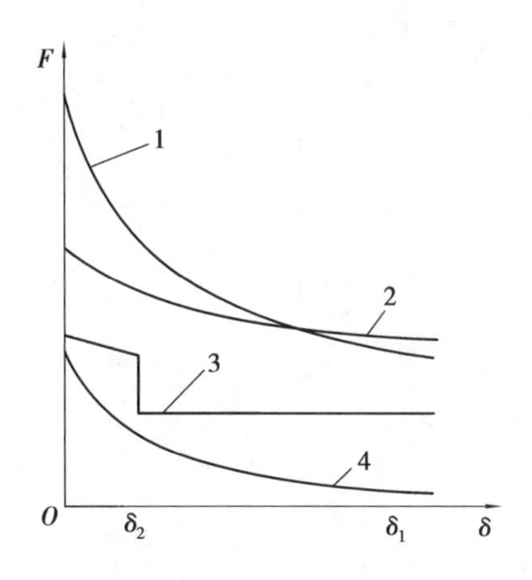

图1.5　吸力特性和反力特性

1—直流吸力特性　2—交流吸力特性

3—反力特性　4—剩磁吸力特性

③吸力特性与反力特性的配合　电磁机构欲使衔铁吸合，在整个吸合过程中，吸力都必须大于反力；但也不能过大，否则会影响电器的机械寿命。反映在特性图上，就是要保证吸力特性在反力特性的上方。当切断电磁机构的励磁电流以释放衔铁时，其反力特性必须大于剩磁吸力，才能保证衔铁可靠释放。所以，在特性图上，电磁机构的反力特性必须介于电磁吸力特性和剩磁吸力特性之间，如图1.5所示。

在实际使用中，无论是直流还是交流操作，只要线圈两端电压大于释放电压，闭合状态的电磁机构都必须产生大于反力弹簧反力的吸力。直流电磁机构在这方面毫无问题，但对于交流电磁铁来说，铁芯中的磁通量及吸力是一个周期函数，根据交流电磁吸力公式可知，交流电磁机构的电磁吸力是一个两倍电源频率的周期性变量。它有两个分量：一个是恒定分量，另一个是交变分量。总的电磁吸力在$0\sim F_{max}$的范围内变化，其吸力曲线如图1.6(a)所示。

电磁机构在工作时，衔铁始终受到反作用弹簧、触头弹簧等反作用力的作用。尽管电磁吸力的平均值大于反力，但在某些时候，电磁吸力仍小于反力，衔铁开始释放，当电磁吸力大于反力时，衔铁又被吸合。如此周而复始，从而使衔铁产生振动，发出噪声。为此，必须采取有效措施，消除振动和噪声。具体办法是在铁芯端部开一个槽，槽内嵌入称为短路环(或称分磁环)的铜环，如图1.7所示。当励磁线圈通入交流电时，在短路环中就有感应电流产生，该感应电流又会产生一个磁通。短路环把铁芯中的磁通分为两部分，即不穿过短路环的Φ_1和穿过短路环的Φ_2。由于短路环的作用，使Φ_1与Φ_2产生相移，即不同时为零，Φ_2滞后于Φ_1，使合成吸力始终大于反作用力，从而消除了振动和噪声，如图1.6(b)所示。

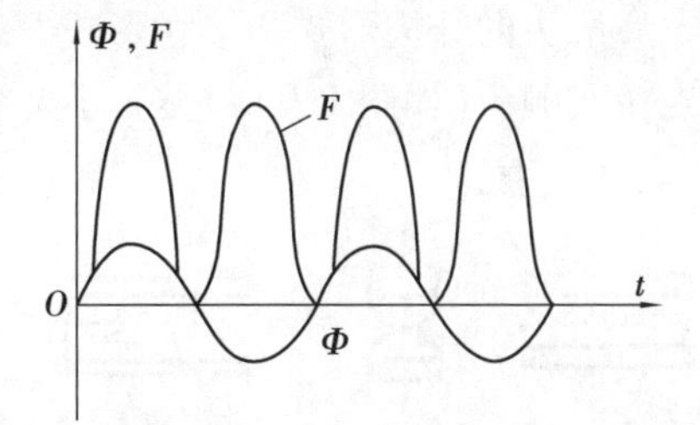

(a)未加短路环时的磁通与电磁吸力

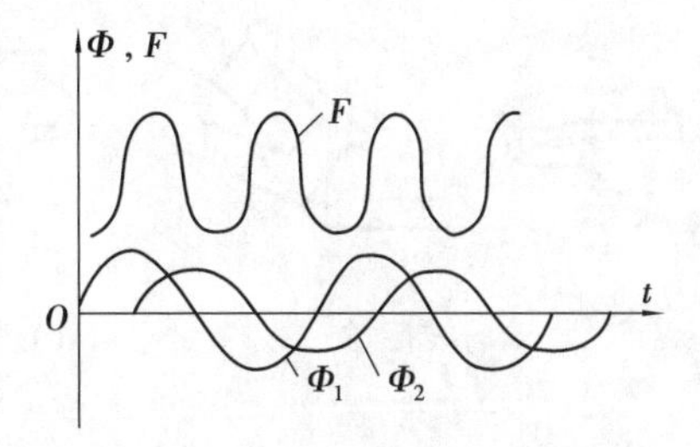

(b)加装短路环后的磁通与电磁吸力

图1.6　交流电磁机构实际吸力曲线

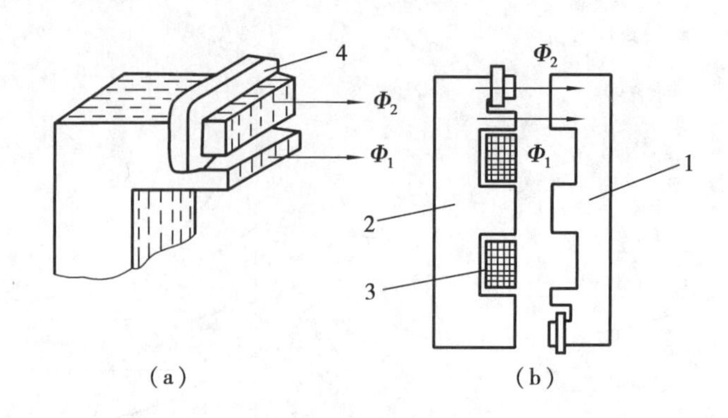

图 1.7　变流电磁铁的短路环

1—衔铁　2—铁芯　3—线圈　4—短路环

(2)电器的触头系统和电弧

1)电器的触头系统

①触头的接触电阻　触头亦称触点，是电器的主要执行部分，起接通和分断电路的作用。在有触头的电器元件中，电器元件的基本功能是靠触头来执行的，因此，要求触头导电、导热性能良好，接触电阻小，通常用铜、银、镍及其合金材料制成，有时也在铜触头表面电镀锡、银或镍。铜的表面容易氧化而生成一层氧化铜，这将增大触头的接触电阻，使触头的损耗增大，温度上升。所以，有些特殊用途的电器(如微型继电器和小容量的电器)，其触头常采用银质材料，这不仅在于其导电和导热性能均优于铜质触头，更主要的是其氧化膜电阻率很低，与纯银相似(氧化铜则不然，其电阻率可达纯铜的十倍以上)，而且要在较高的温度下才会形成，同时又容易粉化。因此，银质触头具有较低而稳定的接触电阻。对于大中容量的低压电器，在结构设计上，触头采用滚动接触，可将氧化膜去掉，这种结构的触头，也常采用铜质材料。

②触头的结构形式和接触形式　触头的结构形式有单断点指形触头(如图 1.8(e))和双断点桥式触头(如图 1.9)两类。小型继电器中常采用分裂触头和片簧形式，如图 1.8(f)、(g)所示。

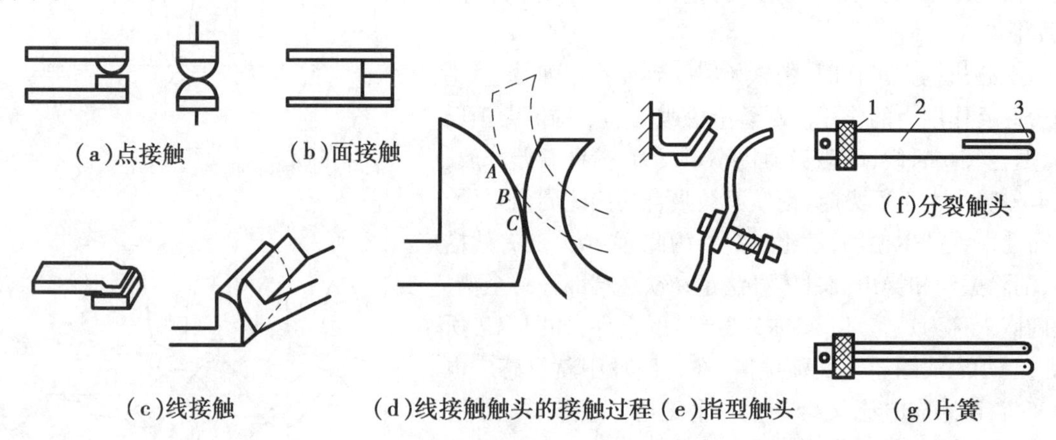

图 1.8　触头的接触形式

1—固定件　2—簧片　3—两个触点

触头的接触形式归为三种：即点接触、线接触和面接触。显然，面接触时的实际接触面要比线接触的大，而线接触的又要比点接触的大。

图1.8(a)所示为点接触,它由两个半球形触头或一个半球形与一个平面形触头构成,这种结构容易提高单位面积上的压力,减小触头表面电阻。它常用于小电流的电器中,如接触器的辅助触头和继电器触头。图1.8(b)所示为面接触,这种触头一般在接触表面上镶有合金,以减小触头的接触电阻,以提高触头的抗熔焊和抗磨损能力,允许通过较大的电流。中小容量的接触器的主触头多采用这种结构。图1.8(c)所示为线接触,常做成指形触头结构,如图1.8(e)所示,它的接触区是一条直线,触头通、断过程是滚动接触,并产生滚动摩擦,以利于去掉氧化膜,如图1.8(d)所示。开始接触时,静、动触头在A点接触,靠弹簧压力经B点滚动到C点,并在C点保持接通状态。断开时,做相反的运动,这样可以在通断过程中自动清除触头表面的氧化膜。同时,长时期工作的位置不是在易烧灼的A点而在C点,保证了触头的良好接触。这种滚动线接触适用于通电次数多和电流大的场合,多用于中等容量电器。图1.8(f)、(g)分别是小型继电器中常用的分裂触头和片簧形式,这种结构有利于继电器提高通断的可靠性。

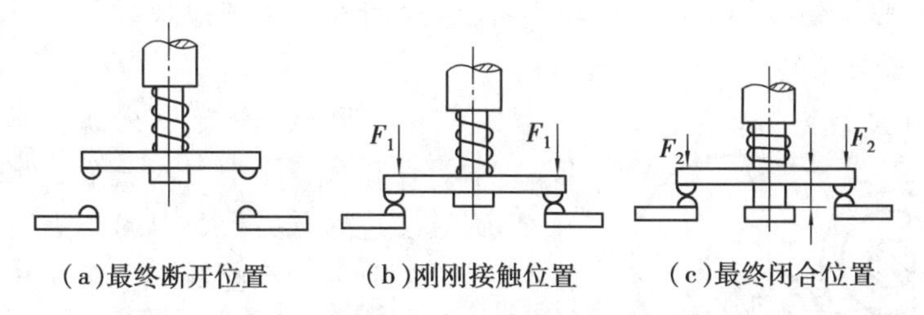

图1.9　桥式触头闭合过程位置示意图

触头在接触时,其基本性能要求接触电阻尽可能小,为了使触头接触得更加紧密,以减小接触电阻,并消除开始接触时产生的振动,一般在制造时,在触头上装有接触弹簧,并在安装时将弹簧预先压缩了一段,使动触头刚与静触头接触时产生一个初压力F_1,如图1.9(b)所示。触头闭合后,由于弹簧在超行程内继续变形而产生一终压力F_2,如图1.9(c)所示。从静、动触头开始接触到触头压紧,整个触头系统向前压紧的距离L称为触头的超行程。有了超行程,在触头磨损情况下,仍具有一定压力,保证可靠接触,磨损严重时超行程将失效。

2)电弧的产生及灭弧方法

在大气中开断电路时,如果被开断电路的电流超过某一数值,开断后加在触头间隙两端电压超过其一数值(根据触头材料的不同其值在0.25~1 A、12~20 V间)时,则触头间隙中就会产生电弧。实际上电弧是触头间气体在强电场作用下产生的放电现象,即当触头间刚出现分断时,电场强度极高,在高热和强电场作用下,金属内部的自由电子从阴极表面逸出,奔向阳极,这些自由电子在电场中运动时撞击中性气体分子,使之激励和游离,产生正离子和电子。因此,在触头间隙中产生大量的带电粒子,使气体导电形成了炽热电子流即电弧。电弧产生后,伴随高温产生并发出强光,将触头烧损,并使电路的切断时间延长甚至无法真正断开,严重时会引起火灾、触头熔焊或其他事故,因此,在电器中应采取适当措施熄灭电弧。

①多断点灭弧　在交流电路中也可以采用桥式触头。如图1.10所示有两个断口,就相当于两对电极。若一个断口处要使电弧熄灭后重燃,需要150~250 V的电压,现有两个断口,则需要2×(150~250 V)的电压,所以有利于灭弧。

若采用双极或三极接触器控制一个电路时,根据需要可灵活地将两个极或三个极串联起来,当作一个触点用,这组触头便成为多断点的,加强了灭弧效果。

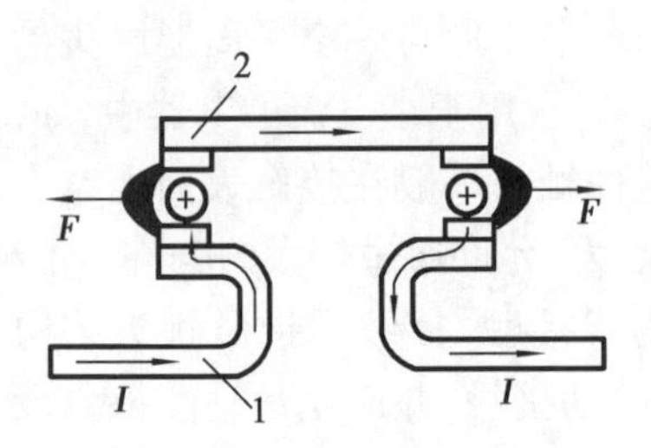

图 1.10　双断点和电动力灭弧

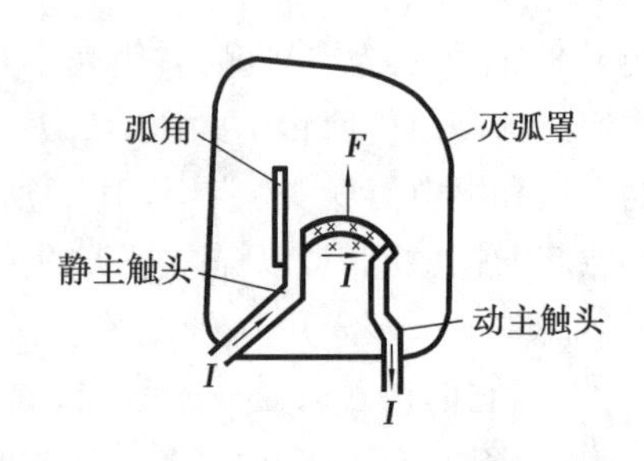

图 1.11　电动力灭弧

②电动力灭弧　电弧在触点回路电流 I 磁场的作用下，受到电动力 F 作用拉长，使之与陶土灭弧罩相接触，将热量传递给灭弧罩，促使电弧熄灭，如图 1.11 所示。注意图中在静触头上安装有铁板制成的弧角，它具有吸引电弧向上进入灭弧罩的作用。该装置可用于交、直流灭弧。图 1.10 所示为桥式结构双断口触头，也具有电动力灭弧作用。因为工作时流过触头两端的电流方向相反，将产生互相推斥的电动力，使电弧向外运动并拉长，使它迅速穿越冷却介质而加快电弧冷却并熄灭。

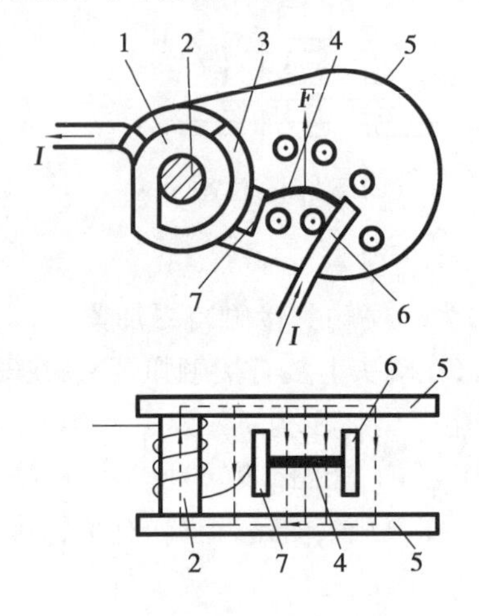

图 1.12　磁吹灭弧

1—磁吹线圈　2—铁芯　3—引弧角　4—电弧
5—磁性夹板　6—动触头　7—静触头

③磁吹灭弧　磁吹灭弧的原理如图 1.12 所示。在触头电路中串入一个磁吹线圈，它产生的磁通经过导磁夹板 5 引向触头周围，如图中的符号“⊙”所示，当触头开断产生电弧后，电弧被电动力拉长并吹入灭弧罩中，使电弧冷却熄灭。这种灭弧装置与电动力灭弧装置相比，是增加了一个磁吹线圈。由于这种灭弧装置是利用电弧电流本身灭弧，因而电弧电流越大，吹弧能力也越强。它广泛应用于直流接触器中。

④纵缝灭弧室　纵缝灭弧室如图 1.13 所示。电弧在电动力作用下，进入由陶土和石棉水泥制成的灭弧室窄缝中，电弧与室壁紧密接触，被迅速冷却而熄灭，这种灭弧室热量易于散出，陶土耐热性好，所以可用于较高操作频率的交、直流接触器中（直流需加磁吹装置）。

⑤栅片灭弧室　栅片灭弧室如图 1.14 所示。灭弧栅一般是由多片镀铜薄钢片（称为栅片）和石棉绝缘板组成，它们安装在电器触头上方的灭弧罩内，彼此之间互相绝缘，片间距离约 2 ~ 3 mm。一旦产生电弧，电弧周围产生磁场，导磁钢片将电弧引入灭弧栅片之间，电弧被分割成数段串联的短弧，当交流电压过零后，电弧自然熄灭，两栅片之间必须有 150 ~ 250 V 的电弧压降，电弧才能重燃。这样，一方面每个栅片间的电压不足以达到电弧燃烧电压，另一方面栅片吸收电弧热量，使电弧迅速冷却而很快熄灭。这种灭弧室由于栅片吸收电弧能量较多，故不适合于太高的频率操作。栅片灭弧室是常用的交流灭弧装置。

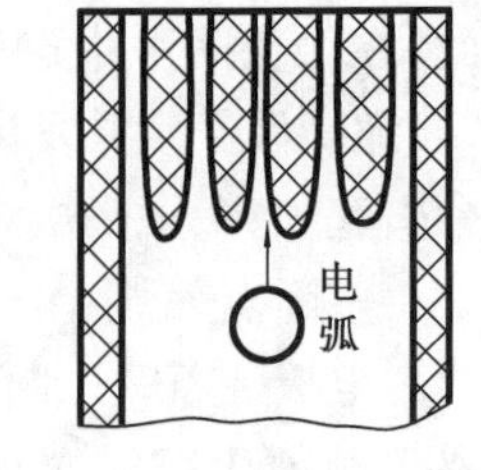

图 1.13　纵缝灭弧室

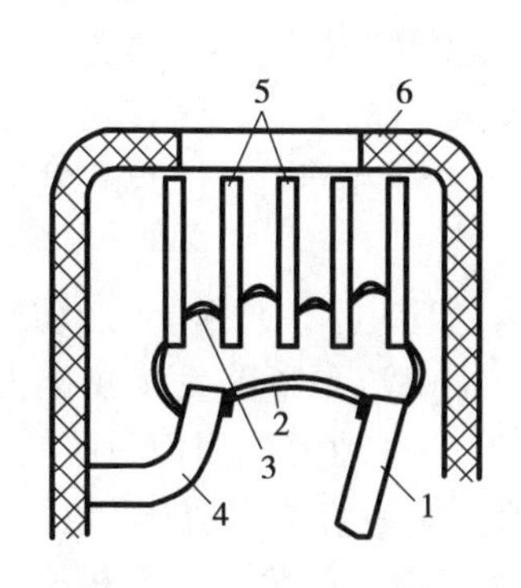

图1.14　栅片灭弧室
1—动触头　2—电弧

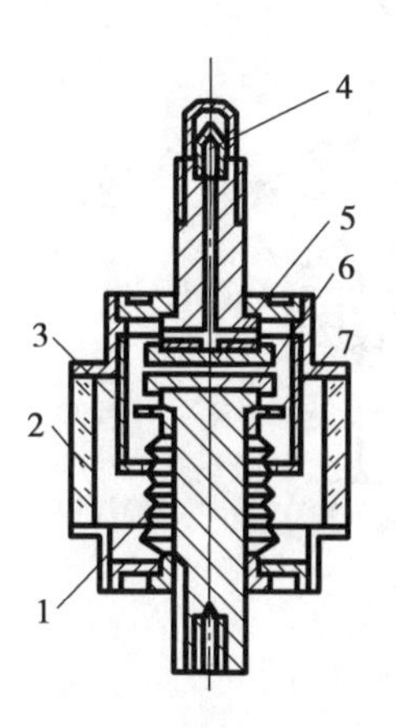

图1.15　真空灭弧室
1—波纹管　2—外壳　3—屏蔽罩　4—排气管
5—静触头　6—动触头　7—挡板

⑥真空灭弧室　真空灭弧室如图1.15所示。动、静触头处于密封的玻璃外壳内,动触头可以在波纹管内上下运动一个不大的距离,触头间真空度为10^{-4} mm汞柱,故气体分子很少,电弧由金属蒸气形成,当交流电弧过零时,金属蒸气以极快的速度向弧区以外扩散,弧隙介质耐压强度迅速恢复,从而使电弧熄灭。这种灭弧室的优点为有很强的熄灭交流电弦的能力,灭弧室密封,电弧及游离气体不能逸出,使用安全,而且,触头磨损少,电寿命高。真空灭弧室适合于高电压、大电流、操作频率高的接触器上,可用于矿井或化工厂等防火防爆场合。真空接触器与交流接触器相比,体积小、重量轻、操作时噪声小,真空件不需维修。缺点是过电压高,不能直接用于开断直流电路,而且价格高。

1.2　手控电器及主令电器

1.2.1　刀开关

刀开关是一种结构简单且应用十分广泛的手动电器,其主要作用是将电路和电源明显地隔开,以保障检修人员的安全。刀开关一般供无载通断电路用,即在不分断负载电流或分断时各极两触头间不会出现明显极间电压的条件下,接通或分断电路之用。有时也可用来通断较小工作电流,作为照明设备和小型电动机不频繁操作的电源开关用。当刀开关有灭弧罩并用杠杆操作时,也可接通或分断额定电流。

刀开关和熔断器串联组合组成负荷开关;刀开关的动触头由熔断体组成时,即为熔断器式刀开关。这种含有熔断器的组合电器统称为熔断器组合电器。熔断器组合电器一般能进行有载通断,并有一定的短路保护功能。

(1)开启式刀开关

开启式刀开关主要用于成套配电设备中隔离电源。刀开关由手柄、触刀、静插座、铰链支座和绝缘底板等组成,如图1.16所示。它依靠手动来实现触刀插入插座与脱离插座的控制。对于额定电流较小的刀开关,插座多用硬紫铜制成,依靠材料的弹性来产生接触压力;额定电

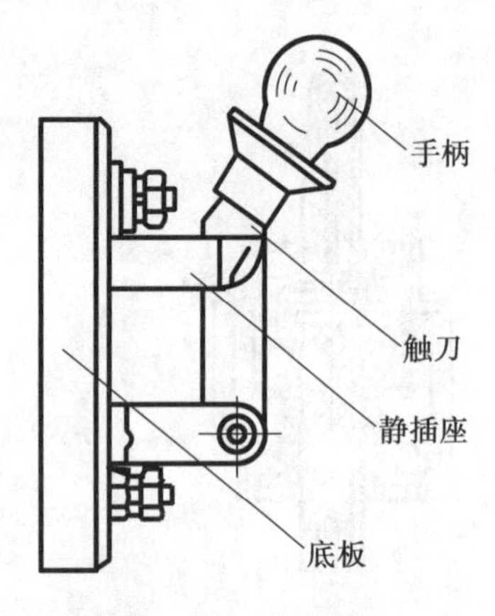

图 1.16 刀开关的典型结构

流较大的刀开关,则要通过插座两侧加设弹簧片来增加接触压力。为了使刀开关分断时有利于灭弧,加快分断速度,有带速断刀刃的刀开关与触刀能速断的刀开关,有时还装有灭弧罩。按刀的极数有单极、双极与三极之分。按转换方式分有单投和双投。双投刀开关用于转换电路,从一组联结转换至另一组联结。

刀开关的主要技术参数有额定电流、通断能力、动稳定电流、热稳定电流等,其中动稳定电流是电路发生短路故障时,刀开关并不因短路电流产生的电动力作用而发生变形、损坏或触刀自动弹出等的现象。这一短路电流(峰值)即为刀开关的动稳定电流,可高达额定电流的数十倍。热稳定电流是指发生短路故障时刀开关在一定时间(通常为 1 s)内通过某一短路电流,并不会因温度急剧升高而发生焊接现象,这一最大短路电流称为刀开关的热稳定电流。热稳定电流也可以高达额定电流的数十倍。刀开关国产产品型号含义如下:

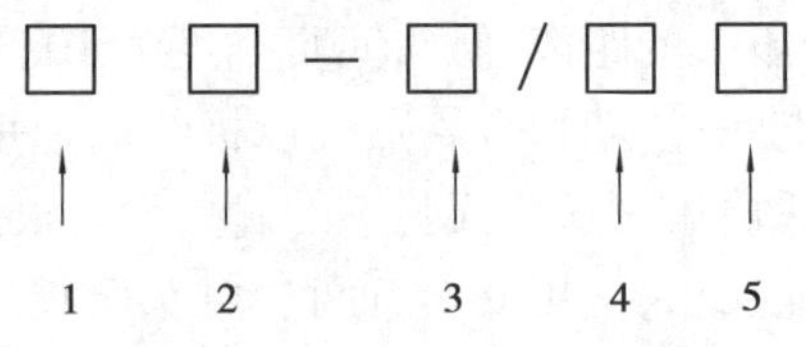

1——刀开关型号:

HD——单投刀开关;

HS——双投刀开关。

2——操作方式:

11——中央手柄式;

12——侧方正面杠杆操作机构式;

13——中央正面杠杆操作机构式;

14——侧面手柄式。

3——额定电流(A)。

4——极数:

1——单极;

2——双极;

3——三极。

5——灭弧室及接线方式:

0——不装灭弧室;

1——装灭弧室;

8——不装灭弧室板前接线方式;

9——不装灭弧室板后接线方式;

无数字——板后接线方式。

目前常用的刀开关产品有两大类:一类是带杠杆操作机构的单投或双投刀开关,这种刀开关能切断额定电流值以下的负载电流,主要用于低压配电装置中的开关板或动力箱等产品,属于这一类的产品有HD12、HD13和HD14系列单投刀开关，以及HS12、HS13系列双投刀开关；另一类是中央手柄的单投或双投刀开关，这类刀开关不能分断电流，只能作为隔离电源用的隔离器，主要用于一般的控制屏，属于这一类的产品主要有HD11和HS11系列单投和双投刀开关。

刀开关的图形符号及文字符号如图1.17所示。

(2)开启式负荷开关

开启式负荷开关，俗称瓷底胶壳刀开关或闸刀开关，是刀开关的一种，它是一种结构简单、应用最广泛的手动电器，常用做交流额定电压380/220 V、额定电流至100 A的照明，以及配电线的电源开关和小容量电动机非频繁启动的操作开关。

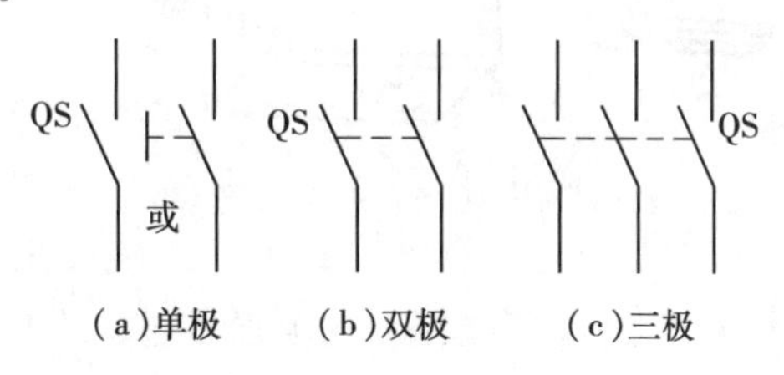

图1.17　刀开关的符号

胶壳开关由操作手柄、熔断丝、触刀、触头座和底座组成，如图1.18所示。与刀开关相比，负荷开关增设了熔断丝与防护胶壳两部分。防护胶壳的作用是防止操作时电弧飞出灼伤操作人员，并防止极间电弧造成的电源短路，因此操作前一定要将胶壳安装好。熔断丝主要起短路和严重过电流保护作用。开启式负荷开关的常用产品有HK1(统一设计产品)和HK2系列。

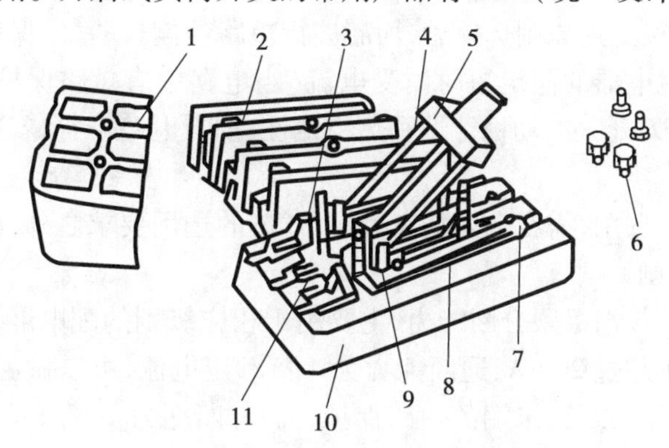

图1.18　HK系列开启式刀开关

1—上胶盖　2—下胶盖　3—触刀座　4—触刀
5—瓷柄　6—胶盖紧固螺帽　7—出线端　8—熔断丝
9—触刀铰链　10—瓷底座　11—进线端子

(3)封闭式负荷开关

封闭式负荷开关俗称铁壳开关，一般用于电力排灌、电热器、电气照明线路的配电设备中，作为手动不频繁地接通与分断负荷电路用。其中容量较小者(额定电流为60 A及以下的)，还可以做交流异步电动机非频繁全压启动的控制开关。

封闭式负荷开关主要由触头和灭弧系统、熔体及操作机构等组成，并将其装于一防护铁壳内。其操作机构有两个特点：一是采用储能合闸方式，即利用一根弹簧以执行合闸和分闸之功能，使开关的闭合和分断速度与操作速度无关，它既有助于改善开关性能和灭弧性能，又能防止触头停滞在中间位置；二是设有连锁装置，以保证开关合闸后便不能打开箱盖，而在箱盖打开后，不能再合开关。封闭式负荷开关的外形如图1.19所示。

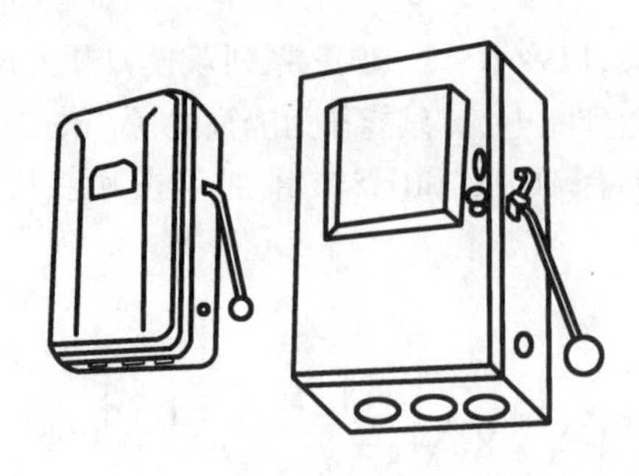

图 1.19　HH 型负荷开关外形

封闭式负荷开关的常用产品有 HH3、HH4、HH10、HH11 等系列，其最大额定电流可达 400 A，有二极和三极两种形式。

(4) 熔断器式隔离器

熔断器式隔离器是一种新型电器，有多种结构形式，一般采用有填料熔断器和刀开关组合而成，广泛应用于开关柜或与终端电器配套的电器装置中，作为线路或用电设备的电源隔离开关及严重过载和短路保护之用。在回路正常供电的情况下，接通和切断电源由刀开关来承担，当线路或用电设备过载或短路时，熔断器的熔体熔断，及时切断故障电流。

(5) 隔离器、刀开关的选用原则

按刀开关的用途选择合适的操作方式。隔离器、刀开关的主要功能是隔离电源。在满足隔离功能要求的前提下，选用的主要原则是：保证其额定绝缘电压和额定工作电压不低于线路的相应数据，额定工作电流不小于线路的计算电流；当要求有通断能力时，须选用具备相应额定通断能力的隔离器；用负荷开关直接控制电动机等感性负载时，应考虑其接通和分断过程中的电流特性（如启动电流、启动时间等），将负荷开关降低容量使用。

隔离器、刀开关在按上述原则选择后，均需进行短路性能校验，以保证其具体安装位置上的预期短路电流不超过电器的额定短时耐受电流（当电路中有短路保护电器时，可以为额定极限短路电流）。校核刀开关的动稳定性和热稳定性，如与电路不符，就应选增大一级额定电流的刀开关。

熔断器组合电器的选用，需在上述隔离器、刀开关的选用要求之外，再考虑熔断器的特点（参见熔断器的选用原则）。

熔断器式刀开关有较高极限分断能力，主要用于相应级别的配电屏及动力箱。一般用途负荷开关的额定电流不超过 200 A，通断能力为 4 倍额定电流，可以做工矿企业的配电设备，供手动不频繁操作，或作为线路末端的短路保护。高分断能力负荷开关的额定电流可达 400 A，极限分断能力可达 50 kA，适用于短路电流较大的场合。

刀开关安装时应做到垂直安装，使闭合操作时的手柄操作方向应从下往上合，断开操作时的手柄操作方向应从上往下分，不允许采用平装或倒装，以避免手柄可能因自动下落而引起误动作合闸，造成人身和设备安全事故。安装得正确，作用在电弧上的电动力和热空气的上升方向一致，就能使电弧迅速拉长而熄灭，反之，两者方向相反电弧将不易熄灭，严重时会使触头及刀片烧伤甚至造成极间短路。接线时，应将电源线接在上端，负载线接在下端，这样拉闸后刀片与电源隔离，防止可能发生的意外事故。刀开关安装后，应检查闸刀和静插座的接触是否成直线和紧密。母线与刀开关接线端子相连时，不应存在极大的扭应力，并保证接触可靠。在安装杠杆操作机构时，应调节好连杆的长度，使刀开关操作灵活。

1.2.2　组合开关

组合开关也是一种刀开关，不过它的刀片是转动式的，操作比较轻巧，如图 1.20 所示。它的双断点动触头（刀片）和静触头装在数层封闭的绝缘件内，采用叠装式结构，其层数由动触头数量决定。动触头装在操作手柄的转轴上随转轴旋转而改变各对触头的通断状态。所以，组合开关实际上是一个多断点、多位置式可以控制多个回路的主令电器,亦称转换开关。由于采用了扭簧储能,可使开关快速接通和分断电路而与手柄旋转速度无关,因此,它不仅可用于不频繁地接通与分断电路、转接电源和负载、测试三相电压,还可以用于控制小容量异步电动机的正反转和星形—三角形降压启动。

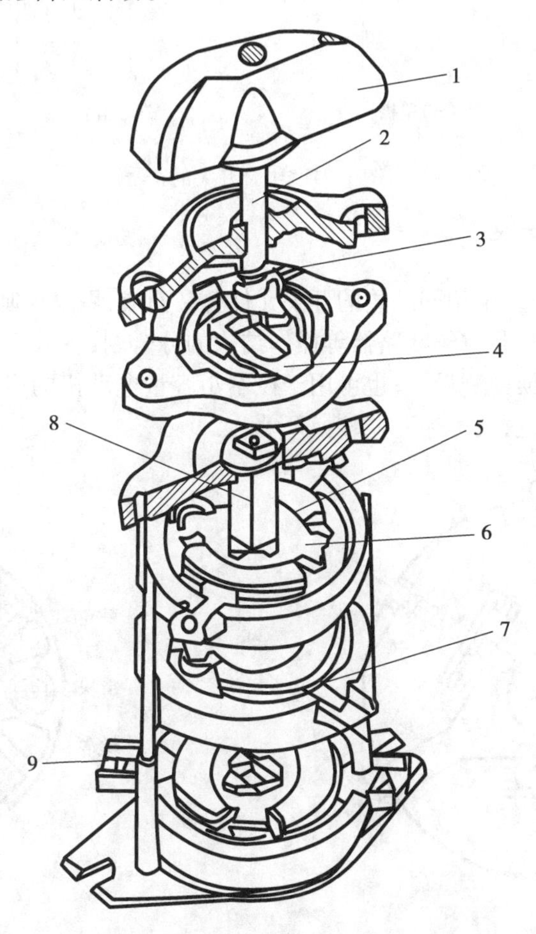

图1.20　HZ10-10/3型组合开关

1—手柄　2—转轴　3—弹簧　4—凸轮　5—绝缘垫板

6—静触头　7—动触头　8—绝缘方轴　9—接线柱

组合开关有单极、双极和多极之分。普通类型的组合开关,各极是同时接通或同时断开的,这类组合开关在机床电气设备中,主要作为电源引入开关,也可用来直接控制小容量异步电动机;特殊类型的转换开关各极交替通断(一个操作位置其触头一部分接通,另一部分断开),以满足不同的控制要求,其表示方法类似于万能转换开关。

组合开关的主要技术参数有额定电流、额定电压、允许操作频率、可控制电动机最大功率等。常用产品有HZ5、HZ10、HZ15系列。HZ5是类似于万能转换开关的产品,HZ10系列是我国统一设计产品,HZ15系列组合开关是新型号产品,用以取代HZ10系列老产品的我国统一设计产品。

组合开关的图形符号和文字符号如图1.21所示。

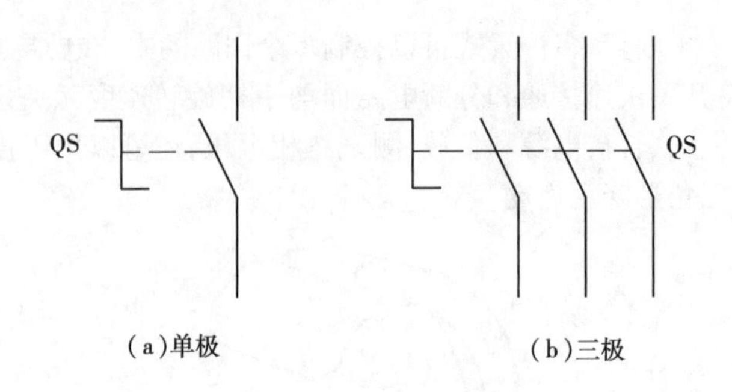

(a)单极　　　　(b)三极

图 1.21　组合开关的符号

1.2.3　万能转换开关

万能转换开关是由多组相同结构的开关元件叠装而成,用以控制多回路的一种主令电器。可用于控制高压油断路器、空气断路器等操作结构的分合闸,各种配电设备中线路的换接,遥控和电流表、电压表的换向测量等;也可用于控制小容量电动机的启动、换向和调速。由于它换接的线路多,用途广泛,故称为万能转换开关。

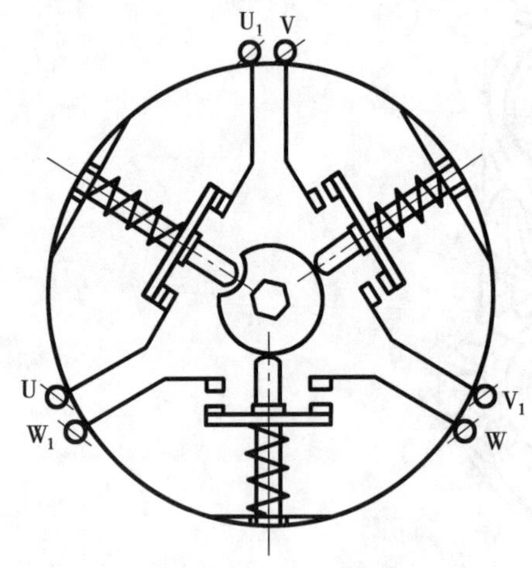

图 1.22　万能转换开关结构示意图

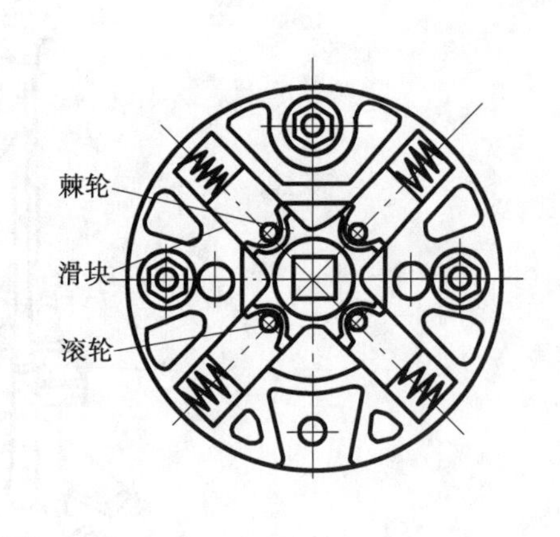

图 1.23　万能转换开关的定位机构

图 1.22 所示为万能转换开关结构示意图。它由凸轮机构、触头系统和定位装置部分组成。它依靠凸轮转动,用变换半径来操作触头,使其按预定顺序接通与分断电路,同时由定位机构和限位机构来保证动作的准确可靠。凸轮工作位置有 90°、60°、45°和 30°四种。触头系统多为双断口桥式结构,在每个塑料压制的触头座内安装有二、三对触头,并在每相的触头上设置灭弧装置。定位装置是采用滚轮卡棘轮辐射型结构,如图 1.23 所示。其优点是:操作时滚轮与棘轮之间的摩擦为滚动摩擦,所需操作力小,定位可靠,并有一定速动作用,有利提高分断能力,并能加强触头系统的同步性。

万能转换开关的触点分合状态与操作手柄位置关系的图形符号表示如图 1.24 所示。图(a)和图(b)所示为两种不同的表示方法:图(a)用虚线表示操作手柄的位置,用有无“·”表示触点的分合状态,比如,在触点图形符号下方的虚线位置上画“·”,则表示当操作手柄处于该位置时,该触点是处于闭合状态,反之为断开状态;图(b)用表格形式表示操作手柄处于不同位置时相应的各触点的分合状态,有“X”表示闭合,无“X”表示断开。

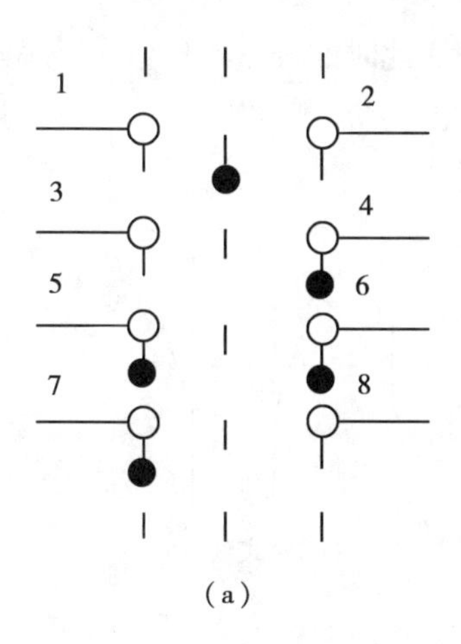

（a）

触点	位置		
		X	
1-2			
3-4			X
5-6	X		X
7-8	X		

（b）

图1.24　万能转换开关的图形符号

常用的万能转换开关有LW5和LW6两个系列。LW5系列转换的额定电压为交流380 V或直流220 V，额定电流15 A，允许正常操作频率为120次/h，机械寿命100万次，电寿命20万次。LW5型5.5 kW万能转换开关是LW5系列的派生产品，专用于5.5 kW以下电动机的直接启动、正反转和双速电动机的变速。LW6系列转换开关是一种适用于交流电压至380 V、直流电压220 V、工作电流至5 A的控制电路中的体积小巧的万能转换开关，也可用于不频繁的控制2.2 kW以下的小型感应电动机。

1.2.4　控制按钮

控制按钮是一种接通或分断小电流的主令电器，其结构简单、应用广泛。控制按钮触头允许通过的电流较小，一般不超过5 A，主要用在低压控制电路中，手动发出控制信号，以控制接触器、继电器、电磁启动器等。

控制按钮由按钮帽、复位弹簧、桥式动、静触头和外壳等组成，一般为复合式，即同时具有常开、常闭触头。按下时常闭触头先断开，然后常开触头闭合，去掉外力后在复位弹簧的作用下，常开触头断开，常闭触头复位，其结构如图1.25所示。

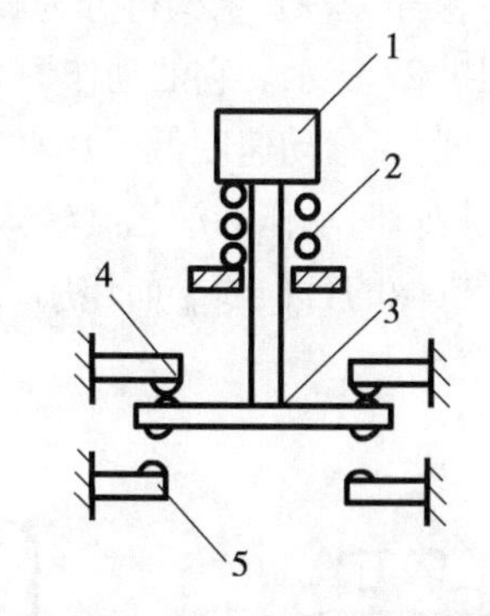

图1.25　控制按钮结构

1—按钮帽　2—复位弹簧　3—动触头
4—常闭触头　5—常开触头

控制按钮可做成单式（一个按钮）、双式（两个按钮）和三联式（三个按钮）的形式。为便于识别各个按钮的作用，避免误操作，通常在按钮上做出不同标志或涂以不同的颜色，以示区别。一般红色表示停止，绿色表示启动。另外，为了满足不同控制和操作的需要，控制按钮的结构形式也有所不同，如钥匙式、旋钮式、紧急式、掀钮式等。若将按钮的触点封闭于防爆装置中，还可构成防爆型按钮，适用于有爆炸危险、有轻微腐蚀性气体或蒸气的环境以及雨、雪和滴水的场合。随着电脑技术的发展，控制按钮又派生出用于计算机系统的弱电按钮新产品，如SJL系列弱电按钮，其具有体积小、操作灵活的特点。

控制按钮的常用型号有LA2、LA18、LA19、LA20系列。其中LA18为积木式两面拼装基座，触头数量可按需要拼装成2常开2常闭，也可根据需要拼装成1常开1常闭至6常开6常闭的形式。LA19和LA20系列有带指示灯和不带指示灯两种。带有指示灯可使操作人员通过灯光了解控制对象运行状态,缩小了控制箱的体积。此时的按钮兼作信号,灯罩用透明塑料制成。

按钮开关的图形符号及文字符号如图 1.26 所示。

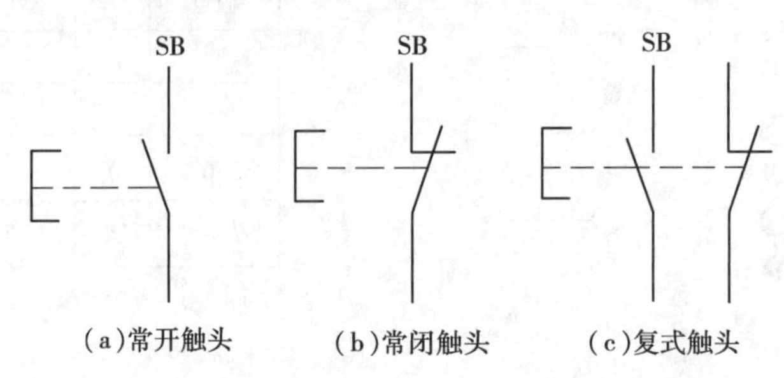

图 1.26　按钮开关的符号

1.2.5　行程开关

行程开关是一种利用生产机械的某些运动部件的碰撞来发出控制指令的主令电器,用于控制生产机械的运动方向、速度、行程大小或位置。若将行程开关安装于生产机械行程的终点处,以限制其行程,则又可称为限位开关或终点开关。当生产机械运动到某一预定位置,与行程开关发生碰撞时,行程开关便发出控制信号,实现生产机械的电气控制。

行程开关按其结构可分为直动式、滚轮式和微动式三种。直动式行程开关的外形及结构原理如图 1.27 所示。它的动作原理与控制按钮相同,它的缺点是触点分合速度取决于生产机械的移动速度,当移动速度低于 0.40 m/min 时,触动分断太慢,易受电弧烧损,此时,应采用有弯片状弹簧结构瞬时动作的滚轮旋转式行程开关。图 1.28 所示为滚轮旋转式行程开关的结构原理图。当生产机械的行程较小而作用力很小时,可采用具有瞬时动作和微小行程的微动开关。

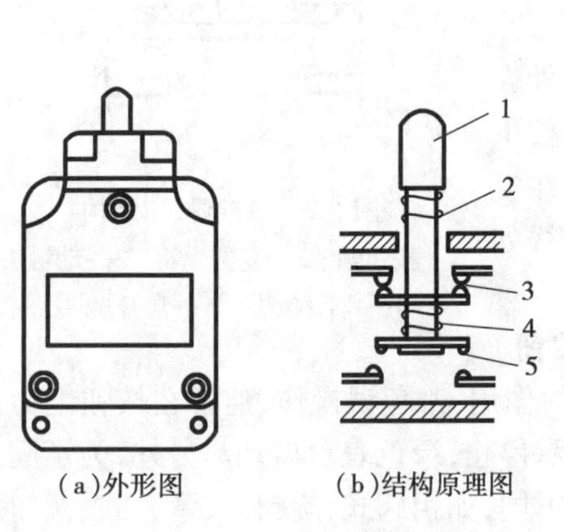

图 1.27　直动式行程开关

1—顶杆　2—弹簧　3—动断触头

4—触头弹簧　5—动合触头

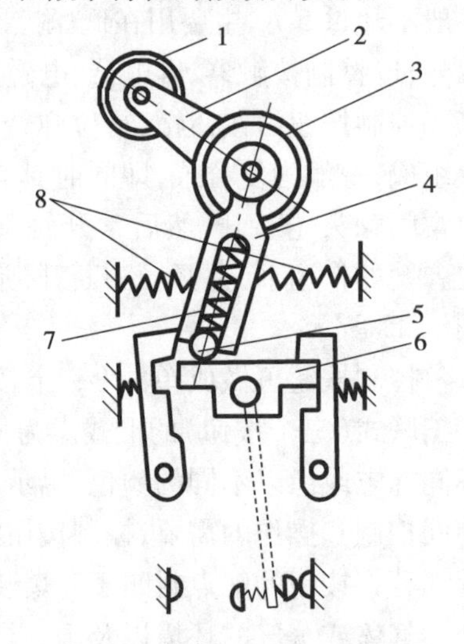

图 1.28　滚轮旋转式行程开关

目前较常用的产品有 LX19、LX22、LX32、LX33、JLXK1、LXW-11 等系列行程开关和引进的 3SE3 系列行程开。

行程开关的图形符号及文字符号如图 1.29 所示。

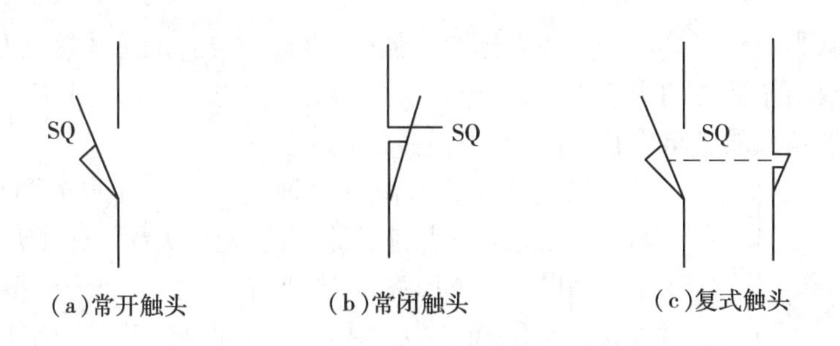

图1.29　行程开关的符号

1.2.6　接近开关

接近开关又称无触头行程开关,它不仅能代替有触头行程开关来完成行程控制和限位保护,还可用于高速计数、测速、液面控制、零件尺寸检测、加工程序的自动衔接等。由于它具有非接触式触发、动作速度快,可在不同的检测距离内动作,发出的信号稳定、无脉动,工作稳定可靠、寿命长,重复定位精度高,以及能适应恶劣的工作环境等特点,所以,在机床、纺织、印刷、塑料等工业生产中应用广泛。

接近开关按其工作原理主要有电感式、霍尔式、超声波式、电容式、差动线圈式、永磁式等结构形式,其中电感式最为常用。

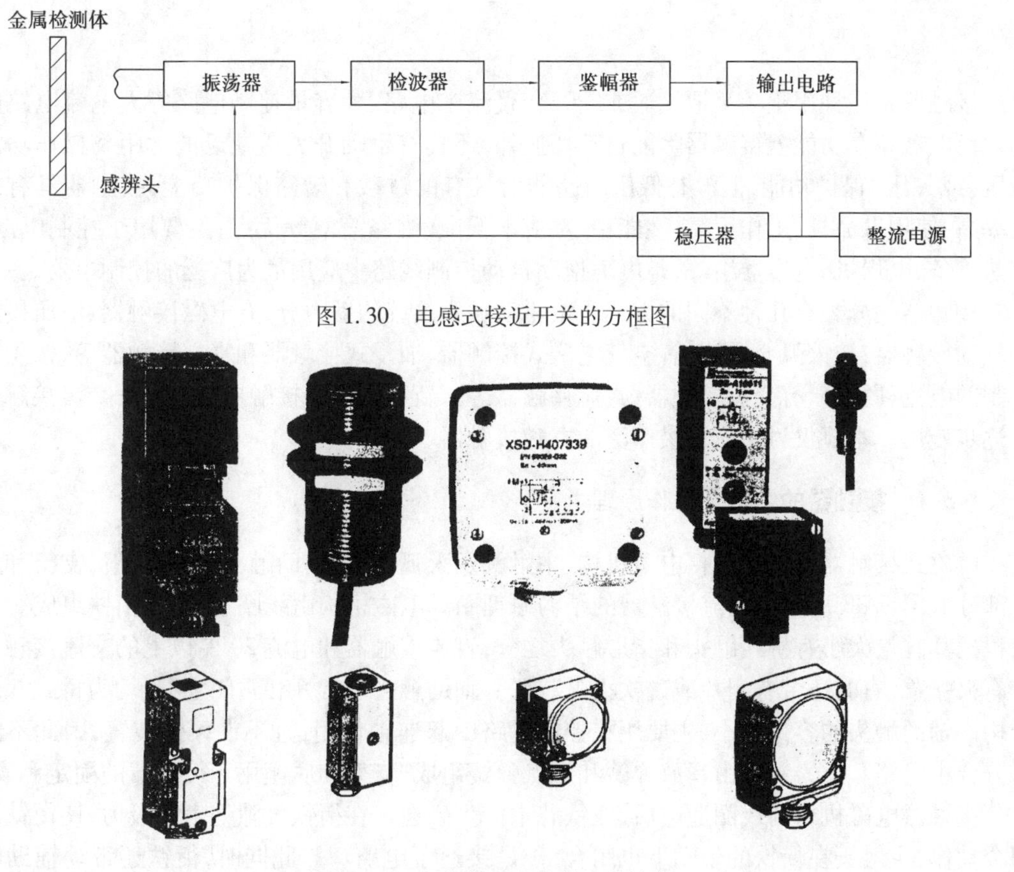

图1.30　电感式接近开关的方框图

图1.31　几种接近开关产品的外貌

图1.30所示为电感式接近开关的方框图。从图中可以看出,电感式接近开关接近信号的发生将产生涡流,由于涡流的去磁作用,使感辨头的参数发生变化,改变振荡回路的谐振阻抗和谐振频率,使振荡减弱直至停止,并以此发出接近信号。

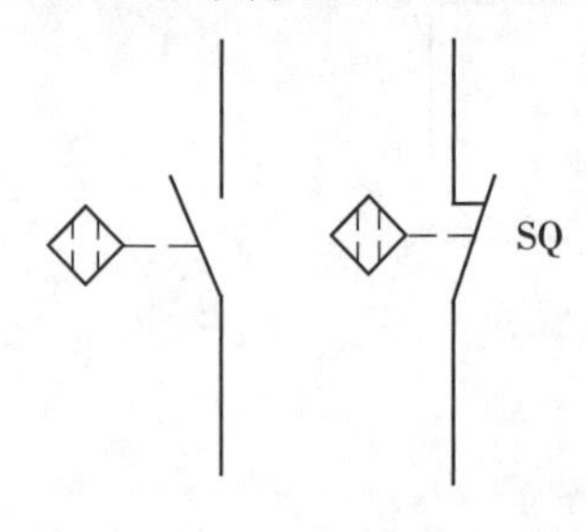

图1.32 接近开关的符号

接近开关的工作电源种类有交流和直流两种,输出形式有两线、三线和四线制三种,有一对常开、常闭触头,晶体管输出类型有NPN和PNP两种,外形有方型、圆形、槽型和分离型等多种,接近开关的主要参数有动作距离范围、动作频率、响应时间、重复精度、输出形式、工作电压及触头的电流容量,这些在产品说明书中都有详细说明。需要说明的是,接近开关的额定动作距离是在标准情况下测定的,实际应用时,应考虑制造误差及环境因素的影响。图1.31所示为一些产品的外形外貌。接近开关的产品种类十分丰富,常用的国产接近开关有3SG、LJ、CJ、SJ、AB和LXJ0等系列。另外,国外进口及引进产品亦在国内应用广泛,如德国西门子公司生产的3RG4、3RG6、3RG7、3RG16系列和日本欧姆龙公司生产的E2E系列接近开关。

接近开关的文字符号与行程开关相同,其图形符号及文字符号如图1.32所示。

1.3 接触器

接触器是一种用于频繁地接通或断开交直流主电路、大容量控制电路等大电流电路的自动切换电器。在功能上接触器除能自动切换外,还具有手动开关所缺乏的远距离操作功能和失压(或欠压)保护功能,但没有低压断路器所具有的过载和短路保护功能,接触器具有操作频率高、使用寿命长、工作可靠、性能稳定、成本低廉、维修简便等优点,主要用于控制电动机、电热设备、电焊机、电容器组等,是电力拖动自动控制线路中应用最为广泛的控制电器之一。

接触器的分类有几种不同的方式。按驱动触头系统的动力分,有电磁接触器、液压接触器和气动接触器;按灭弧介质分,有空气电磁式接触器、油浸式接触器和真空接触器等;按主触头控制的电流种类分,有交流接触器、直流接触器等。新型的真空接触器与晶闸管交流接触器正在逐步使用。本节仅讨论应用最广泛的电磁接触器。

1.3.1 接触器的结构及工作原理

电磁式接触器的结构包括电磁机构、主触头及灭弧系统、辅助触头、反力装置、支架和底座几部分。图1.33所示为交流接触器的结构原理图。电磁机构由线圈、铁芯和衔铁组成。主触头根据其容量大小有桥式触头和指形触头之分,直流接触器和电流20 A以上的交流接触器均装有灭弧罩,有时还带有栅片或磁吹灭弧装置。辅助触头有常开和常闭之分,均为桥式双断口结构。辅助触头的容量较小,主要用在控制电路中起连锁作用,且不设灭弧装置,因此不能用来分合主电路。反力装置由释放弹簧和触点弹簧组成,支架和底座用于接触器的固定和安装。

接触器电磁机构的线圈通电后,在铁芯中产生磁通。在衔铁气隙处生产吸力,使衔铁产生闭合动作,主触头在衔铁的带动下也闭合,于是接通了电路。与此同时,衔铁还带动辅助触头动作,使常开触头闭合,常闭触头断开。当线圈断电或电压显著降低时,吸力消失或减弱,衔铁在释放弹簧作用下打开，主、辅触头又恢复到原来状态。这就是电磁接触器的简单工作原理。

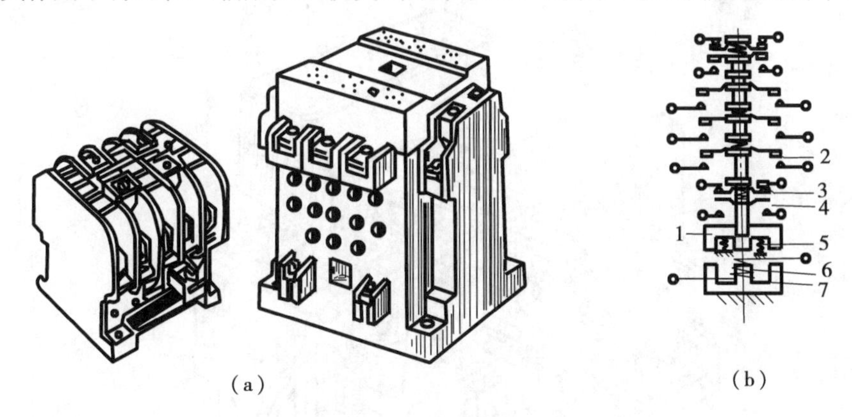

图1.33　交流接触器结构原理图

1—动铁芯　2—动合主触头　3—动断辅助触头　4—动合辅助触头

5—恢复弹簧　6—吸引线圈　7—静铁芯

接触器电磁机构的特点与1.1.2节介绍的基本相同。

接触器的主要技术参数有额定电压、额定电流、线圈额定电压、额定操作频率、接通与分断能力、电气寿命和机械寿命、线圈的启动功率与吸持功率等。其中，额定电压和额定电流是指主触头的额定电压和额定电流，额定操作频率是指每小时的操作次数，接通与分析能力是指主触头在规定条件下能可靠地接通和分断的电流值，在此电流值下，接通时主触头不应发生熔焊，分断时主触头不应发生长时间燃弧。

常用的交流接触器有 CJ10、CJ12、CJ10X、CJ20、CJ40、CKJ、CJX_1、CJX_2、3TB、3TD、LC_1-D、LC_2-D、B 等系列。CJ10、CJ12 系列为早期我国统一设计的系列产品，目前仍在广泛地应用；CJ10X 系列为消弧接触器，是近年发展期来的新产品；CJ20 系列为 20 世纪 80 年代我国统一设计的新型接触器，现已完全取代 CJ10 系列；CJ40 系列是在 CJ20 系列的基础之上，在 20 世纪 90 年代更新设计的新一代产品。CKJ 系列为交流真空接触器；CJX_1、CJX_2 系列为小容量交流接触器；LC_1-D、LC_2-D 系列为引进法国 TE 公司技术生产的交流接触器；3TB 为引进德国西门子公司技术生产的交流接触器；B 系列为引进德国 ABB 公司技术生产的交流接触器。

常用的直流接触器有 CZ0、CZ18 等系列，其中 CZ18 系列为 CZ0 系列的换代产品。

1.3.2　常用典型接触器

(1) CJ10 系列交流接触

CJ10 系列是应用最广泛的一个系列，用于交流 500 V 及其以下电压等级。全系列有 5 A、10 A、20 A、40 A、60 A、100 A 及 150 A 七个等级。其中 40 A 及其以下各等级的电磁机构采用 E 形直动式，60 A 及其以上各等级的电磁机构采用 E 形转动式。主、辅触头均采用桥式触头。该系列接触器的结构特征是：40 A 及其以下各等级采用立体布置方式，上部是主触头和灭弧系统以及辅助触头组件，下部是电磁机构，主、辅触头由衔铁直接带动做直线运动；60 A 及其以上各等级采用平面布置方式，电磁机构居右，主触头及灭弧系统居左，衔铁经转轴借助杠杆与主触头相连，当衔铁转动时，经过杠杆的转动，使主触头实现直线运动，与此同时，也带动辅助触头动作。图1.34 所示为 CJ10-20 交流接触器的外形与结构示意图。

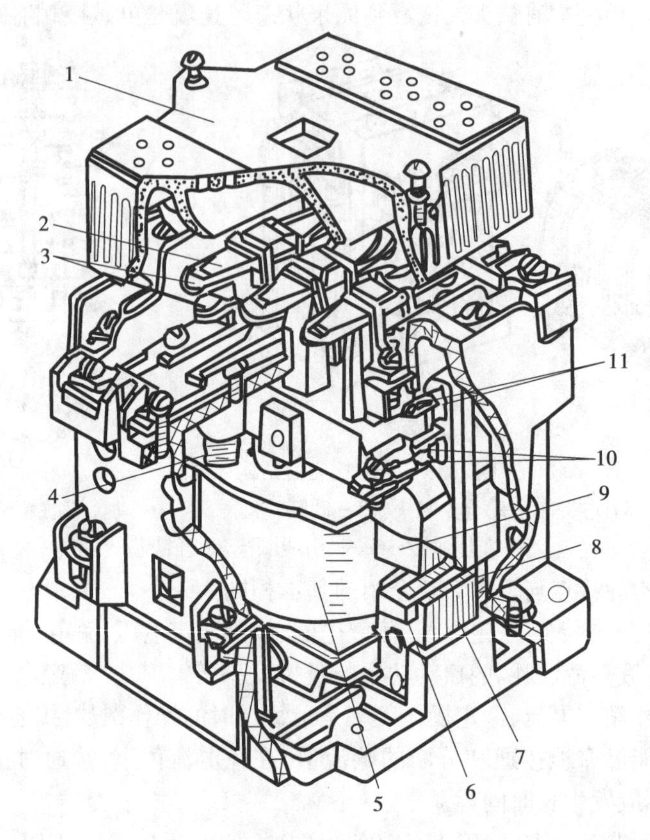

图 1.34　CJ10-20 交流接触器

1—灭弧罩　2—触头压力弹簧片　3—主触头　4—反作用弹簧　5—线圈
6—短路环　7—静铁芯　8—弹簧　9—动铁芯　10—辅助常开触头

(2) CJ20 系列交流接触器

CJ20 系列交流接触器是我国统一设计的新型接触器,结构形式为直动式、立体布置、双断口结构,采用压铸铝底座,并以增强耐弧塑料底板和高强度陶瓷灭弧罩组成三段式结构。该系列接触器结构紧凑,便于检修和更换线圈。触头系统的动触桥为船形结构,具有较高的强度和较大的热容量,静触头选用型材制成并配有铁质引弧角。其磁系统采用双线圈的 U 形铁芯,气隙在静铁芯底部中间位置,使释放可靠。灭弧罩有栅片式与纵缝式两种。辅助触头在主触头两侧,并用无色透明聚碳酸酯做成封闭式结构,辅助触头的组合有 2 常开 2 常闭、4 常开 2 常闭,也可根据需要变换成 3 常开 3 常闭或 2 常开 4 常闭。图 1.35 所示为 CJ20-250A 交流接触器的结构示意图。

(3) CZ0 系列直流接触器

CZ0 系列直流接触器,从结构上来看,150 A 及其以下电流等级的为立体布置整体式结构,250 A 及其以上电流等级的为平面布置的整体式结构,它们均采用 U 形转动式的电磁机构,且铁芯和衔铁均采用电工软铁制成。立体布置整体结构接触器的主触点为桥式结构。在铜质的动触点上镶上纯银块,动触点做直线运动。主触点的灭弧装置由串联磁吹线圈和横隔板式陶土灭弧罩组成,100 A 及 150 A 两个电流等级产品的灭弧罩还装有灭弧栅片,以防电弧喷出。平面布置整体式结构接触器的主触点为指形触点,灭弧装置由串联磁吹线圈和双窄缝

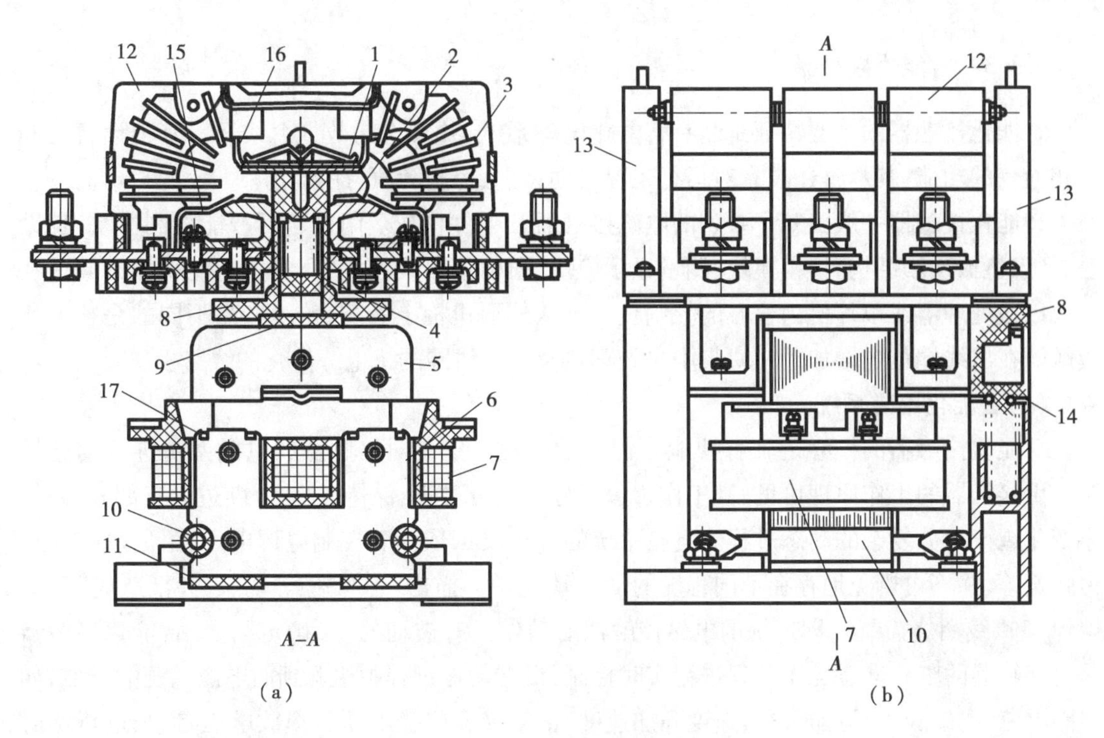

图1.35　CJ20-250A交流接触器

1—主动触头　2—主静触头　3—灭弧栅片　4—压缩弹簧　5—衔铁　6—铁芯　7—线圈　8—绝缘支架　9、11—缓冲件　10—缓冲硅橡胶管　12—灭弧室　13—辅助触头　14—反作用弹簧　15、16—弧角　17—分磁环

的纸隔板陶土灭弧罩构成。上述两种结构形式接触器的辅助触点均制成组件，由透明罩盖着以防尘。图1.36为CZ0直流接触器的结构示意图。

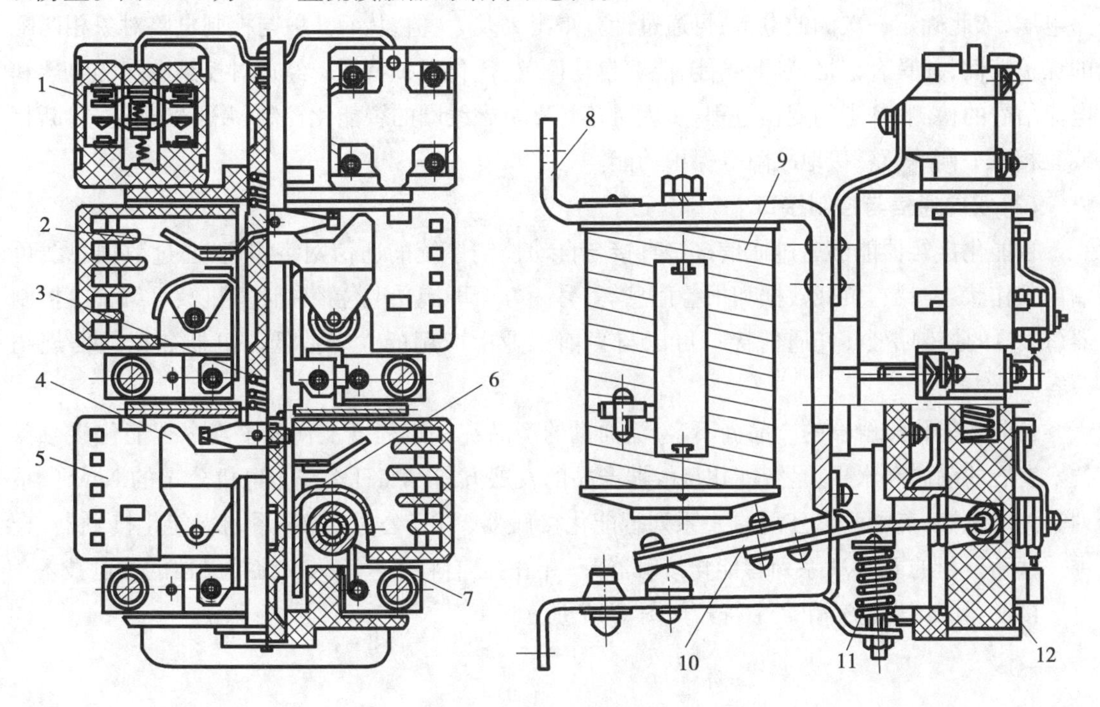

图1.36　CZ0直流接触器结构示意图

1.3.3 智能化接触器

智能化接触器的主要特征是装有智能化电磁系统,并具有与数据总线及与其他设备之间互相通信的功能,其本身还具有对运行工况自动识别、控制和执行的能力。

智能化接触器一般由基本系列的电磁接触器及附件构成。附件包括智能控制模块、辅助触头组、机械连锁结构、报警模块、测量显示模块、通信接口模块等,所有智能化功能都集成在一块以微处理器或单片机为核心的控制板上。从外形机构上看,与传统产品不同的是智能化接触器在出线端位置增加了一块带中央处理器及测量线圈的机电一体化的线路板。

(1)智能化电磁系统

智能化接触器的核心是具有智能化控制的电磁系统。对接触器的电磁系统进行动态控制。由接触器的工作原理可见,其工作过程可分为吸合过程、保持过程、分断过程三部分,是一个变化规律十分复杂的动态过程。电磁系统的工作质量依赖于控制电源电压、阻尼机构和反力弹簧等,并不可避免地存在不同程度的动、静铁芯的"撞击""弹跳"等现象,甚至造成"触头熔焊"和"线圈烧损"等,即传统的电磁接触器的动作具有被动的"不确定"性。智能化接触器是对接触器的整个动态工作过程进行实时控制,根据动作过程中检验到的电磁系统的参数,如线圈电流、电磁吸力、运动位移、速度和加速度、正常吸合门槛电压和释放电压参数,进行实时数据处理,并依此选取事先存储在控制芯片中的相应控制方案以实现"确定"的动作,从而同步吸合、保持和分断三个过程,保证触头开断过程的电弧能量最小,实现三个过程的最佳实时控制。检测元件是采用了高精度的电压互感器和电流互感器,但这种互感器与传统的互感器有所区别,如电流互感器是通过测量一次侧电流周围产生的磁通量并使之转化为二次侧的开路电压,依此确定一次侧的电流,再通过计算得出 I^2 及 I^2t 值,从而获取与控制电路对象相匹配的保护特性,并具有记忆、判断功能,能够自动调整、优化保护特性。经过对控制电路的电压和电流信号的检测、判别和变换过程,实现对接触器电磁线圈的智能化控制,并可实现过载、断相或三相不平衡、短路、接地故障等保护功能。

(2)双向通信与控制接口

智能化接触器能够通过通信接口直接与自动控制系统的通信网络相连,通过数据总线可输出工作状态参数、负载数据和报警信息等,另一方面可接受上位控制计算机及可编程序控制器(PLC)的控制指令,其通信接口可以与当前工业上应用的大多数低压电器数据通信规约兼容。

目前智能化接触器的产品尚不多,已面世的产品在一定程度上代表了当今智能化接触器技术发展的动向和水平,是智能化接触器产品的发展方向。如日本富士电机公司的 NewSC 系列交流接触器,美国西屋公司的 A 系列智能化接触器、ABB 公司的 AF 系列智能化接触器、金钟—默勒公司的 DIL-M 系列智能化接触器等。国内已有将单片引入交流接触器的控制技术。

接触器的图形符号和文字符号如图 1.37 所示。

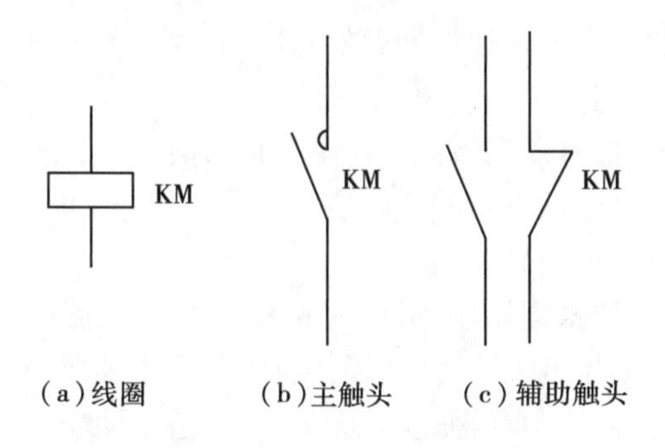

图1.37　接触器的符号

1.4　继电器

1.4.1　继电器的用途、分类

继电器主要用于接通或分断交直流小容量控制回路,它是一种利用各种物理量的变化,将电量或非电量信号转化为电磁力(有触头式)或使输出状态发生阶跃变化(无触头式),从而通过其触头或突变量促使在同一电路或另一电路中的其他器件或装置动作的一种自动控制元件。当输入物理量变化到高于它的吸合值或低于它的释放值时,继电器动作,对于有触头式继电器其触头闭合或断开,对于无触头式继电器其输出发生阶跃变化,以此提供一定的逻辑信号。

在电气控制领域或产品中,凡是需要逻辑控制的场合,几乎都需要使用继电器,从家用电器到工农业应用,甚至国民经济各个部门,可谓无所不见,因此,对继电器的需求千差万别,为了满足各种需求,人们研制生产了各种用途、不同型号和大小的继电器。

常用的继电器按动作原理分类有,电磁式继电器、磁电式继电器、感应式继电器、电动式继电器、温度(热)继电器、光电式继电器、压电式继电器、时间继电器等,其中时间继电器又分为电磁式、电动机式、机械阻尼(气囊)式和电子式等;按反应激励量的不同分类有,交流继电器、直流继电器、电压继电器、电流继电器、中间继电器、时间继电器、速度继电器、温度继电器、压力继电器、脉冲继电器等;按结构特点分类有,接触器式继电器、(微型、超小型、小型)继电器、舌簧继电器、电子式继电器、智能化继电器、固态继电器、可编程序控制继电器等;按动作功率分类有,通用、灵敏和高灵敏继电器等;按输出触头容量分类有,大、中、小和微功率继电器之分等。其中以电磁式继电器种类最多,应用最广泛。

1.4.2　电磁式继电器

低压控制系统中采用的继电器,大部分为电磁式。如电压(电流)继电器、中间继电器以及相当一部分的时间继电器等,都属于电磁式继电器。

电磁继电器的结构和原理与接触器基本相同,两者的主要区别在于:接触器的输入量只要电压,而继电器的输入可以是各种物理量;接触器的主要任务是控制主电路的通断,所以它强化执行功能,而继电器实现对各种信号的感测,并且通过比较确定其动作值,所以它强化感测的灵敏性、动作的准确性及反应的快速性,其触点通常接在小容量的控制电路中,一般不采用灭弧装置。

电磁继电器反映的是电信号。当线圈反映电压信号时,称为电压继电器;当线圈反映电流信号时,称为电流继电器。电压继电器的线圈应和电压源并联,匝数多而导线细;电流继电器的线圈应和电流源串联,匝数少而导线粗。

电流继电器和电压继电器根据用途不同,又可以分为过电流(或过电压)继电器,欠电流(或欠电压)继电器。前者电流(电压)超过规定值时,铁芯才吸合,如整定范围为1.1~6倍额定值;后者电流(电压)低于规定值时,铁芯才释放,如整定范围为0.3~0.7倍额定值。

电磁继电器按线圈通过交流电或直流电又有交直流之分。交流继电器的线圈通以交流电,其铁芯用硅钢片叠成,磁极端面装有短路铜环。直流继电器的线圈通以直流电,其铁芯用软钢做成,不需要装短路环。

(1)继电器的继电特性

继电器的输入—输出特性称为继电器的继电特性,电磁式继电器的继电特性曲线如图1.38所示,其中衔铁吸合时记作 Y_1,衔铁释放记作0。

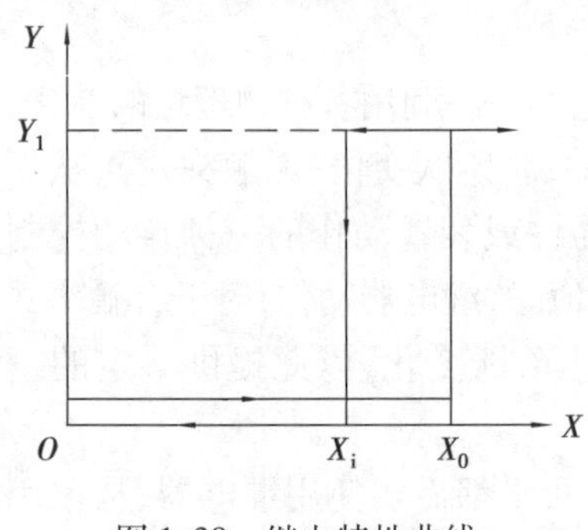

图1.38　继电特性曲线

从图中可以看出,继电器的继电特性为跳跃式的回环特性。图中,X_0称为继电器的动作值(吸合值),欲使继电器动作,输入量必须大于 X_0;X_i称为继电器的复归值(释放值),欲使继电器从吸合变为释放,输入量必须小于 X_i。X_0、X_i均为继电器的动作参数,可根据使用要求进行整定。

$K=X_i/X_0$称为返回系数,它是继电器重要参数之一。电流继电器的返回系列称为电流返回系数,用 $K_i=I_i/I_0$ 表示(I_0为动作电流,I_i为复归电流)。

电压继电器的返回系数称为电压返回系数,用 $K_V=U_i/U_0$表示(U_0为动作电压,U_i为复归电压)。

(2)继电器的主要技术参数

1)额定参数

额定参数有额定电压(电流),吸合电压(电流)和释放电压(电流)。额定电压(电流)即指继电器线圈电压(电流)的额定值,用 $V_e(I_e)$表示;吸合电压(电流)即是指使继电器衔铁开始运动时线圈的电压(电流)值;释放电压(电流)即衔铁开始返回动作时,线圈的电压(电流)值。

2)时间特性

动作时间是指从接通电源到继电器的承受机构起,至继电器的常开触点闭合为止所经过的时间。它通常由启动时间和运动时间两部组成,前者是从接通电源到衔铁开始运动的时间间隔,后者是由衔铁开始运动到常开触点闭合为止的时间间隔。

返回时间是指从断开电源(或将继电器线圈短路)起,至继电器的常闭触点闭合为止所经过的时间。它也是由两部分组成,即返回启动时间和返回运动时间。前者是从断开电源起至衔铁开始运动的时间间隔,后者是由衔铁开始运动到常闭触点闭合为止的时间间隔。

一般继电器的吸合时间与返回时间为0.05~0.15 s,快速继电器的吸合时间与返回时间可达0.005~0.05 s,它们的大小影响着继电器的操作频率。

3）触点的开闭能力

继电器触点的开闭能力与负载特性、电流种类和触点的结构有关。在交、直流电压不大于 250 V 的电路（对直流规定其有感负荷的时间常数不大于 0.005 s）中，各种功率继电器的开闭能力见表 1.1。

4）整定值

执行元件（如触头系统）在进行切换工作时，继电器相应输入参数的数值称为整定值。大部分继电器的整定值是可以调整的。一般电磁继电器是调节反作用弹簧和各工作气隙，使在一定电压或电流时继电器动作。

表 1.1　继电器触点的开闭能力参考表

触点类别	触点的允许断开功率		允许接通电流		长期允许闭合电流/A
	直流/W	交流/VA	直流/A	交流/A	
小功率	20	100	0.5	1	0.5
一般功率	50	250	2	5	2
大功率	200	1 000	5	10	5

5）灵敏度

继电器能被吸动所必须具有的最小功率或安匝数称为灵敏度。由于不同类型的继电器当动作安匝数相同时，却往往因线圈电阻不一样，消耗的功率也不一样，因此，当比较继电器灵敏度时，应以动作功率为准。

6）返回系数

如前所述，返回系数为复归电压（电流）与动作电压（电流）之比。对于不同用途的继电器，要求有不同的返回系数。如控制用继电器，其返回系数一般要求在 0.4 以下，以避免电源电压短时间的降低而自动释放；对于保护用继电器，则要求较高的返回系数（0.6 以上），使之能反映较小输入量的波动范围。

7）接触电阻

接触电阻指从继电器引出端测得的一组闭合触点间的电阻值。

8）寿命

寿命指继电器在规定的环境条件和触点负载下，按产品技术要求能够正常动作的最少次数。

（3）常用典型电磁式继电器

1）电流继电器

电流继电器的线圈串联在被测量的电路中，此时，继电器所反映的是电路中电流的变化，为了使串入电流继电器后并不影响电路工作，线圈应匝数少、导线粗、阻抗小。

电流继电器又有欠电流和过电流继电器之分。过电流继电器在电路正常工作时，衔铁不动作；当电流超过规定值时，衔铁才吸合。欠电流继电器在电路正常工作时，衔铁处在吸合状态；当电流低于规定值时，衔铁才释放。

欠电流继电器的吸引电流为线圈额定电流的30% ~65%，释放电流为额定电流的 10% ~20%。过电流继电器的动作电流的整定范围通常为 1.1 ~4 倍额定电流。

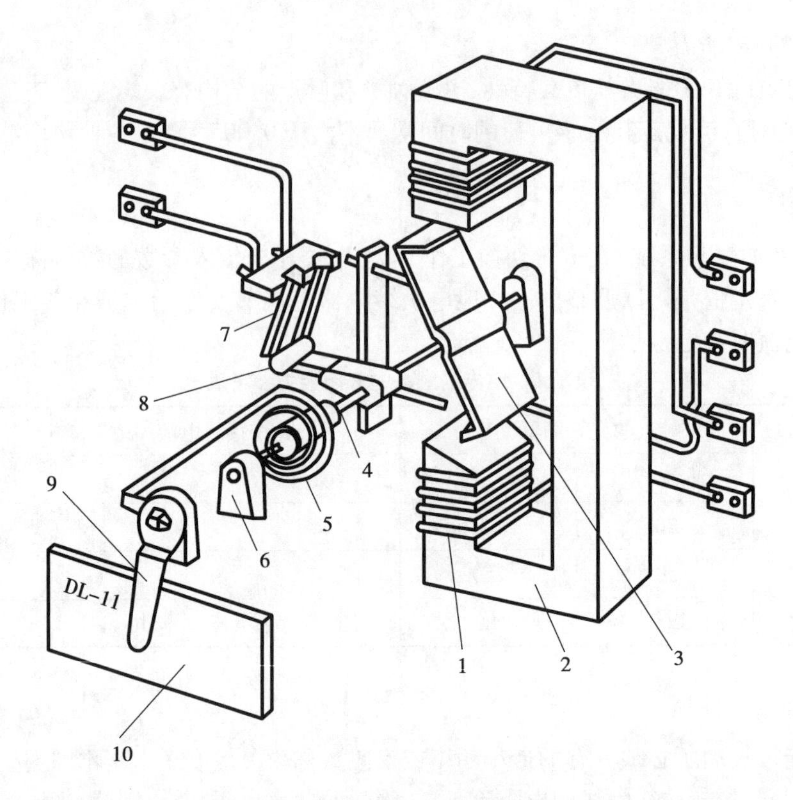

图 1.39 DL-10 系列电磁式电流继电器的内部结构

1—线圈 2—电磁铁 3—钢舌片 4—轴 5—弹簧 6—轴承 7—静触头 8—动触头

电磁式电流继电器中常用的 DL-10 系列基本结构如图 1.39 所示。由图可知,当继电器线圈 1 通过电流时,电磁铁 2 中产生磁通,力图使 Z 形钢舌片 3 向凸出磁极偏转。与此同时,轴 4 上的弹簧 5 又力图阻止钢舌片偏转。当继电器线圈中电流增大到使钢舌片所受的转矩大于弹簧的反作用力矩时,钢舌片被吸近磁极,使动合触点闭合,动断触点断开。

在电流继电器动作后,减小线圈中的电流到一定值,钢舌片在弹簧作用下返回起始位置。

电磁式电流继电器的动作极为迅速,可认为是瞬间动作,因此,这种继电器也称为瞬时继电器,广泛应用于电机、变压器和输电线路的过负荷及短路保护线路中。

2)电压继电器

电压继电器的线圈与电压源并联,此时,继电器所反映的是电路中电压的变化,为了使并入电压继电器后并不影响电路工作,线圈应匝数多、导线细、阻抗大。

根据动作电压值的不同,电压继电器有过电压、欠电压和零电压继电器之分。过电压继电器在电路正常工作时,衔铁不动作;当电压超过规定值时,衔铁才吸合。欠电压继电器在电路正常工作时,衔铁处在吸合状态,当电压低于规定值时,衔铁才释放。

过电压继电器在电压为额定电压 U_N 的 110% ~115% 以上时衔铁吸合,欠电压继电器在电压为 U_N 的 40% ~70% 时释放,而零电压继电器当电压降至 U_N 的 5% ~25% 时释放,它们分别用于过电压、欠电压和零压保护。

3)中间继电器

中间继电器实质上为电压继电器,但它的触头对数多(6 对甚至更多),触头容量较大(额定电流 5 ~10 A),动作灵敏(动作时间小于 0.05 s)。其主要用途为:当其他继电器的触头对数或触

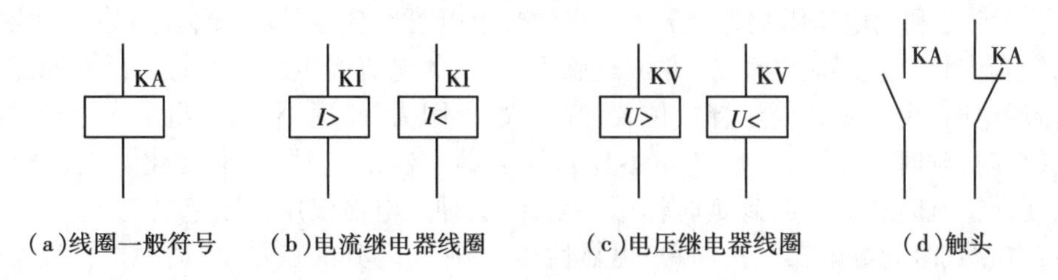

(a)线圈一般符号　(b)电流继电器线圈　(c)电压继电器线圈　(d)触头

图 1.40　电磁式继电器的符号

头容量不够时,可借助中间继电器来扩大它们的触头数或触头容量,起到中间转换作用。

电磁式继电器的图形符号和文字符号如图 1.40 所示。

1.4.3　时间继电器

时间继电器是从接收信号到执行元件(如触头)动作有一定时间隔离的继电器。其特点是接收信号后,执行元件能够按照预定时间延时工作,因而广泛地应用在工业生产及家用电器等的自动控制中。

(1)时间继电器的类型

时间继电器的延时方法及其类型很多,概括起来可分为电气式和机械式两大类。电气延时式有电磁阻尼式、电动机式、电子式(又分阻容式和数字式)等时间继电器;机械延时式有空气阻尼式、油阻尼式、水银式、钟表式和热双金属片式等时间继电器。其中常用的有电磁阻尼式、空气阻尼式、电动机式和电子式等时间继电器。按延时方式分,时间继电器可分为通电延时型、断电延时型和带瞬动触点的通电延时型等。

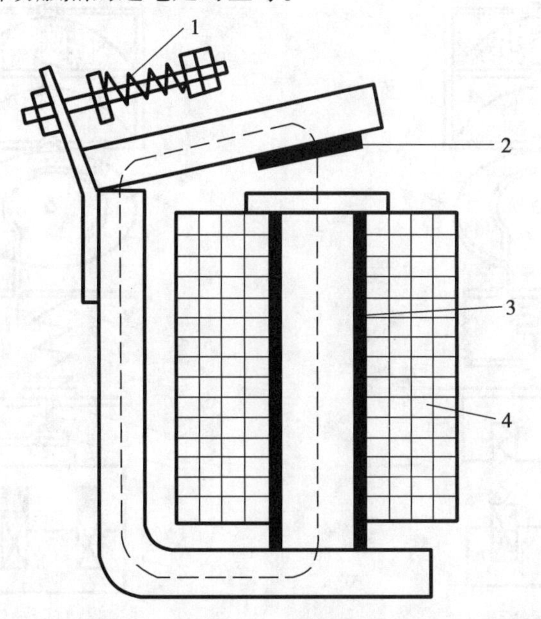

图 1.41　直流电磁式时间继电器的结构

1—调整弹簧　2—非磁性垫片　3—短路线圈　4—工作线圈

(2)直流电磁式时间继电器

在直流电磁式电压继电器的铁芯上增加一个阻尼铜套,即可构成时间继电器,其结构如图

1.41 所示。它是利用电磁阻尼原理产生延时的,由电磁感应定律可知,在继电器线圈通断电过程中,铜套内将产生感应电动势,并流过感应电流,此电流产生的磁通总是反对原磁通变化。当继电器通电时,由于衔铁处于释放位置,气隙大、磁阻大、磁通小,铜套阻尼作用相对也小,因而衔铁吸合时,延时不显著(一般忽略不计);而当继电器断电时,磁通变化量大,铜套阻尼作用也大,使衔铁延时释放而起到延时作用。因此,这种继电器仅用作断电延时。

直流电磁式时间继电器结构简单、可靠性高、寿命长。其缺点是:仅适用于直流电路,若用于交流电路,需加整流置;仅能获得断电延时,而且延时精度较低,延时时间较短,最长不超过 5 s,一般只用于要求不高的场合,如电动机的延时启动等。常用产品有 JT3、JT18 系列。

(3)空气阻尼式时间继电器

空气阻尼式时间继电器又称气囊式时间继电器,它是利用空气阻尼原理获得延时的。以 JS23 系列时间继电器为例,它由一个具有四个瞬动触点的中间继电器作为主体,再加上一个延时组件组成。延时组件包括波纹状气囊排气阀门,刻有细长环形槽的延时片 4、调时旋钮 3 及动作弹簧 5,如图 1.42 所示。通电延时型时间继电器断电时,衔铁处于释放状态(图 1.42(a)),顶动阀杆 8 并压缩波纹状气囊 6,压缩阀门弹簧 7 打开阀门,排出气囊内的空气;当线圈通电后,衔铁被吸松开阀杆,阀门弹簧复原,阀门被关闭,气囊在动作弹簧作用下有伸长的趋势,外界空气在气囊的内外压力差作用下经过滤气片 2,通过延时片的延时环形槽渐渐进入气囊,当气囊伸长至一定位置时,延时触点动作。从线圈通电起,至延时触点完成换接动作为止的时间,称为延时时间。转动调时,旋钮可改变空气经过环形槽的长度,从而改变延时时间(这种结构称为平面圆盘可调空气道延时结构),调时旋钮上钮牌的刻度线能粗略地指示出整定延时值。

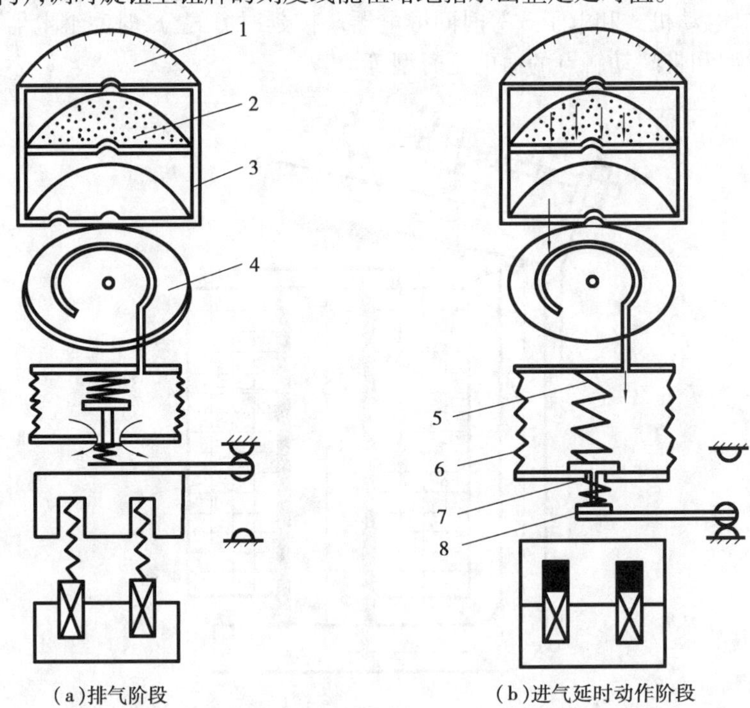

图 1.42 JS23 系列空气式时间继电器的延时原理

1—钮牌 2—滤气片 3—调时旋钮 4—延时片 5—动作弹簧

6—波纹状气囊组件 7—阀门弹簧 8—阀杆

空气阻尼式时间继电器有通电延时型和断电延时型两种。

空气阻尼式时间继电器的优点是：延时范围大，结构简单，调整方便，使用寿命长，价格低廉。其缺点是：延时误差大（±10%～20%），无调节刻度指示，难以精确地整定延时值。在对延时精度要求高的场合，不宜使用这种时间继电器。

常用产品有JS7、JS16、JS23等系列。目前我国统一设计的JS23系列用于取代JS7、JS16系列。

(4)电动式时间继电器

电动式时间继电器是由微型同步电动机拖动减速齿轮获得延时的时间继电器。它也分为通电延时型和断电延时型两种。

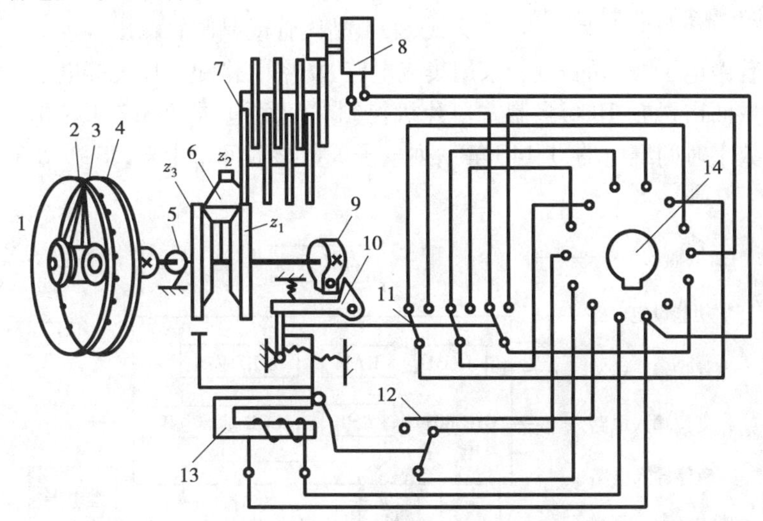

图1.43　JS11型电动式时间继电器原理

1—延针定位　2—指轮系　3—指针　4—刻度盘　5—复位游丝　6—差动时整定处　7—减速齿轮　8—同步电动机　9—凸轮　10—脱钩机构　11—延时触头　12—瞬时触头　13—离合电磁铁　14—插头

常用的产品有JS10和JS11系列。JS11系列通电延时型时间继电器的结构及工作原理如图1.43所示。其工作原理为：当只接通同步电动机电源时，仅是齿轮Z_2和Z_3绕轴空转，而转轴本身并不转动。如需要延时时，就要接通离合电磁铁的线圈电路，使离合电磁铁的衔铁吸合，从而将齿轮Z_3刹住。由于齿轮Z_2在继续转动的过程中，还同时沿着齿轮Z_3作周向运动，并带动轴一起转动，当固定在轴上的凸轮转动到适当位置时，即所需延时整定的位置，它就推动脱扣机构，使延时触头组做相应的动作，并通过一对常闭触头的断开来切断同步电动机的电源。需要继电器复位时，只需将离合电磁铁的线圈电源切断，所有的机构都将在复位游丝的作用下立即回到动作前的状态，并为下一次动作做好准备。

延时时间的整定可利用改变整定装置中定位指针的位置来实现，实质上就是改变凸轮的初始位置。在整定时应当注意，定位指针的调整必须在离合电磁铁的线圈断电时进行。

电动式时间继电器具有延时范围宽（0～72 h），整定偏差和重复偏差小，延时值不受电源电压波动和环境温度变化的影响等优点。其主要缺点是：机械结构复杂，使用寿命低，价格贵，延时偏差受电源频率的影响等。

(5)电子式时间继电器

电子式时间继电器在时间继电器中已成为主流产品，电子式时间继电器是采用晶体管或

图 1.44　DHC6 型多制式时间继电器

集成电路和电子元件等构成，目前已有采用单片机控制的时间继电器。电子式时间继电器具有延时范围广，精度高，体积小，耐冲击和耐振动，调节方便，以及寿命长等优点，所以发展很快，应用广泛。

晶体管式时间继电器是利用 RC 电路电容器充电时，电容器上的电压逐渐上升的原理作为延时基础的。因此，改变充电电路的时间常数（改变电阻值），即可整定其延时时间。继电器的输出形式有两种：一种是触头式，用晶体管驱动小型电磁式继电器；另一种是无触头式，采用晶体管或晶闸管输出。

近年来随着微电子技术的发展，采用集成电路、功率电路和单片机等电子元件构成的新型时间继电器大量面市，如 DHC6 多制式单片机控制时间继电器，JSS17、JSS20、JSZ13 等系列大规模集成电路数字时间继电器，JS14S 等系列电子式数显时间继电器，JSG1 等系列固态时间继电器等。

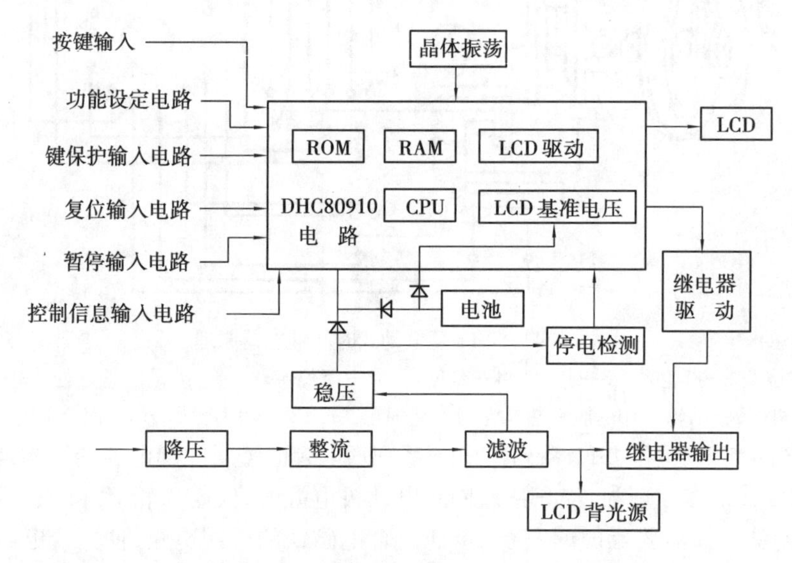

图 1.45　DHC6 型多制式时间继电器原理框图

DHC6 型多种制式时间继电器采用单片机控制，LCD 显示，具有 9 种工作制式、正计时、倒计时任意设定，8 种延时时段，延时范围从 0.01 s～999.9 h 任意设定，键盘设定，设定完成之后可以锁定按键，防止误操作。可按要求任意选择控制模式，使控制线路最简单可靠。其外形如图 1.44 所示，原理框图如图 1.45 所示。

时间继电器在选用时应根据控制要求选择其延时方式，根据延时范围和精度选择继电器类型。时间继电器的图形符号及文字符号如图 1.46 所示。

1.4.4　热继电器

电动机在实际运行中，常遇到过载情况。若过载不太大，时间较短，只要电动机绕组不超过允许温升，这种过载是允许的。但过载时间过长，绕组温升超过了允许值时，将会加剧绕组绝缘老化，缩短电动机的使用年限，严重时甚至会使电动机绕组烧毁。因此，凡电动机长期运

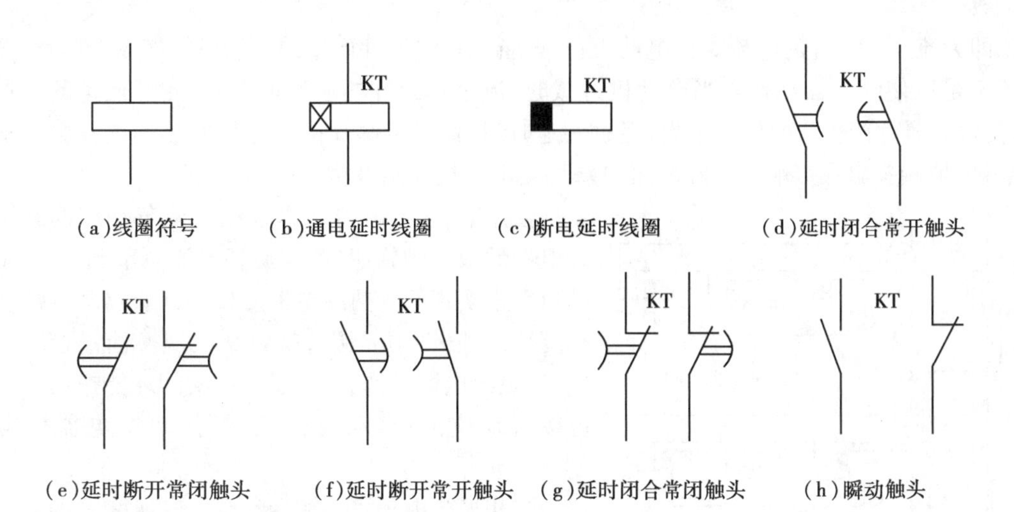

图1.46　时间继电器的图形符号

行时,都需要对其过载提供保护装置。为了充分发挥电动机的过载能力,保证电动机的正常启动和运转,而当电动机一旦出现长时间过载时又能自动切断电路,因而出现了能随过载程度而改变动作时间的电器,这就是热继电器。热继电器是利用电流的热效应原理来工作的保护电器,它在电路中是做三相交流电动机的过载保护用的,但须指出的是,由于热继电器中发热元件有热惯性,在电路中不能做瞬时过载保护,更不能做短路保护,因此,它不同于过电流继电器和熔断器。

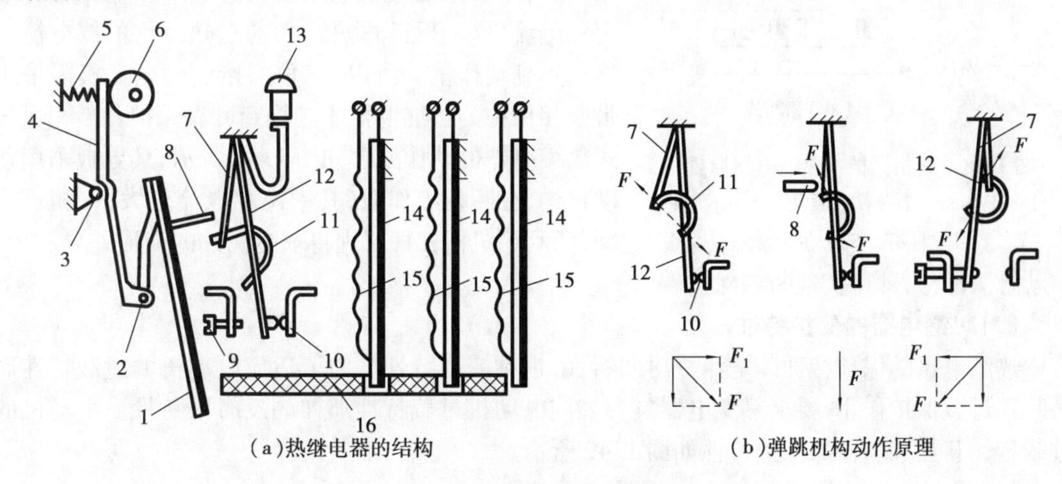

图1.47　热继电器结构及原理

1—补偿双金属片　2、3—轴　4—杠杆　5—压簧　6—电流调节凸轮　7、12—片簧　8—推杆
9—复位调节螺钉　10—触头　11—弓形弹簧片　13—手动复位按钮　14—双金属片　15—热元件　16—导板

(1)热继电器的结构及工作原理

热继电器主要由热元件、双金属片和触头三部分组成。双金属片是热继电器的感测元件,它由两种不同线膨胀系数的金属用机械碾压而成。线膨胀系数大的称为主动层,小的称为被动层。由于两种线膨胀系数不同的金属紧密地贴合在一起,因此,当产生热效应时,使得双金属片向膨胀系数小的一侧弯曲,由弯曲产生的位移带动触头动作。

图1.47所示为热继电器工作原理示意图。热元件串接在电动机定子绕组中,电动机绕组

电流即为流过热元件的电流。当电动机正常运行时,热元件产生的热量虽能使双金属片弯曲,但还不足以使继电器动作。当电动机过载时,流过热元件的电流增大,热元件产生的热量增加,使双金属片产生弯曲位移增大,经过一定时间后,双金属片推动导板使热继电器触头动作(热继电器触头串在接触器线圈回路中),切断电动机控制电路。

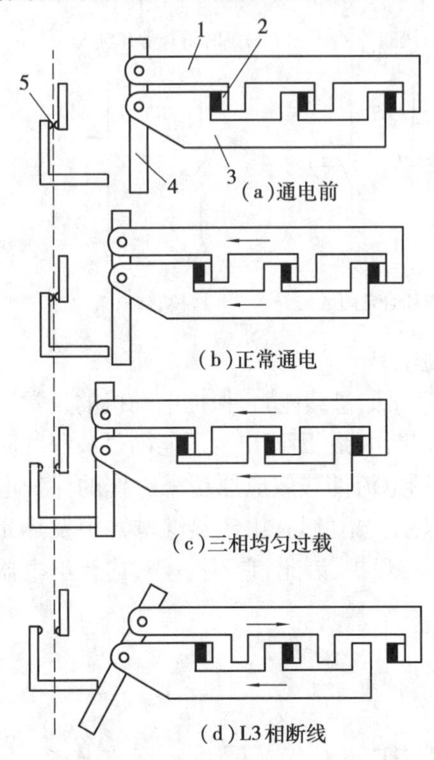

图 1.48　断相保护式热继电器原理图
1—上导板　2—双金属片　3—下导板
4—杠杆　5—动断触头

使用时,热继电器动作电流的调节是借助旋转热继电器面板上的旋钮(亦即旋转电流调节凸轮 6)于不同位置来实现的。热继电器复位方式有自动复位和手动复位两挡(图中靠调节螺钉 9 实现换挡),在手动位置时,热继电器动作后,经过一段时间才能按动手动复位按钮复位,在自动复位位置时,热继电器可自行复位。

三相异步电动机断相运行是电动机烧毁的主要原因之一,因而要求对电动机进行断相保护。由于热继电器的动作电流是按电动机的额定电流整定的,因此星形接法的电动机采用一般的三相热继电器就可以得到保护。而三角形接法的电动机一相断线后,流过热继电器的电流与流过电动机绕组的电流增加比例不同,当电动机运行在 50% ~60% 负载情况下出现一相断相时,电动机绕组中电流较大的那一相电流超过额定相电流(电动机已过热),而通过热元件的线电流可能达不到动作值。所以,三角形接法的电动机需采用带断相保护的热继电器才能得到可靠保护。断相保护式热继电器的动作原理如图 1.48 所示,其导板采用差动机构,在断相工作时,其中两相电流较大,一相逐渐冷却,利用机械杠杆原理将双金属片的变形差异放大,带动触头动作,即可实现断相保护。

(2)热继电器的保护特性

热继电器的保护特性即电流—时间特性,也称安秒特性。为了适应电动机的过载特性而又起到过载保护作用,要求热继电器具有如同电动机过载特性那样的反时限特性。电动机的过载特性和热继电器的保护特性如图 1.49 所示。

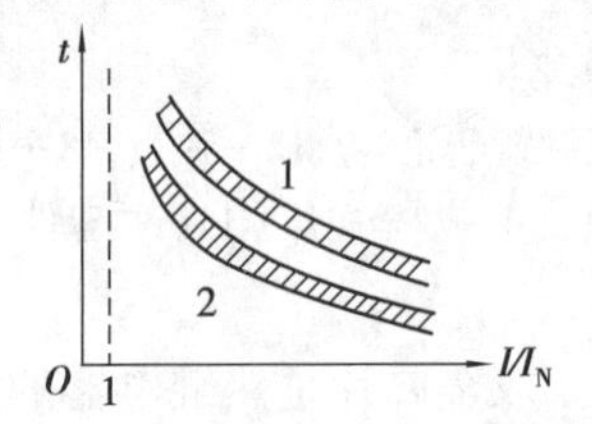

图 1.49　电动机的过载特性和热继电器的保护特性
1—电动机的过载特性
2—热继电器的保护特性

FR　FR　FR
(a)　(b)　(c)

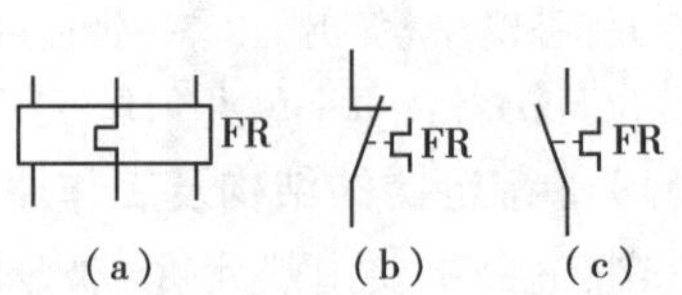

图 1.50　热继电器的符号

因各种误差的影响,电动机的过载特性和热继电器的保护特性都不是一条曲线,而是一条带子。误差越大,带子越宽;误差越小,带子越窄。

由图1.49可以看出,在允许升温条件下,当电动机过载电流小时,允许电动机通电时间长些;反之,允许通电时间要短。为了既充分发挥电动机的过载能力又能实现可靠保护,要求热继电器的保护特性应在电动机过载特性的邻近下方,这样,如果发生过载,热继电器就会在电动机未达到其允许过载极限时间之前动作,切断电源,使之免遭损坏。

热继电器的图形符号和文字符号如图1.50所示。

1.4.5　其他电器

(1)速度继电器

速度继电器主要用于笼式异步电动机的反接控制动控制,亦称反接制动继电器。它主要由转子、定子和触头三部分组成。转子是一个圆柱形永久磁铁。定子是一个笼式空心圆环,由硅钢片叠成,并装有笼式绕组。

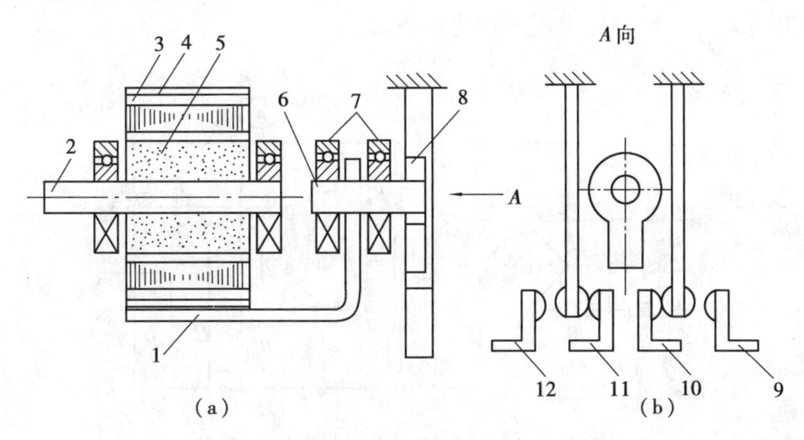

图1.51　感应式速度继电器结构原理图

1—支架　2、6—轴　3—短路绕组　4—笼式转子　5—永久磁铁

7—轴承　8—顶块　9、12—动合触头　10、11—动断触头

图1.51所示为感应式速度继电器的结构原理图。其转子的轴与被控电动机的轴相连接,而定子空套在转子上。当电动机转动时,速度继电器的转子随之转动,定子内的短路导体便切割磁场而感应电势并产生电流,此电流与旋转的转子磁场作用产生转矩,于是,定子开始偏转。转子转速越高,定子偏转角度也越大,当达到一定转速而定子偏转到一定角度时,装在定子轴上的摆锤推动簧片(动触片)动作,使常闭触头分断、常开触头闭合。当电动机转速低于某一数值时,定子产生的转矩减小,触头在簧片作用下复位。

使用时应注意:速度继电器的转轴与被测设备的转轴相连接;安装接线时,正、反触头不能接错,否则不能起到控制作用。

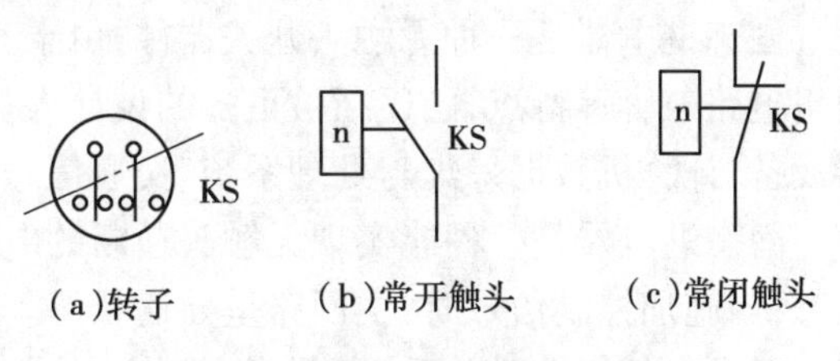

图1.52　速度继电器的符号

常用的速度继电器有YJ1型和JFZ0型。通常速度继电器的动作转速为120 r/min,触头的复位转速在100 r/min以下,转速在

3 000 ~3 600 r/min 以下能可靠动作。

速度继电器的图形符号及文字符号如图 1.52 所示。

(2)温度继电器

温度继电器广泛应用于电动机绕组、大功率晶体管等的过热保护。以下就电动机保护方面的应用做简介。

当电动机发生过电流时,会使其绕组温升过高,前已述及,热继电器可以起到电动机过电流保护的作用。但当电网电压不正常升高时,即使电动机不过载,也会导致铁损增加而使铁芯发热,这样也会使绕组温升过高;或者电动机环境温度过高以及通风不良等,也同样会使绕组温升过高。在这种情况下,若用热继电器,则不能正确反映电动机的故障状态。为此,人们发明了利用发热元件间接地反映出绕组温度而进行动作的继电器,这就是温度继电器。

温度继电器的感测元件是埋设在电动机发热部位的,如电动机定子槽内、绕组端部等部位,直接反映该处发热情况,无论是电动机本身出现过电流引起温度升高,还是其他原因引起电动机温度升高,温度继电器都可起到保护作用。温度继电器大体上有两种类型:一种是双金属片式温度继电器,另一种热敏电阻式温度继电器。

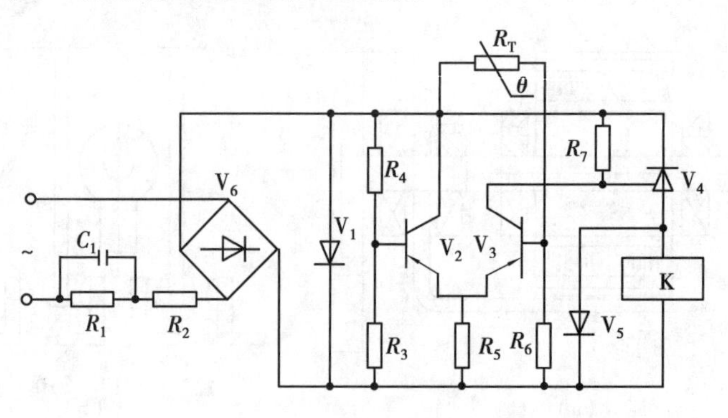

图 1.53　热敏电阻式温度继电器电路原理图

双金属片式温度继电器的工作原理与热继电器相似,在此不重述。

热敏电阻式温度继电器的外形同一般晶体管式时间继电器相似,但作为温度感测元件的热敏电阻不装在继电器中,而是装在电动机定子槽内或绕组的端部。热敏电阻是一种半导体器件,根据材料性质有正温度系数和负温度系数两种。由于正温度系数热敏电阻具有明显的开关特性,电阻温度系数大,体积小,以及灵敏度高等优点,从而得到广泛应用和迅速发展。

没有电源变压器的正温度系数热敏电阻式温度继电器电路如图 1.53 所示,其工作原理读者自行分析。

(3)固态继电器

固态继电器是一种无触头开关器件,由于其具有结构紧凑,开关速度快,以及能与微电子逻辑电路兼容等特点,已逐渐被更多的设计人员所认识。目前已广泛应用于各种自动控制仪器设备、计算机数据采集与处理系统、交通信号管理系统等,作为执行器件。

固态继电器是一种能实现无触头通断的电气开关。当控制端无信号时,其主回路呈阻断状态;当施加控制信号时,主回路呈导通状态。它利用信号光电耦合方式使控制回路与负载回路之间没有任何电磁关系,实现了电隔离,从其外部状态看,具有与电磁式继电器一样的功能。因此,在有些应用场合,尤其可在恶劣的工况环境下,可取电磁式继电器。

固态继电器是一种四端组件,其中两端为输入端、两端为输出端。按主电路类型分为直流固态继电器和交流固态继电器两类。直流固态继电器内部的开关元件是功率晶体管,交流固态继电器的开关元件是可控硅,产品封装结构有塑封型和金属完全密封型,其工作原理框图如图1.54所示。

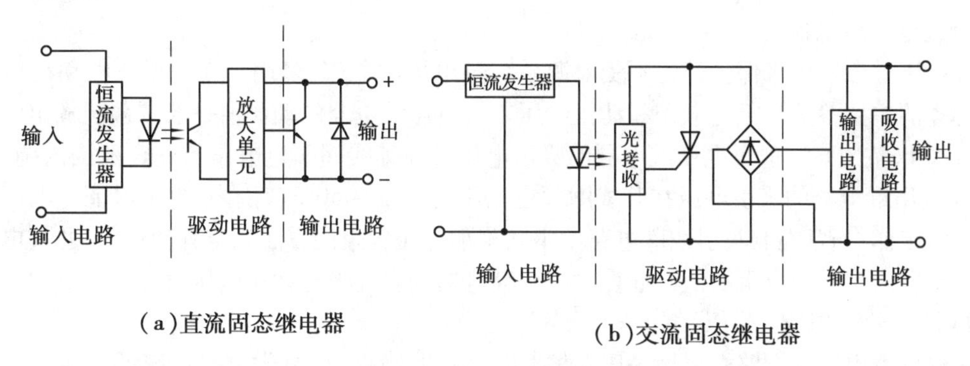

图1.54　固态继电器原理框图

在图1.54中,输入电路由恒流发生器及光电耦合器组成,光电耦合器起信号传递和电隔离作用,输出电路包括开关器件和吸收电路,吸收电路的作用是防止电源的"尖峰"和"浪涌"对开关电路产生干扰,造成开关误动作以至损坏,吸收电路一般由RC串联网络和压敏电阻组成。交流固态继电器的内部驱动电路是一种晶闸管触发电路,包括零压监测电路,以控制晶闸管的开关状态。固态继电器的输入驱动可以直接在其输入端外加直流电压驱动,也有的采用晶体管电路、集成电路驱动。

1.4.6　继电器的选用原则

(1)接触式继电器

选用时主要按规定要求选定触头形式和通断能力,其他原则与接触器相同。有些应用场合,如对继电器的触头数量要求不高,但对通断能力和工作可靠性(如抗震性能)要求较高时,以选用小规格接触器为好。

(2)时间继电器

选用时间继电器时要考虑的特殊要求主要是延时范围、延时类型、延时精度和工作条件。

(3)保护继电器

保护继电器指在电路中起保护作用的各种继电器,这里主要指过电流继电器,欠电流继电器,过电压继电器和欠电压(零电压、失压)继电器等。

1)过电流继电器

过电流继电器主要用于电动机的短路保护,对其选择的主要参数是额定电流和动作电流。过电流继电器的额定电流应当大于或等于被保护电动机的额定电流,其动作电流可根据电动机工作情况按其启动电流的1.1~1.3倍整定。一般绕线转子感应电动机的启动电流按2.5倍电流考虑,笼式感应电动机的电流按额定电流的5~8倍考虑。选择过电流继电器的动作电流时,应留有一定的调节余地。

2)欠电流继电器

欠电流继电器一般用于直流电机的励磁回路监视励磁电流,作为直流电动机的弱磁超速保护或励磁电路与其他电路之间的连锁保护,选择的主要参数为额定电流和释放电流,其额定电流应大于或等于额定励磁电流,可释放电流整定值应低于励磁电路正常工作范围内可能出现的最小励磁电流,可取最小励磁电流的0.85。选用欠电流继电器时,其释放电流的整定值应留有一定的调节余地。

3)过电压继电器

过电压继电器用来保护设备不受电源系统过电压的危害,多用于发电机—电动机组系统中。选择的主要参数是额定电压和动作电压。过电压继电器的动作值一般按系统额定电压的1.1~1.2倍整定。一般过电压继电器的吸引电压可在其线圈额定电压的一定范围内调节,例如,JT3电压继电器的吸引电压在其线圈额定电压的30%~50%范围内,为了保证过电压继电器的正常工作,通常在其吸引线圈电路中串联附加分压电阻的方法确定其动作值,并按电阻分压比确定所需串入的电阻的值。计算时应按继电器的实际吸合动作电压值考虑。

4)欠电压(零电压、失压)继电器

欠电压继电器在线路中多做失压保护,防止电源故障后恢复供电时系统的自启动。欠电压继电器常用一般电磁式继电器或小型接触器,其选用只要满足一般要求即可,对释放电压值无特殊要求。

(4)热继电器

热继电器热元件的额定电流原则上按保护电动机的额定电流选取,即热元件的额定电流应接近或略大于电动机的额定电流。对于星形接法的电动机及电源对称性较好的场合,可选用两相结构的热继电器;对于三角形接法的电动机或电源对称性不够好的场合,可选用三相结构或三相结构带断相保护的热继电器。

(5)速度继电器

主要根据电动机的额定转速进行选择。

1.5 熔断器

熔断器是一种利用物质过热熔化的性质制作的保护电器。当电路发生严重过载或短路时,将有超过限定值的电流通过熔断器而将熔断器的熔体熔断,从而切断电流,达到保护的目的。

1.5.1 熔断器的结构及工作原理

熔断器主要由熔体和安装熔体的熔管或熔座两部分组成。其中熔体是主要部分,它既是感受元件,又是执行元件。熔体可做成丝状、片状、带状,其材料有两类:一类为低熔点材料,如铅、锌、锡及铅锡合金等;另一类为高熔点材料,如银、铜、铝等。熔管是熔体的保护外壳,可做成封闭式或半封闭式,在熔体熔断时兼有灭弧作用,其材料一般为陶瓷、绝缘钢纸或玻璃纤维。熔断器结构如图1.55所示。

熔断器接入电路时,熔体是串接在被保护电路中的。流过熔断器熔体中的电流为熔体的额定电流时,熔体长期不熔断;当电路发生严重过载时,熔体在较短时间内熔断;当电路发生短路时,熔体能在瞬间熔断;过载电流或短路电流越大,熔断时间就越短。熔体的这个特性称为反时限保护特性。由于熔断器对过载反应不灵敏,所以不宜用于过载保护,主要用于短路保护。

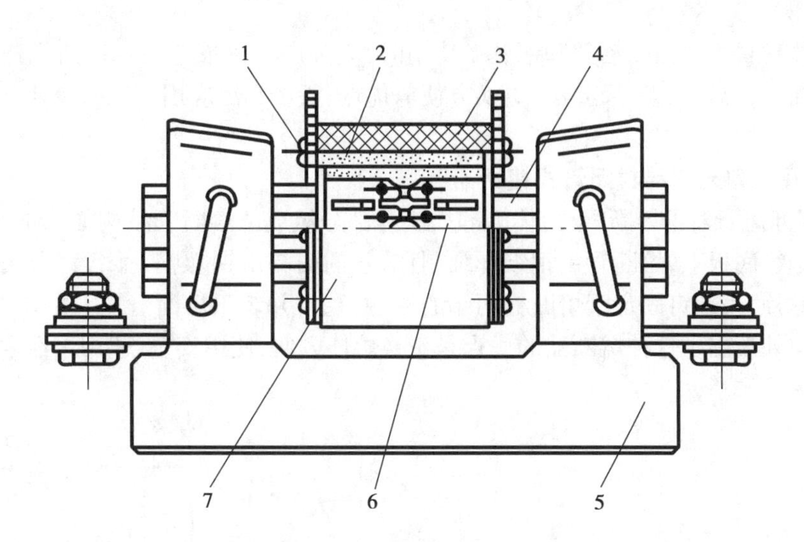

图1.55　有填料封闭管式熔断器

1—熔断指示器　2—石英砂填料　3—熔管　4—触刀　5—底座　6—熔体　7—熔断体

1.5.2　熔断器的特性和主要技术参数

电流与熔断时间的关系曲线称为安秒特性,它是反时限特性,如图1.56所示。

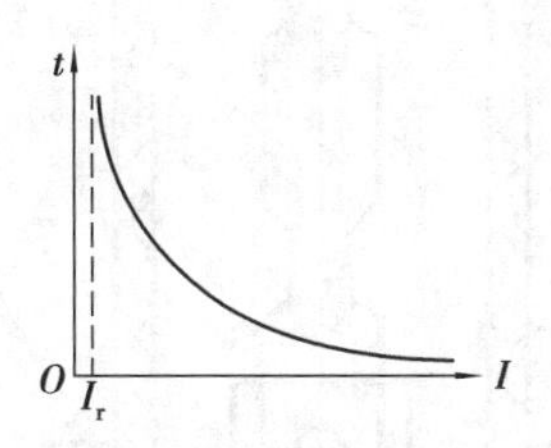

图1.56　熔断器的安秒特性

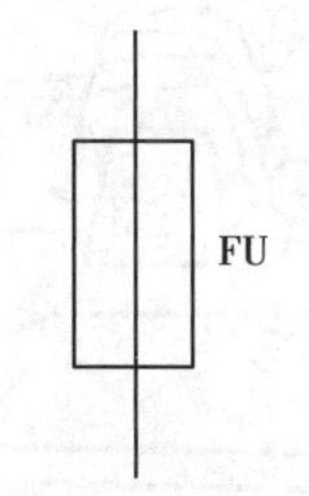

图1.57　熔断器的符号

图1.56中的电流I_r为最小熔化电流。当通过熔体的电流等于或大于I_r时,熔体熔断;当通过的电流小于I_r时,熔体不能断。根据对熔断器的要求,熔体在额定电流I_N时绝对不应熔断,即$I_r > I_N$。

熔断器的主要技术参数有额定电压、额定电流、熔体额定电流和极限分断能力等。其中,极限分断能力是指熔断器在规定的额定电压和功率因素(时间常数)的条件下,能分断的最大电流值。所以,极限分断能力也是反映了熔断器分断短路电流的能力。

熔断器的图形符号及文字符号如图1.57所示。

1.5.3　常用典型熔断器

(1)RC1A系列瓷插式熔断器

RC1A系列瓷插式熔断器是一种常见的结构简单的熔断器,俗称"瓷插保险"。RC1A系列熔断器由瓷座1、动触头2、熔体3、瓷插件4和静触头5组成,如图1.58所示。瓷插件和瓷座由电工陶瓷制成,瓷座两端固装着静触头,动触头固装在瓷插件上。瓷插件中段有一突起部分,熔丝沿此突起部分跨接在两个动触头上。瓷座中间有一空腔,它与瓷插件的突起部分共同形成灭弧室。电流较大时,在灭弧室中垫有石棉编织物,用以防止熔体熔断时金属粒喷溅。熔断器所用熔体材料主要是软铅丝和铜丝。使用时,应按产品目录选用合适的规格。这种熔断器具有结构简单,价格低廉,尺寸小,更换方便等优点,所以广泛应用于工矿企业和民用的照明电路中。

(2)RM10 系列无填料封闭管式熔断器

RM10 系列熔断器由熔断管、熔体和静插座等部分组成。熔断管结构如图 1.59 所示。静插座钉装于绝缘底板上,熔断管由钢纸纤维制作,管的两端由铜螺帽封闭,管内无填料。熔体为变截面的锌片,用螺钉固定于熔断器两端的接触刀上,并装于熔断管内。熔体熔断时,电弧在管内不会向外喷出。这种熔断器的优点是更换熔体方便,使用安全,适用于经常发生短路故障的场合。

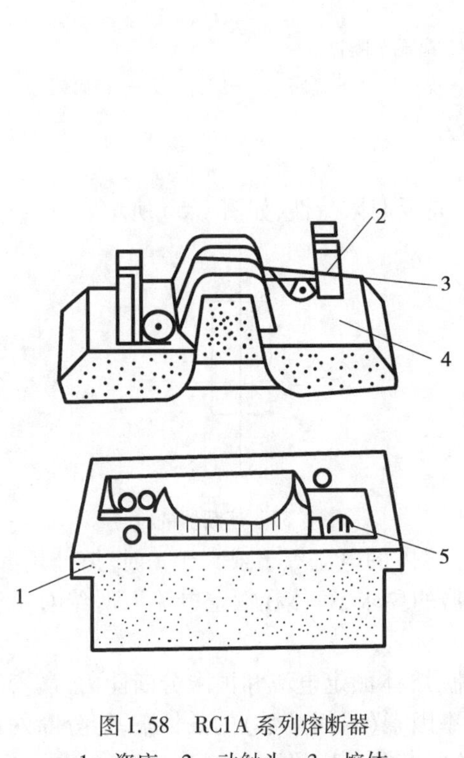

图 1.58 RC1A 系列熔断器
1—瓷座 2—动触头 3—熔体
4—瓷插件 5—静触头

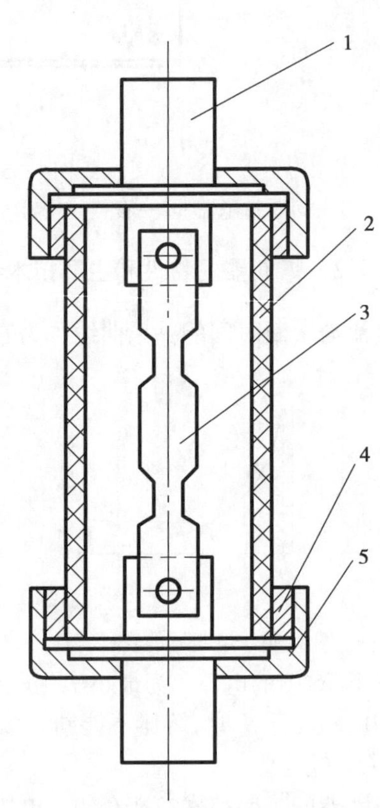

图 1.59 封闭管式熔断器
1—触刀 2—绝缘管 3—熔片
4—垫片 5—铜帽

(3)RT12、RT15 和 RT14 系列有填料封闭式熔断器

RT12、RT15 系列熔断器为瓷质管体,管体两端的铜帽上焊有偏置式连接板,可用螺栓安装在母线排上,管内装有变截面熔体。在管体的正面或侧面或背面有一指示用的红色小珠,熔体熔断时,红色小珠就弹出。这种熔断器的极限分断能力达 80 kA。

RT14 系列熔断器有带撞击器和不带撞击器两种类型。其中带撞击器的熔断器在熔体熔断时,撞击器会弹出,既可作为熔断信号指示,也可以触动微动开关以控制接触器线圈,做三相电动机的断相保护用。这种熔断器的极限分断能力比 RT12 系列还高,可达 100 kA。

RT12、RT15 和 RT14 系列熔断器外形图如图 1.60 所示。

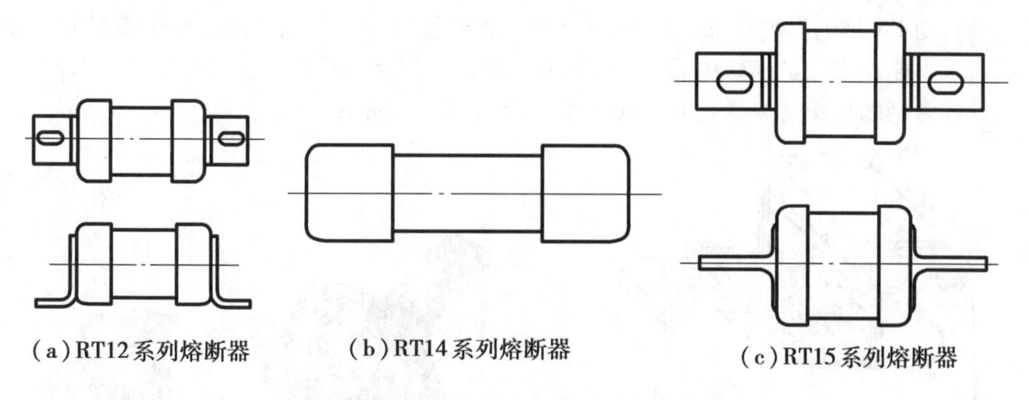

图1.60　RT12、RT14和RT15系列熔断器

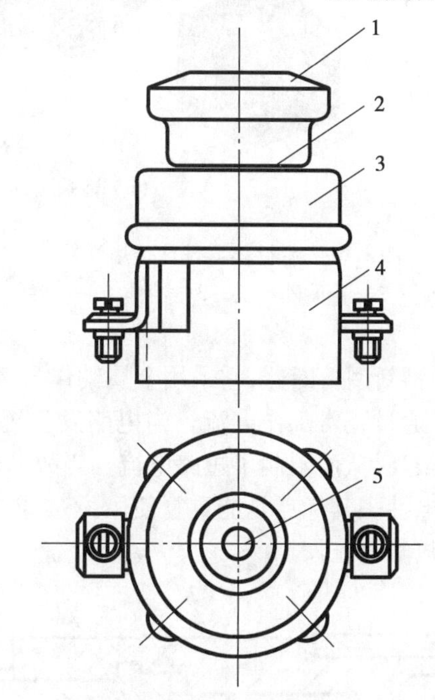

图1.61　螺旋式熔断器

1—瓷帽　2—熔断体　3—瓷套　4—瓷底座　5—熔断指示器

(4)RL6、RL7系列螺旋式熔断器

该系列熔断器由带螺纹的瓷帽、熔管、瓷套以及瓷座等组成,其外形及结构见图1.61。熔管内装有熔体并装满石英砂,将熔管置入底座内,旋紧螺帽,电路就可以接通。管内石英砂用于灭弧,当电弧产生时,电弧在石英砂中因冷却而熄灭。瓷帽顶部有一玻璃圆孔,内装有熔断指示器。当熔体熔断时,指示器弹出脱落,透过瓷帽上的玻璃孔就可以看见。这种熔断器具有较高的分断能力和较小的安装面积,常用于机床控制线路中以保护电动机。

(5)RLS1、RLS2系列螺旋式快速熔断器

该系列熔断器的熔体为银丝,用于对小容量的硅整流元件和晶闸管的短路保护。

(6)RS、NGT、CS系列半导体器件保护熔断器

半导体器件保护熔断器是一种快速熔断器。通常,半导体器件的过电流能力极低,它们在过电流时只能在极短时间(数毫秒至数十毫秒)内承受过电流。如果其工作于过电流或短路条件下时，则 PN 结的温度将急剧上升，硅元件将迅速被烧坏。一般熔断器的熔断时间是以秒计的，所以不能用来保护半导体器件，为此，必须采用能迅速动作的快速熔断器。

目前，常用的快速熔断器有 RS、NGT 和 CS 系列等，如图 1.62 所示。

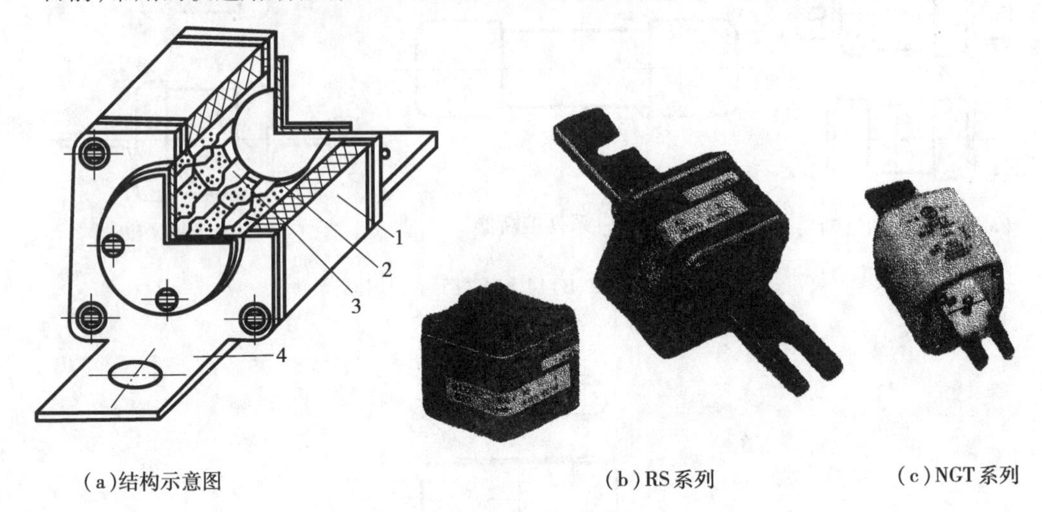

(a)结构示意图　(b)RS系列　(c)NGT系列

图 1.62　半导体器件保护熔断器

1—熔管　2—石英砂填料　3—熔体　4—接线端子

(7) RZ1 型自复式熔断器

RZ1 型自复式熔断器是一种新型熔断器，它采用金属钠作为熔体，其结构如图 1.63 所示。在常温下，钠的电阻很小，允许通过正常工作电流。当电路发生短路时，短路电流产生高温使钠迅速气化，气态钠电阻变得很高，从而限制了短路电流。当故障消除后，温度下降，气态钠又变为固态钠，恢复其良好的导电性。其优点是能重复使用，不必更换熔体。它的主要缺点是只能限制故障电流，而不能切断故障电流。

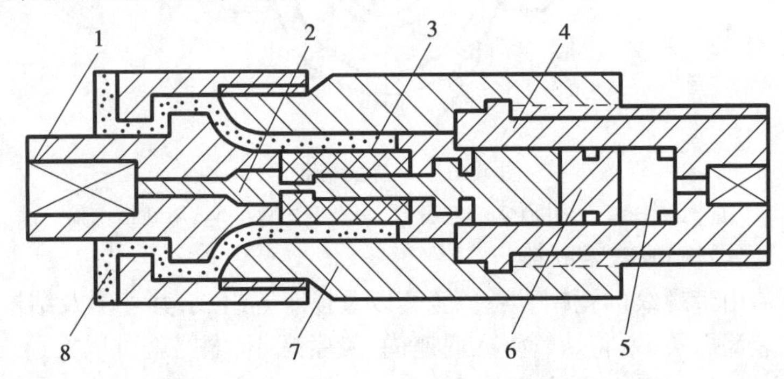

图 1.63　自复式熔断器结构

1、4—电流端子　2—熔体　3—绝缘管　5—氩气　6—活塞　7—不锈钢套　8—填充剂

1.5.4　熔断器的选用原则

(1) 熔断器类型的选择

熔断器类型的选择主要依据负载的保护特性和预期短路电流的大小。例如，用于保护小容量的照明线路和电动机的熔断器，一般是考虑它们的过电流保护，这时希望熔体的熔化系数

适当小些，应采用熔体为铅锡合金的熔丝或 RC1A 系列熔断器；而大容量的照明线路和电动机，除应考虑过电流保护外，还要考虑短路时的分断短路电流的能力。若预期短路电流较小时，可采用熔体为铜质的 RC1A 系列和熔体为锌质的 RM10 系列熔断器；若预期短路电流较大时，宜采用具有高分断能力的 RL6 系列螺旋式熔断器；若短路电流相当大时，宜采用具有更高分断能力的 RT12 或 RT14 系列熔断器。

(2)熔断器额定电压的选择

所选熔断器的额定电压应不低于线路的额定工作电压，但当熔断器用于直流电路时，应注意制造厂提供的直流电路数据或与制造厂协商，否则应降低电压使用。

(3)熔体额定电流的选择

一般熔断器额定电流的选择原则为：

①用于保护照明或电热设备等阻性负载及一般控制电路的熔断器，所选熔体的额定电流应等于或稍大于负载的额定电流。

②用于保护电动机的熔断器，应按电动机的启动电流倍数考虑，避开电动机启动电流的影响，一般选熔体额定电流为电动机额定电流的 1.5 ~ 3.5 倍，对于不经常启动或启动时间不长的电动机，选较小倍数；对于频繁启动的电动机选较大倍数；对于给多台电动机供电的主干线母线处的熔断器，其所选熔体额定电流可按下式计算：

$$I_{Fe} \geqslant (2 \sim 2.5) I_{Memax} + \sum I_{Me} \tag{1.8}$$

式中　I_{Fe}——所选熔体额定电流；

I_{Me}——电动机的额定电流；

I_{Memax}——多台电动机中容量最大的一台电动机的额定电流；

$\sum I_{Me}$——其余各台电动机的额定电流之和。

(4)各级熔断器的配合选择

为防止越级熔断、扩大停电事故范围，各级熔断器间应有良好的配合，使下一级熔断器比上一级的先熔断，从而满足选择性保护要求。

选择时，上下级熔断器应根据其保护特性曲线上的数据及实际误差来选择。一般地，老产品的选择比为2∶1，新型熔断器的选择比为1.6∶1。例如，下级熔断器额定电流为 100 A，上级熔断器的额定电流最小也要为160 A，才能达到1.6∶1的要求，若选择比大于1.6∶1会更可靠地达到选择性保护。

(5)保护半导体器件熔断器的选用

在变流装置中作为短路保护时，应考虑到熔断器熔体的额定电流是用有效值表示，而半导体器件的额定电流是用通态平均电流 $I_{T(AV)}$ 表示的，应将 $I_{T(AV)}$ 乘以 1.57 换算成有效值。因此，熔体的额定电流可按下式计算：

$$I_N = 1.57 I_{T(AV)} \tag{1.9}$$

应该指出，熔断器与半导体器件串联时，应使前者的 I^2t 值小于后者，以保证短路时熔断器先熔断。另外，熔断器断开过电压是在熔断器灭弧过程中出现的，它会使半导体器件受到反向电压击穿，从而引起半导体器件损坏。因此，熔断器的断开过电压，必须等于或小于半导体器件允许承受的反向峰值电压。

采用快速熔断器保护虽然具有结构简单，价格低廉，以及维修方便等优点，它也有局限性，主要是更换比较麻烦，故只适用于负载波动不大、事故不多的场合。在负载波动大且事故多的场合，宜采用快速自动开关代替快速熔断器。

1.6 低压断路器

低压断路器俗称自动空气开关，是低压配电电网中的主要电器开关之一。它不仅可以接通和分断正常负载电流、电动机工作电流和过载电流，而且可以接通和分断短路电流。主要用在不频繁操作的低压配电线路或开关柜（箱）中作为电源开关使用，并对线路、电器设备及电动机等实行保护，当它们发生严重过电流、过载、短路、失压、断相、漏电等故障时，能自动切断线路，起到保护作用，应用十分广泛。从功能上讲，它相当于闸刀开关、过电流继电器、热继电器、失压继电器及漏电保护器等电器部分或全部的功能总和。较高性能型万能式断路器带有三段式保护特性，并具有选择性保护功能。高性能万能式断路器带有各种保护功能脱扣器（包括智能化脱扣器），可以实现计算机网络通信。低压断路器具有的多种功能，是以脱扣器或附件的形式实现的，根据用途不同，断路器可配备不同的脱扣器或继电器。脱扣器是断路器本身的一个组成部分，而继电器（包括热敏电阻保护单元）则通过与断路器操作机构相连的欠电压脱扣器或分励脱扣器的动作控制断路器。

1.6.1 低压断路器的结构及工作原理

低压断路器按结构形式分有万能框架式、塑料外壳式和模块式三种。

低压断路器主要由三个基本部分组成：即触头、灭弧系统和各种脱扣器，包括过电流脱扣器、失压（欠压）脱扣器、热脱扣器、分励脱扣器和自由脱扣器。

图 1.64 所示为低压断路器工作原理示意图，图中断路器处于闭合状态。开关是靠操作机构手动或电动合闸的，触头闭合后，自由脱扣机构将主触头锁在合闸位置上。当电路发生上述故障时，通过各自的脱扣器使自由脱扣机构动作，自动跳闸实现保护作用。分励脱扣器则作为远距离控制分断电路之用。过电流脱扣器起严重过载或短路保护作用；失压（欠压）脱扣器起失压（欠压）保护作用；热脱扣器起过载保护作用。

必须指出的是，并非每种类型的断路器都具有上述各种脱扣器，根据断路器使用场合和受本身体积所限，有的断路器具有分励、失压和过电流三种脱扣器，而有的断路器只具有过电流和过载两种脱扣器。

1.6.2 低压断路器的主要技术参数和系列产品

低压断路器的主要技术参数有额定电压、额定电流、极数、脱扣器类型、整定电流范围、通断能力、分断时间等。其中，通断能力是指断路器在规定的电压、频率以及规定的线路参数（交流电路为功率因数，直流电路为时间常数）下所能接通和分断的短路电流值。分断时间是指切断故障电流所需的时间，它包括固有断开时间和燃弧时间。

塑料外壳式断路器又称装置式断路器，品牌种类繁多，主要产品有：国产典型型号为 DZ_{10}、DZ_{15}、DZ_{20}、DZ_{X19}、DZ_{S6-20}、C45N、S060 等系列。DZ10 系列断路器的外形如图 1.65 所示。

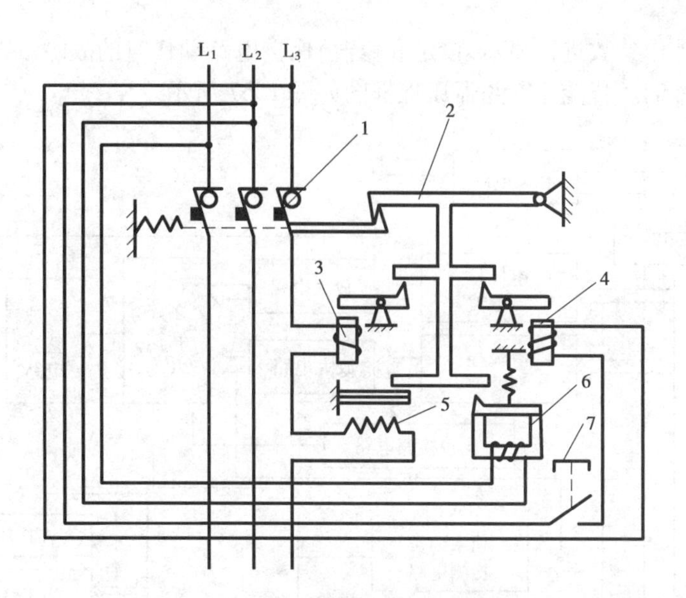

图1.64 低压断路器工作原理图
1—主触头 2—自由脱扣器 3—过电流脱扣器
4—分励脱扣器 5—热脱扣器 6—失压脱扣器 7—按钮

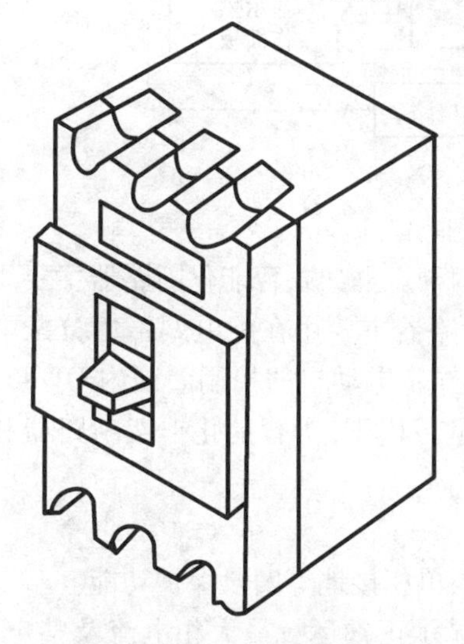

图1.65 DZ10系列断路器

图1.66 DW15HH型多功能式断路器

万能框架式断路器主要系列型号有DW16(一般型),DW15,DW15HH(多功能、高性能型),DW45(智能型),另外,还有ME、AE(高性能型)和M(智能型)等系列。图1.66所示为DW15HH型多功能式断路器的外形图。

1.6.3 智能化断路器

传统的断路器保护功能是利用热磁效应原理,通过机械系统的动作来实现的。智能化断路器的特征则是采用了以微处理器或单片机为核心的智能控制器(智能脱扣器),它不仅具备普通断路器的各种保护功能,同时还具备实时显示电路中的各种电气参数(电流、电压、功率、功率因数等),对电路进行在线监视、自行调节、测量、试验、自诊断、可通信等功能,还能够对各种保护功能的动作参数进行显示、设定和修改,保护电路动作时的故障参数能够存储在非易失存储器中以便查询。智能化断路器原理框图如图1.67所示。

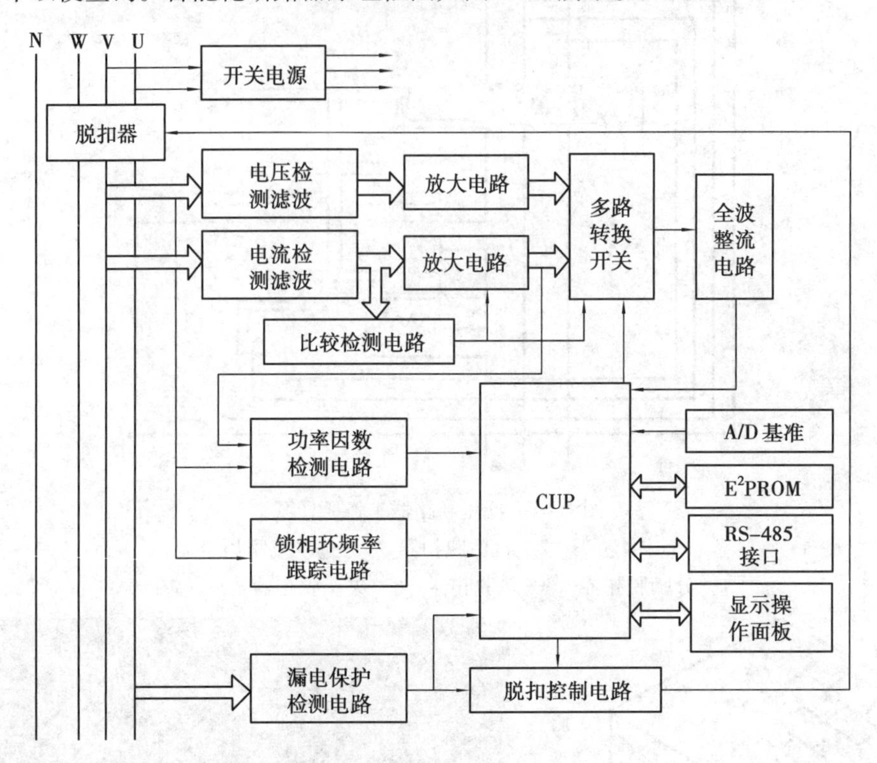

图1.67 智能化断路器原理框图

目前国内生产的智能化断路器有框架式和塑料外壳式两种。框架式智能化断路器主要用于智能化自动配电系统中的主断路器,塑料外壳式智能化断路器主要用在配电网络中分配电能和作为线路及电源设备的控制与保护,亦可用做三相笼式异步电动机的控制。国内DW45、DW40、DW914(AH)、DW18(AE-S)、DW48、DW19(3WE)、DW17(ME)等智能化框架断路器和智能化塑壳断路器都配有ST系列智能控制器及配套附件。

智能控制器具有以下功能:

①四段保护功能　包括过载长延时、短路瞬时和短延时、单相接地等四段保护功能。

②电流表功能　显示各种运行电流及接地故障电流。显示正常运行最大相电流及整定、试验的电流值或时间值。

③电压表功能　显示各线电压,正常显示最大值。

④远端监控和诊断功能　脱扣器具有本机故障诊断功能,当本机发生故障时,能发出出错显示或报警,同时重新启动。当局部环境温度过高、过载、接地、短路、负载监控、预报警、脱扣指示等信号通过触头或光耦输出发出报警。

⑤整定功能　可对脱扣器各种参数进行整定,整定时能显示被整定区域(段)的电流、时间和区段类别。

⑥试验功能　可对脱扣器各种保护特性进行检查。试验功能分"脱扣""不脱扣"两种。断路器主回路正常工作时,可使用"不脱扣"功能进行试验,以保证主回路不断电,此时,脱扣器按保护特性整定值正常工作并显示。

⑦负载监控功能　设置两种整定值:第一种为反时限特性,第二种为定时限。用于当电流接近过载整定值时,分断下级不重要负载;或当电流超过某一整定值时,延时分断下级不重要负载,并使电流下降,使主回路和重要负荷回路保持供电;当电流下降到另一整定值时,经一定延时后发出指令再次接通下级已切除过的电路,恢复整个系统的供电。

⑧热记忆功能　脱扣器过载或短路延时脱扣后,在脱扣器未断电之前,具有模拟双金属片特性的记忆功能。过载能量30 min释放结束,短延时能量15 min释放结束。在此期间发生过载、短延时故障,脱扣时间可变短,脱扣器断电,能量自动消零。

⑨通信接口功能　断路器具有串行通信接口,通过专用接口与计算机、可编程序控制器、CRT、打印机、语言系统等连接,可把断路器编号、分合状态、脱扣器多种设定值、运行电流、电压、故障电流、动作时间及故障状态等多种参数进行网络传输,实现遥测、遥调、遥控、遥讯功能。

1.6.4　低压断路器的选用

①低压断路器的类型应根据线路及电气设备的额定电流及对保护的要求来选用。

②低压断路器的额定工作电压应不小于线路额定电压。

③低压断路器过电流脱扣器的额定电流不小于线路的计算电流,热脱扣器的额定电流也应不小于线路的计算电流。

④低压断路器的额定电流应不小于它所安装的过电流脱扣器与热脱扣器的额定电流。

⑤低压断路器的额定短路通断能力应大于或等于线路中可能出现的最大短路电流,一般按有效值计算。

⑥线路末端单相对地短路电流等于或大于1.25倍低压断路器瞬时(或短延时)脱扣器整定电流。

⑦低压断路器欠电压脱扣器额定电压等于线路额定电压。

⑧低压断路器分励脱扣器额定电压等于控制电源电压。

⑨电动操作机构的工作电压等于控制电源电压。

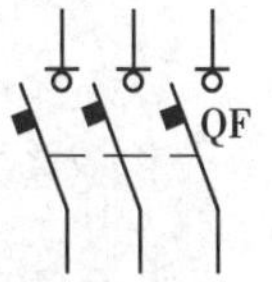

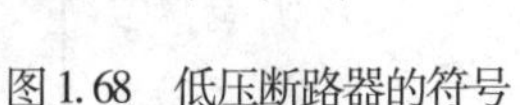

图1.68　低压断路器的符号

⑩级间保护的配合应满足配电系统选择性保护要求,以避免越级跳闸,扩大事故范围。

低压断路器的图形符号和文字符号如图1.68所示。

1.7　漏电保护电器

漏电保护电器是一种安全保护电器,在电路中起触电和漏电保护的作用。在线路或设备出现对地漏电或人身触电时,迅速自动断开电路,能够有效地保证人身和线路安全。

漏电保护电器的组成与工作原理如下:

(1)漏电保护电器的组成

漏电保护电器一般主要由感测元件、放大器、鉴幅器、出口电路、试验装置和电源组成。图1.69所示为漏电保护电器的电路原理框图,其中感测元件为零序电流互感器。它的铁芯是环状的,主电路导线穿越其中或在其上绕几圈作为一次绕组,二次绕组则由漆包线均匀而对称地绕于铁芯上。零序电流互感器的作用是把检测到的漏电电流信号变换为中间环节可以接受的电压或功率信号。中间环节的功能主要是对漏电信号进行处理,包括变换、放大和鉴别。出口电路即执行机构为一触点系统,多为带有分励脱扣器的低压断路器或交流接触器,其功能是受中间环节的指令控制,用以切断被保护电路的电源。

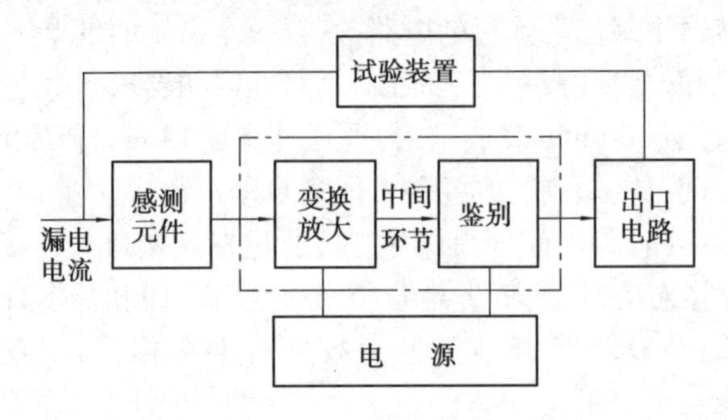

图 1.69　漏电保护电器的电路原理

(2)漏电保护电器的工作原理

漏电保护电器的工作原理图如图 1.70 所示。当被保护电路无漏电故障时,由基尔霍夫电流定律可知,在正常情况下,通过零序电流互感器 TA 的一次绕组电流的相量和恒等于零,即

$$\dot{I}_{L1}+\dot{I}_{L2}+\dot{I}_{L3}+\dot{I}_{N}=0 \tag{1.10}$$

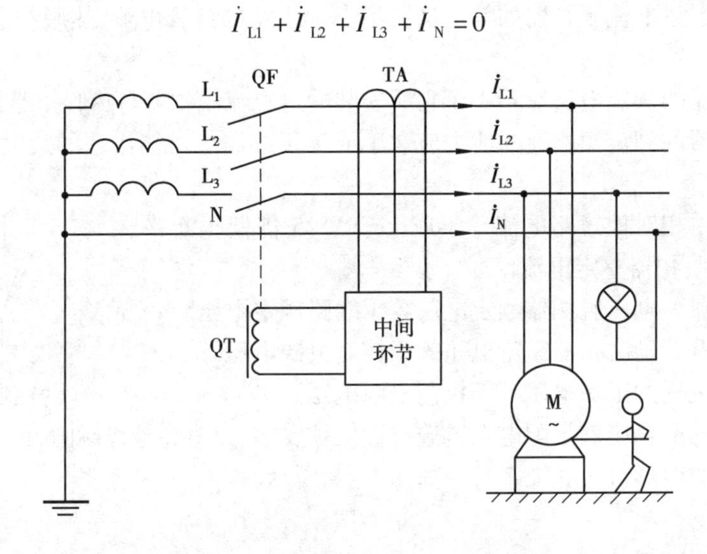

图 1.70　漏电保护电器的工作原理图

即使三相负载不对称,上式也同样满足;即使是无中性线三相线路或单相线路的电流的相量和也恒等于零。这样各相线工作电流在零序电流互感器环状铁芯中所产生的磁通的相量和也恒等于零。因而,零序电流互感器的二次绕组没有感应电动势产生,漏电保护电器则不动作,系统保持正常供电。

一旦被保护电路或设备出现漏电故障或有人触电时,于是产生漏电电流(或称剩余电流),使得通过零序电流互感器的一次绕组的各相电流的相量和不再恒等于零。由此在零序电流互感器的环状铁芯上将有励磁磁动势产生,所产生的磁通的相量和也不再恒等于零。因此,零序电流互感器的二次绕组在交变磁通的作用下,就产生了感应电动势,此感应电动势经过中间环节的放大和鉴别,当达到预期值时,使脱扣器线圈 QT 通电,驱动开关 QF 动作,迅速断开被保护电路的供电电源,从而达到防止漏电或触电事故的目的。

思考题

1.1　什么是电器？什么是低压电器？本章介绍了哪几种低压电器？

1.2　电磁式电器一般由哪两部分组成？它们分别起什么作用？

1.3　何谓电磁式电器的吸力特性与反力特性？为什么吸力特性与反力特性的配合应使两者尽量靠近为宜？

1.4　单相交流电磁铁的短路环断裂或脱落后，在工作中会出现什么现象？为什么？

1.5　三相交流电磁铁要不要装短路环？为什么？

1.6　交流接触器在衔铁吸合前的瞬间，为什么在线圈中产生很大的冲击电流？而直流接触器会不会出现这种现象？为什么？

1.7　交流电磁线圈误接入直流电源，直流电磁线圈误接入交流电源，会发生什么问题？为什么？

1.8　线圈电压为220 V的交流接触器，误接到380 V交流电源上会发生什么问题？为什么？

1.9　刀开关的主要功能是什么？如何选用和安装？

1.10　电弧是怎么产生的？常用的灭弧方法有哪几种？

1.11　如何从接触器的结构上区分是交流还是直流接触器？

1.12　中间继电器和接触器有何异同？在什么条件下可以用中间继电器来代替接触器启动电动机？

1.13　何谓继电器的继电特性？继电器的用途是什么？

1.14　试比较热继电器和温度继电器的优缺点，它们的工作原理有何不同？

1.15　试比较熔断器和热继电器的保护功能与工作原理。

1.16　为什么三角形接法的电动机需采用带断相保护的热继电器才能得到可靠保护？

1.17　电动机的启动电流很大，当电动机启动时，热继电器会不会动作？为什么？

1.18　既然在电动机的主电路中装有熔断器，为什么还要装热继电器？装有热继电器是否就可以不装熔断器？为什么？

1.19　是否可用过电流继电器来作为电动机的过载保护？为什么？

1.20　交流过电流继电器的电磁机构(铁芯)有没有必要装短路环？为什么？

1.21　低压断路器中有哪些脱扣器？各起什么作用？

1.22　低压断路器在电路中的作用是什么？作为线路保护，它与熔断器有何区别？

第2章 电气控制线路的基本环节

利用前面所学的常用低压电器,可以构成各种不同的控制线路,完成生产机械对电气控制系统所提出的要求。无论多么复杂的控制线路,都应该是由一些基本控制线路组成。因此,掌握本章内容对后续课程的学习是十分有益的。

在学习本章内容过程中,应注重理解基本控制线路的工作原理,学会分析控制线路的方法,为后续课程的学习打下良好的基础。

2.1 控制线路的原理图及接线图

2.1.1 电气图形符号、文字符号、接线标记

电气图是一种工程图,是用来描述电气控制设备结构、工作原理和技术要求的图纸,需要用统一的工程语言的形式来表达。为了便于交流与沟通,国家标准局参照国际电工委员会(IEC)颁布的有关文件,制订了我国电气设备有关国家标准,颁布了 GB 4728—1985(电气图常用图形符号)、GB 5465—1985(电气设备用图形符号、绘制原则)、GB 6988—1986(电气制图)、GB 5094—1985(电气技术中的项目代号)和 GB 7159—1987(电气技术中的文字符号制订通则)。规定从 1990 年 1 月 1 日起,电气图中的图形和文字符号必须符合最新的国家标准。表 2.1 列出了常用电气图形、文字符号,以供参考。

(1)电气图中的图形符号

所谓的图形符号是一种统称,通常是指用于图样或其他文件表示一个设备或概念图形、标记或字符。图形符号由符号要素、限定符号、一般符号以及常用的非电气操作控制的动作(例如,机械控制符号等),根据不同的具体器件等构成。

1)符号要素

符号要素是一种具有确定意义的简单图形,必须同其他图形组合才能构成一个设备或概念的完整符号。例如,三相异步电动机是由定子、转子及各自的引线等几个符号要素构成,这些符号要求有确切的含义,但一般不能单独使用,其布置也不一定与符号所表示的设备实际结构相一致。

2)一般符号

用于表示同一类产品和此类产品特性的一种很简单的符号,它们是各类元器件的基本符号。例如,一般电阻器、电容器和具有一般单向导电性的二极管的符号。一般符号不但广义上代表各类元器件,也可以表示没有附加信息或功能的具体元件。

3)限定符号

限定符号是用以提供附加信息的一种加在其他符号上的符号。例如,在电阻器一般符号

的基础上，加上不同的限定符号就可组成可变电阻器、光敏电阻器、热敏电阻器等具有不同功能的电阻器。也就是说使用限定符号以后，可以使图形符号具有多样性。

限定符号一般不能单独使用。一般符号有时也可以作为限定符号。例如，电容器的一般符号加到二极管的一般符号上就构成变容二极管的符号。又如电动机的一般符号加到其他一些符号上即构成电动式器件，如加到一般阀的符号上就构成电动阀门的符号等。

4）方框符号

方框符号是用以表示元件、设备等的组合及其功能，既不给出元件、设备的细节也不考虑所有连接的一种简单的图形符号。方框符号通常用在使用单线表示法的图中，也可用在示出全部输入和输出接线的图中。

常用电气图形、文字符号表见表2.1。

表2.1　常用电气图形、文字符号表

名　称		图形符号	文字符号
一般三相电源开关			QS
低压断路器			QF
位置开关	常开触头		SQ
	常闭触头		
	复合触头		
转换开关			SA
按钮	启动		SB
	停止		
	复合		
接触器	线圈		K、KM

名　称		图形符号	文字符号
接触器	主触头		K、KM
	常开辅助触头		
	常闭辅助触头		
速度继电器	常开触头	n	KS
	常闭触头	n	
时间继电器	线圈		KT
	常开延时闭合触头		
	常闭延时断开触头		
	常闭延时闭合触头		
	常开延时断开触头		
热继电器	热元件		FR

名　称		图形符号	文字符号
热继电器	常闭触头		FR
继电器	中间继电器线圈		KA
	欠电压继电器线圈		KV
	过电流继电器线圈		KI
	常开触头		相应继电器符号
	常闭触头		
	欠电流继电器线圈		KI
熔断器			FU
熔断器式刀开关			QS
熔断器式隔离开关			QS
熔断器式负荷开关			QM

续表

名　称	图形符号	文字符号
桥式整流装置		VC
蜂鸣器		H
信号灯		HL
电阻器	或	R
接插器		X
电磁铁		YA
电磁吸盘		YH
串励直流电动机		M
并励直流电动机		

名　称	图形符号	文字符号
三角笼型异步电动机		
三相绕线转子异步电动机		M
他励直流电动机		
复励直流电动机		
直流发电机		G
单相变压器		
整流变压器		T
照明变压器		
控制电路电源用变压器		TC
电位器		RP

名　称	图形符号	文字符号
三相自耦变压器		T
PNP 型三极管		
NPN 型三极管		
晶闸管(阴极侧受控)		V
半导体二极管		
接近敏感开关动合触头		
磁铁接近时动作的接近开关的动合触头		
接近开关动合触头		

在绘制电气图时，应直接使用 GB 4728—1984（电气图用图形符号）（以下简称为 GB 4728）规定的一般符号、方框符号、示例符号及符号要素、限定符号和常用的其他符号，GB 4728中已经给出的各种符号都不允许对其进行修改或重新进行派生，但允许按功能组合图的原则派生 GB 4728 中未给出的各种符号。

5）图形符号的几点说明

①所有符号均应按无电压、无外力作用的正常状态示出。例如，按钮未按下，闸刀未合闸等。

②在图形符号中，某些设备元件有多个图形符号，在选用时，应该尽可能选用优选形。在能够表达其含义的情况下，尽可能采用最简单形式，在同一图号的图中使用时，应采用同一形式。图形符号的大小和线条的粗细应基本一致。

③为了适应不同需求，可将图形符号根据需要放大和缩小，但各符号相互间的比例应该保持不变。图形符号绘制时方位不是强制的，在不改变符号本身含义的前提下，可以将图形符号根据需要旋转或成镜像放置。

④图形符号中导线符号可以用不同宽度的线条表示，以突出和区分某些电路或连接线。一般常将电源线或主信号导线用加粗的实线表示。

(2)电气图中的文字符号

1)基本文字符号

基本文字符号分为单字母符号和双字母符号。

①单字母符号。单字母符号是用拉丁字母将各种电器设备、装置和元器件划分为23大类,每一个大类用一个字母表示。例如,"R"代表电阻器,"M"代表电动机,"C"代表电容器,"K"表示继电器、接触器类,"F"表示保护器件类等。

②双字母符号。双字母符号是由一个表示种类的单字母与另一字母组成,并且是单字母在前,另一字母在后。双字母符号的第一位字母只允许按GB 7159—1987(电气技术中的文字符号制订通则)中单字母所表示的种类使用,参见表2.2。例如,"RP"代表电位器,"RT"代表热敏电阻器,"MD"代表直流电动机;再如"F"表示保护器件类,而"FU"表示熔断器,"FR"表示热继电器等。

表2.2　电气技术中常用基本文字符号

基本文字符号		项目种类	设备、装置、元器件举例
单字母	双字母		
A	AT	组件部件	抽屉柜
B	BP BQ BT BV	非电量到电量变换器或电量到非电量变换器	压力变换器 位置变换器 温度变换器 速度变换器
F	FU FV	保护器件	熔断器 限压保护器件
H	HA HL	信号器件	声响指示器 指示灯
K	KA KM KP KR KT	继电器 接触器	瞬时接触继电器 交流继电器 接触器 中间继电器 极化继电器 簧片继电器 延时有或无继电器
P	PA PJ PS PV PT	测量设备 试验设备	电流表 电度表 记录仪器 电压表 时钟、操作时间表
Q	QF QM QS	开关器件	断路器 电动机保护开关 隔离开关
R	RP RT RV	电阻器	电位器 热敏电阻器 压敏电阻器
S	SA SB SP SQ ST	控制、记忆、信号电路的开关器件选择器	控制开关 按钮开关 压力传感器 位置传感器 温度传感器
T	TA TC TM TV	变压器	电流互感器 电源变压器 电力变压器 电压互感器
X	XP XS XT	端子、插头、插座	插头 插座 端子板
Y	YA TV YB	电气操作的机械器件	电磁铁 电磁阀 电磁离合器

2)辅助文字符号

辅助文字符号是用以表示电气设备、装置和元器件以及线路的功能、状态和特征的。通常也是由英文单词的前一两个字母构成。例如,“DC”代表直流(Direct Current),“PE”表示保护接地,“RD”表示红色等。

辅助文字符号一般放在单字母文字符号后面,构成组合双字母符号。例如,“Y”是电气操作机械装置的单字母符号;“B”是代表制动的辅助文字符号,“YB”代表制动电磁铁的组合符号。为了简化文字符号起见,若辅助文字符号由两个以上字母组成时,允许只采用其第一位字母进行组合,如“MS”表示同步电动机,是“M”和“SYN”的组合等。辅助文字符号还可以单独使用,如“ON”表示接通,“N”表示中性线,“RST”表示复位等。

(3)电气图中的接线端子标记

电气控制线路图中的支路、元件和接点等一般都要加上标号。主电路标号由文字符号和数字组成。文字符号用以标明主电路中的元件或线路的主要特征,数字标号用以区别电路不同线段。

三相交流电源引入线采用 L_1、L_2、L_3 标记,中性线为 N。电源开关之后的三相交流电源主电路分别按 U、V、W 顺序进行标记,接地端为 PE。电动机分支电路各接点标记采用三相文字代号后面加数字来表示,数字中的个位数表示电动机代号,十位数表示该支路接点的代号,从上到下按数值的大小顺序标记。如 U_{11} 表示 M_1 电动机的第一相的第一个接点代号,U_{21} 为第一相的第二个接点代号,以此类推。

电动机绕组首端分别用 U_1、V_1、W_1 标记,尾端分别用 U_2、V_2、W_2 标记,双绕组的中点则用 U_3、V_3、W_3 标记。也可以用 U、V、W 标记电动机绕组首端,用 U′、V′、W′标记绕组尾端,用 U″、V″、W″标记双绕组的中点。

对于数台电动机,在字母前加数字来区别。如对 M_1 电动机,其三相绕组接线端以 1U、1V、1W;对 M_2 电动机,其三相绕组接线端则标以 2U、2V、2W 来区别。

2.1.2 电气图的分类与作用

用电气图形绘制的图称为电气图,它是电工技术领域中主要的信息提供方式。电气图种类很多,包括电气原理图、电气安装图、互连图以及框图等。电气图各种图的图纸尺寸一般选用 297 mm×210 mm、297 mm×420 mm、297 mm×630 mm、297 mm×840 mm 四种幅面。

(1)电气原理图

电气原理图是说明电气设备工作原理的线路图。在电气原理图中,并不考虑电气元件的实际安装位置和实际连线情况,只是把各元件按接线顺序用符号展开在平面图上,用直线将各元件连接起来。

在阅读和绘制电气原理图时应注意以下几点:

①电器应为断电时的状态,机械开关应为循环开始前的状态,二进制逻辑元件应为“零”状态。

②原理图上的主电路、控制电路和信号电路应分开绘出。

③原理图上各电器的位置安排应便于分析、维修和查找故障,应按功能分开画出。

④动力电路的电源电路绘成水平线,受电部分的主电路和控制保护支路,分别垂直绘制在动力电路下面的左侧和右侧。

⑤控制和信号电路应垂直绘在两条或几条水平电源线之间。耗能元件(如线圈、电磁铁、信号灯等)应直接连在接地的水平电源线上,而控制触点应连在另一电源线上。

⑥为了阅图方便,图中自左而右或自上而下表示操作顺序,并尽可能减少线条和避免线条交叉。

⑦在原理图上方将图分成若干图区,并标明该区电路的用途与作用;在继电器、接触器线圈下方列出触点表,用以说明线圈与触点的从属关系。同时有些电路图的触点符号下方也用数字表明其线圈的坐标位置(见第 3 章的图)。

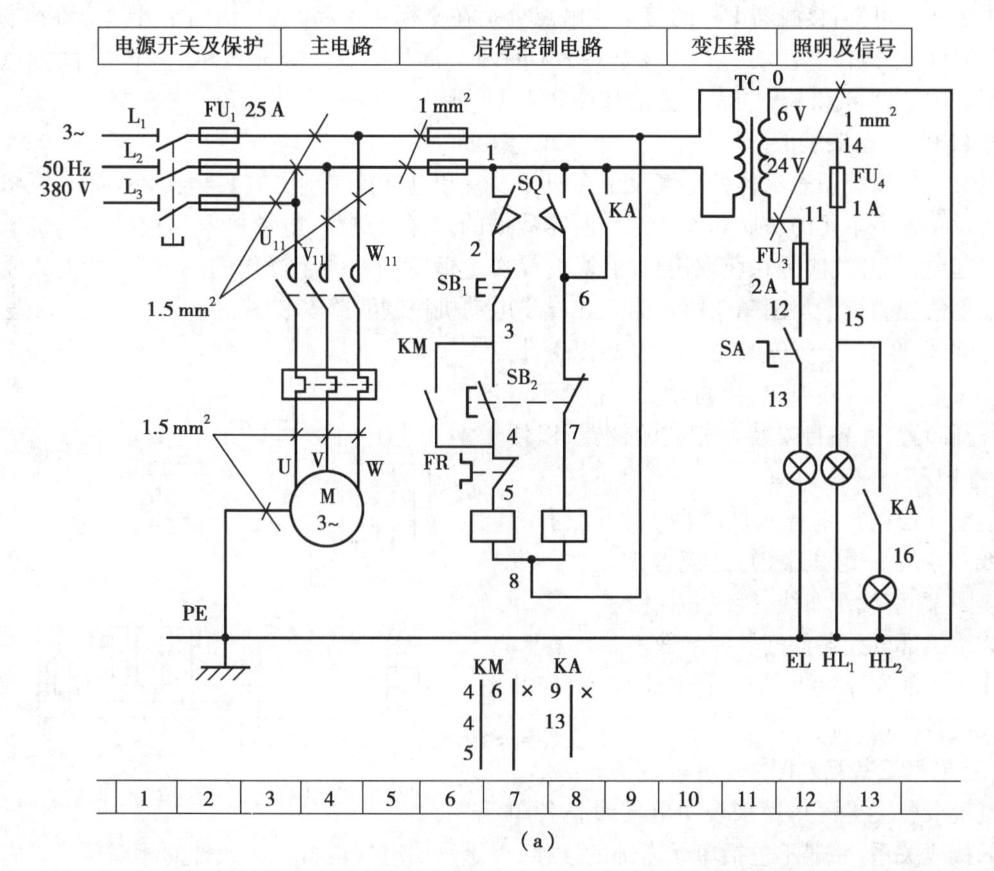

(a)

接触器 KM

主触点	辅助常开触点	辅助常闭触点
4 4 5	6 ×	× ×

中间继电器 KA

常开触点	常闭触点
9 13	× ×

(b)

图 2.1　电器原理图

原理图一般分为主电路和辅助控制电路两个部分。主电路是流过电气设备负载电流的电路,在图 2.1 中就是从电源经开关到电动机的这一段电路,一般画在图面的左侧或上面;辅助控制电路及保护电路是控制主电路的通断,监视和保护主电路工作的电路,一般画在图面的右侧或下面。

图中电器元件触点的开闭均以吸引线圈未通电、手柄置于零位、元件没有受外力作用时的情况为准。

下面简单介绍电路图的阅读和表示方法：

在电路图的上方写有文字，用以表示下属电路的作用和功能。在电路图的下方写有数字1、2、3、…用以表示上属电路的坐标位置。在电器线圈下方表示出该电器各组触点所在的坐标位置，接触器和中间继电器触点表示方法如图2.1所示。

由图2.1可知，接触器KM的三个主触点分别在坐标4、4和5中，辅助常开触点在坐标6中，辅助常闭触点没有使用。中间继电器KA的两个常开触点在坐标9和13中，常闭触点没有使用。因此，KM和KA的表示方法如图2.1(b)所示。

(2)电气设备安装图

电气设备安装图表示各种电气设备在机械设备和电气控制柜中的实际安装位置。它将提供电气设备各个单元的布局和安装工作所需数据的图样。例如，电动机要和被拖动的机械装置在一起，行程开关应画在获取信息的地方，操作手柄应画在便于操作的地方，一般电气元件应放在电气控制柜中。图2.2所示为笼式异步电动机控制线路安装图。

在阅读和绘制电气安装图时应注意以下几点：

①按电气原理图要求，应将动力、控制和信号电路分开布置，并各自安装在相应的位置，以便于操作、维护。

②电气控制柜中各元件之间、上下左右之间的连线应保持一定间距，并且应考虑器件的发热和散热因素，应便于布线、接线和检修。

③给出部分元器件型号和参数。

④图中的文字代号应与电气原理图、安装图和电气设备清单一致。

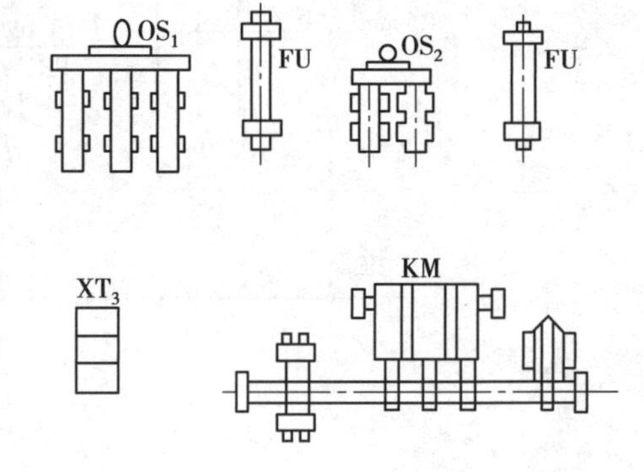

图2.2　笼式异步电动机控制线路安装图

(3)电气设备互连图

电气设备互连图是用来表明电气设备各单元之间的接线关系，一般不包括单元内部的连接，着重表明电气设备外部元件的相对位置及它们之间的电气连接。图2.3所示为笼式异步电动机控制线路电气互连图。

电气互连图是现场安装的依据，在实际施工和维修中，它是无法用电气原理图来取代的。在阅读和绘制电气互连图时应注意：

①互连图应能够正确表示各电器元件的互相连接关系及要求，给出电气设备的外部接线所需数据。

②不在同一控制柜和同一配电屏上的各电气元件的连接，必须经过接线端子板进行。图中文字代号及接线端子板编号应与原理图相一致。

③电气设备的外部连接应标明电源的引入点。

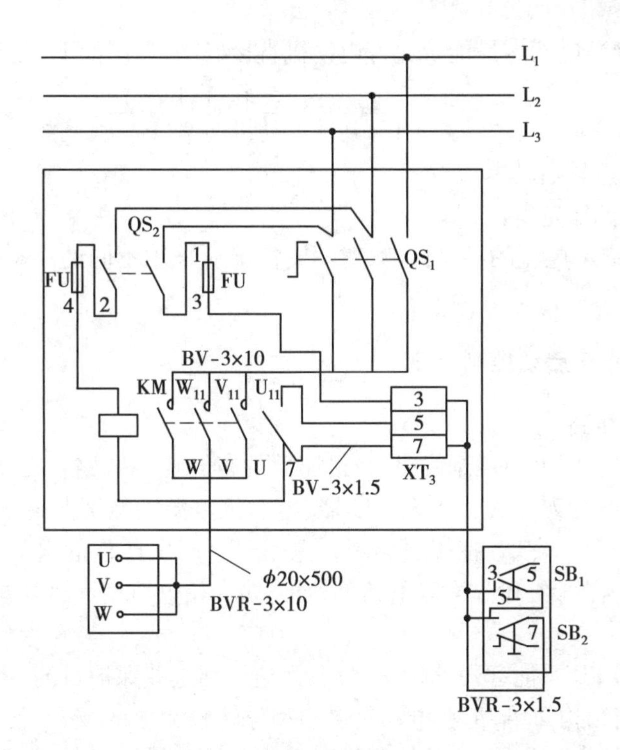

图 2.3　笼式异步电动机控制线路电气互连图

2.2　三相鼠笼式异步电动机的直接启动控制线路

2.2.1　启动条件

电动机从接通电源开始，转速由零上升到额定值的过程称为启动过程。在实际应用中，许多鼠笼式异步电动机都是在定子三相绕组加额定电压启动，当启动转矩大于电动机轴上的负载转矩时，电动机便开始转动。转速从零（即转差率 $s=1$）开始逐渐增加，直至额定转速，这种方法称为直接启动。但是，采用这种方法启动时，电动机的启动电流很大，可达额定电流的 4～7倍。如果要启动的电动机的容量较大，巨大的启动电流会引起电网电压的过分降低，从而影响其他设备的稳定运行，同时，由于电压 U 降落太大时，也会影响电动机的启动转矩 T（因为 $T\propto U^2$），严重时，会导致电动机无法启动。并且在电动机使用过程中，电动机要经常启动与停车，因此，电动机启动性能将对生产与使用有直接的影响。

对电动机的启动性能的衡量，一般从以下几方面考虑：

①启动电流应尽可能小；

②启动转速应足够大；

③转速的提升应尽可能平稳；

④启动方法应方便、可靠，启动设备应简单、经济，易维护修理；

⑤启动过程中的损耗应尽可能小。

三相鼠笼式异步电动机能否进行直接启动，一般除考虑到电动机本身的容量外，还取决于

供电电网的容量。判断电网容量能否允许电动机直接启动,常用如下的经验公式:

$$\frac{I_q}{I_e} \leqslant \frac{3}{4} + \frac{\text{电源变压器容量(kVA)}}{4 \times \text{某台电动机功率(kW)}} \tag{2.1}$$

式中 I_q——电动机全压启动电流,A;

I_e——电动机的额定电流,A。

总之,为了避免启动电流的不良影响,对不同情况应采用不同的启动方法,以尽可能地减小启动电流。

2.2.2 单方向直接启动控制线路

(1)刀开关控制线路

刀开关控制线路也即手动控制线路,是最简单的正转控制线路。图 2.4 是采用刀开关的控制线路。电路中 QS 为刀开关,FU 为熔断器,电动机电源的接通与断开是通过人工操作刀开关来实现的。由于刀开关 QS 在接通与断开电路时会产生严重的电弧,所以采用刀开关的控制线路一般仅用于容量在 10 kW 以下的电动机,如三相电风扇和砂轮机等设备常采用这种线路。

线路中的熔断器 FU 只能起短路保护作用,而达不到过载保护目的。

刀开关控制线路结构简单,但在电动机启动和停转较频繁的场合,使用很不方便,且不安全,操作劳动强度也较大。此外,这种控制线路有一个致命的缺点,就是无法实现自动控制和遥控。

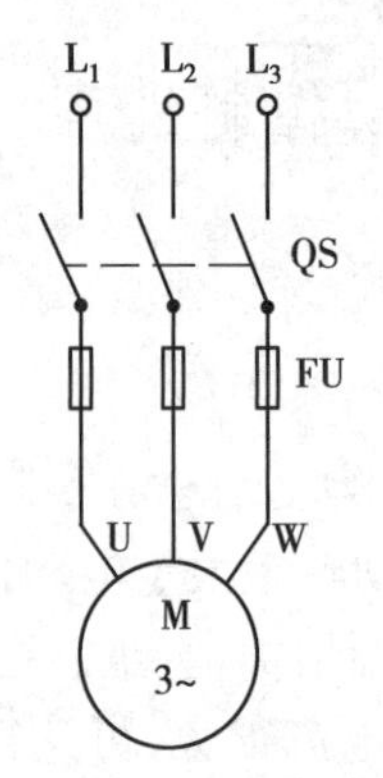

图 2.4 刀开关控制线路

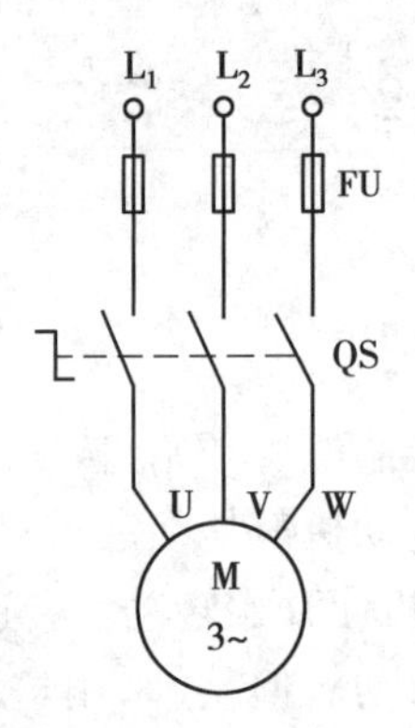

图 2.5 转换开关的控制线路

图 2.5 是采用转换开关的控制线路,在原理上,转换开关与刀开关无本质的区别,所不同的是刀开关比较笨重,使用时占有的面积较大,而转换开关则比较灵活,它的三相刀闸立体地安装在密闭的胶盒中,其接通与断开通过手柄的旋转来操作,使用时占有的面积小,该线路与图 2.4 线路比较,有一定的改进,但前者的大部分缺陷在这里依然存在。

(2)点动控制线路

机械设备中如机床在调整刀架、试车,吊车在定点放落重物时,常常需要电动机短时的断续工作。即需要按下按钮,电动机就转动,松开按钮,电动机就停转,实现这种动作特点的控制称为点动控制。

图 2.6 是采用带有灭弧装置的交流接触器的点动控制线路图,此电路是由刀开关 QS、熔

断器 FU、启动按钮 SB、接触器 KM 及电动机 M 组成的。接触器的主触头是串接在主线路中的。

需要点动时，先合上开关 QS，这时电动机 M 尚未接通电源。按下启动按钮 SB，接触器线圈 KM 得电，使衔铁吸合，带动接触器常开主触头闭合，电动机接通电源便转动起来。当松开启动按钮 SB，按钮在复位弹簧作用下恢复到常开状态，使接触器线圈断电，这时接触器的常开主触头恢复到常开状态，电动机因失电停止转动。如此按下、松开按钮 SB，就可使电动机接通、断开电源，实现点动控制。就作用而言，这里的接触器常开主触头相当于刀开关的刀闸，起着接通、断开电动机电源的作用。电动机接通电源运转时间的长短完全由启动按钮 SB 按下的时间长短决定。

该线路与前面图 2.4 和图 2.5 的电路相比较，已经有了主电路与辅助电路，但是其辅助电路尚不够完整，所以也无法实现电动机的遥控和自控。另外，要想使电动机长期运行，启动按钮 SB 必须始终处于按下状态，这个要求对生产过程来说是不可行的。

此控制电路中辅助电路的电源受主电路中熔断器的控制。这样，在电动机点动运行过程中，一旦 L_2、L_3两相中的任一相熔断器熔断时，即使启动按钮 SB 一直被按着，接触器线圈也会失电将被迫释放，从而使电动机切断电源停转，因而减少了电动机的单相运行（走单相）的机会。线路的这个特点是因为辅助电路的电源引自主电路熔断器之后的缘故，若是改为熔断器之前引出，这个特点就不存在了。

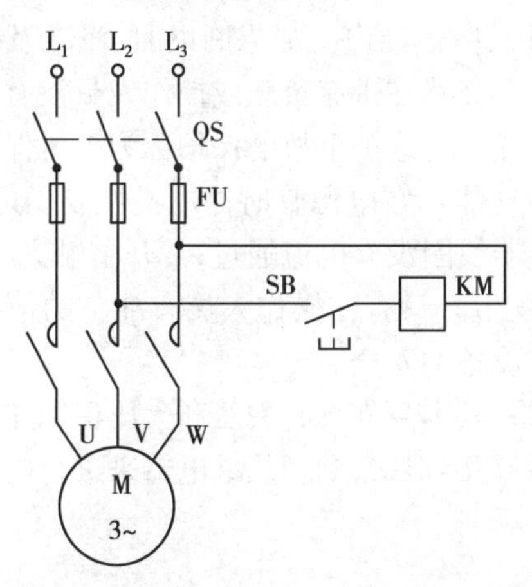

图 2.6　点动控制线路

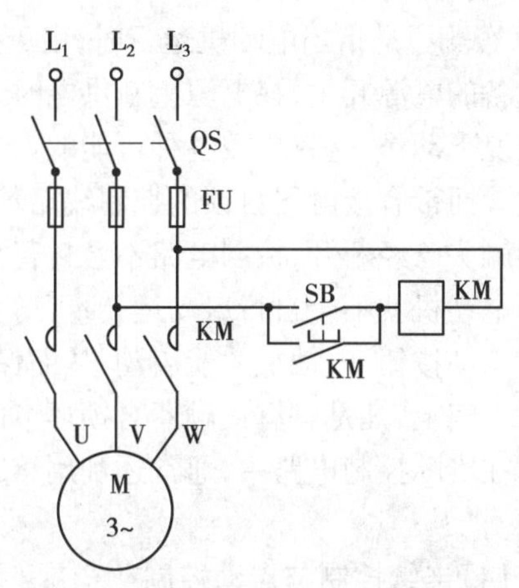

图 2.7　自锁控制线路

(3) 长动控制线路

点动控制线路解决了刀开关手动控制线路的一些缺点。但是，带来的问题也是明显的，要想使电动机长期运行，启动控制按钮 SB 必须始终用手按住。图 2.7 所示的电路可实现启动按钮按下之后立即松开而电动机长期运转的功能。在这个控制线路中，按下启动按钮 SB，接触器线圈得电，它的辅助常开触头就闭合，这时若启动按钮 SB 复位（断开）之后，接触器线圈也会通过与启动按钮并接的常开辅助触头继续得电，电动机也照常运行。这种依靠接触器自身辅助触头而使线圈保持通电的现象，称为“自保持”或“自锁”。起自锁作用的常开辅助触头称为“自锁触头”。因此，长动控制线路也称为自锁连续控制线路。

欲使正在运转的电动机停止运转，可以在接触器线圈的电路中串接一只常闭按钮 SB_2，如图 2.8 所示。只需按下 SB_2按钮，迫使接触器线圈断电释放，电动机就自然停止运转。此时，

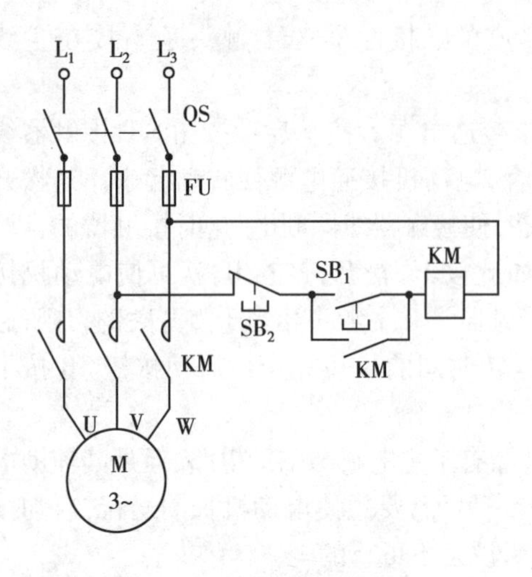

图 2.8　正转控制线路

即使 SB_2按钮恢复常闭状态,由于自锁触头已经恢复到常开位置,接触器线圈不会再通电,所以电动机也不会再运转。要想使电动机再次运转,必须重新按动启动按钮 SB_1。

根据 SB_2按钮在控制线路中的作用,称之为停止按钮。图 2.8 控制线路为具有自锁功能的正转控制线路图。线路能连续长期运行,又可停止运行。

长动线路的一个重要特点是它具有欠压和失压(零压)保护作用。

“欠压”是指线路电压低于电动机应加的额定电压。这样的后果是电动机电磁转矩要降低,转速随之下降,会影响电动机正常工作,欠电压严重时还会损坏电动机,发生事故。在具有接触器自锁的控制线路中,当电动机运转时,电源电压降低到一定值(一般指降低到额定电压 85% 以下时),使接触器线圈磁通减弱,电磁吸力不足,动铁芯在反作用弹簧的作用下释放,自锁触头断开,失去自锁,同时主触头也断开,使电动机停转,得到欠压保护的作用。

“失压”是指当电动机运行时,由于外界的原因,突然断电。如果断电时,没有及时拉开电器设备的电源开关,在电源重新供电时,生产设备会突然在带有负载或操作人员没有充分准备的情况下动作,这将导致各种可能的设备和人身事故,对这类事故的保护称为失压保护或零压保护。而带有接触器自锁的控制线路却具有这种功能。在电源临时停电又恢复供电时,由于自锁触头已经断开,控制电路不会自行接通,接触器线圈没有电流通过,常开主触头不会闭合,因而电动机就不会自行启动运转;可避免事故的发生。只有在操作人员有准备的情况下再次按下启动按钮,电动机才能启动,从而保证人身和设备的安全。

事实上,凡是具有接触器自锁环节的控制线路,其本身都具有失压和欠压保护作用。

在实际控制电路中,通常还利用熔断器来进行短路保护,利用热继电器来进行电路的过载保护。

(4)连续控制与点动控制

图 2.8 的控制线路弥补了图 2.6 点动控制线路的缺陷。但是,机床设备在正常工作时,其电动机有时需要连续工作,有时也要求是能实现点动控制的。图 2.9 所示的控制线路就是连续控制与点动控制线路。

点动/连续控制开关 QS 在控制电路中的作用是:QS 闭合时,使自锁电路正常工作,线路实现自锁连续控制;QS 断开时,自锁触头不能实现自锁功能,线路只能实现点动控制。

由此可见,要想实现点动控制,只需要破坏线路中的自锁功能,即可实现点动控制。在这种基础上,如果在自锁正转控制线路的基础上,增加一个复合按钮 SB_3,也能达到连续与点动控制同时存在的目的。其中复合按钮 SB_3的常闭触头与自锁触头串联,常开触头并联在启动按钮两端,如图 2.9(b)所示。它的工作过程是:当需要连续控制时,只要按动启动按钮 SB_1就可实现,复合按钮中的常闭触头使自锁电路正常工作,电路实现自锁连续控制;要电动机停转时,只需要按动停止按钮 SB_2即可完成。线路需要点动控制时,要按动点动控制按钮(复合按

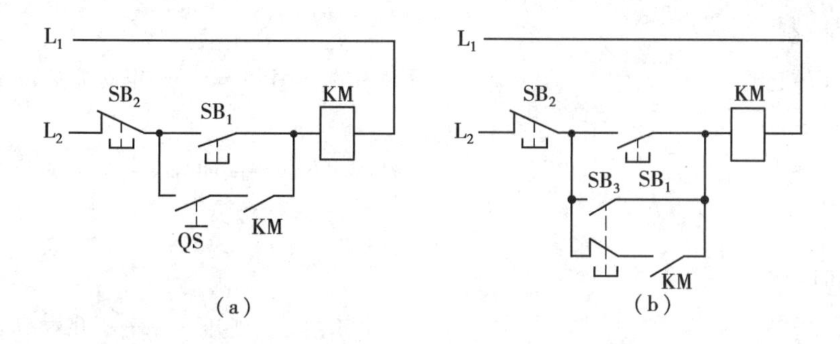

图2.9　具有点动控制功能的正转控制线路

钮)SB_3,因为它的常闭触头首先断开,切断自锁电路,紧接着常开触头闭合,使接触器线圈得电,电路实现点动运行。当松开点动按钮SB_3时,复合按钮的常开触头首先断开,使接触器线圈KM断电,自锁触头KM首先复位断开,而后SB_3的常闭触头才复位闭合,电路完成点动控制工作。

在点动/连续控制的电路中,SB_1为连续工作启动按钮,SB_2为停止按钮,SB_3为点动控制按钮。

2.2.3　三相鼠笼式异步电动机可逆旋转控制线路

在前面所介绍的控制线路中。电动机都只能朝某一个方向旋转,即单向运行或正转运行。但是,在生产过程中,有许多生产机械往往要求运动部件可以正反两个方向运动,如机床工作台的前进与后退,主轴的正转与反转,起重机的上升与下降等,这就要通过电动机正反双向运转来实现。

如何实现电动机正反转运行控制?要想实现三相异步电动机反向运转,只需要改变电动机旋转磁场的旋转方向,而实现这一点只要改变输入电动机三相电源的相序。如图2.10所示,改变电动机任意两根引线的连接相序,即可使电动机反转。

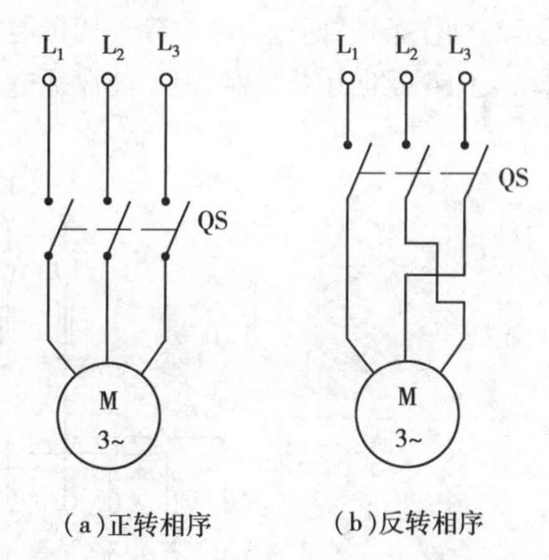

(a)正转相序　　(b)反转相序

图2.10　改变定子绕组接三相电源相序原理

(1)接触器正反转控制线路

如图2.11所示,从图中可看出当KM_1主触头闭合,而KM_2主触头断开时,电动机将接通电源,相序为U-V-W,电动机正转;当KM_2触头闭合,而KM_1主触头断开时,U、W两相交换,电源相序变成了W-V-U,电动机实现反转。这两组主触头分别是由接触器KM_1、KM_2两组线圈控制,因此,辅助线路部分出现了两组并列的启动控制线路,即由SB_1按钮操作的正转控制线路和由SB_2按钮操作的反转控制线路。SB_3按钮为停止按钮,FR为过载保护环节。

电路的控制原理如下:

1)正转控制

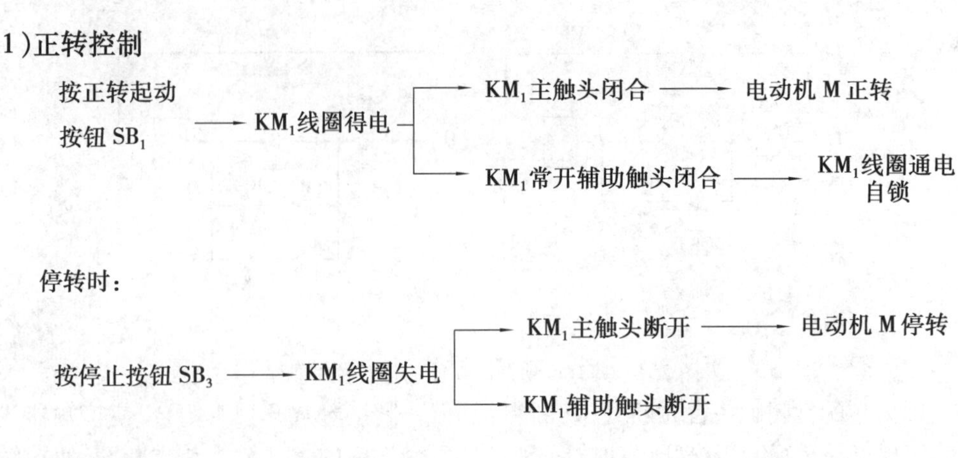

2)反转控制

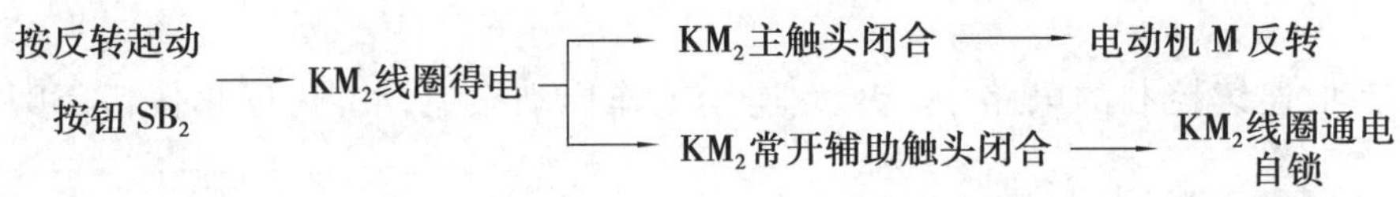

停转时,也是按动 SB_3 即可。

对于这个线路,操作上十分简便,但是它还存在着不少问题,例如,在电动机依靠 KM_1 接触器正向运行时,若 SB_2 按钮不小心也被按下时,或由于是其他原因使接触器 KM_2 线圈得电,KM_2 主触头会立即闭合,这将造成在主电路中电源通过两组主触头造成短路的故障。

由此看来,在电动机可逆运行的控制线路中,两台接触器在任何情况下都不得同时获电。若是没有这个保证,就不能控制线路的正常工作。所以,在设计任何控制线路时,不但要考虑到正常的操作条件,而且要考虑到一切可能发生的意外情况。图 2.11 所示的控制线路虽然能实现电动机的正反向运行控制,但不能保证电路能可靠正常运行,所以控制线路仍需进一步改进。

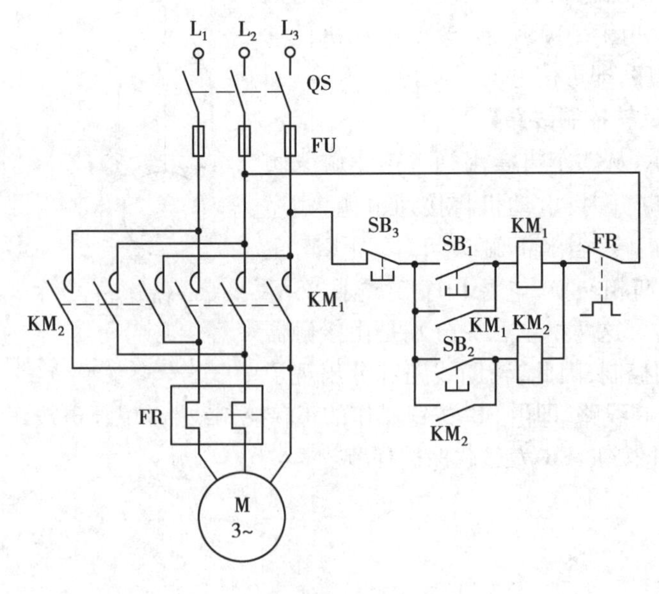

图 2.11　接触器正反转控制线路

为了实现两接触器线圈在任何情况下都不能同时获电这一目的,下面介绍具有接触器连锁的正反转控制线路。

(2)接触器连锁的正反转控制线路

如图2.12所示,欲要防止上述两相电源直接短路的故障,可利用KM_1、KM_2两台接触器的常闭辅助触头来相互控制对方的线圈电路。即把控制电动机正转的接触器KM_1的常闭辅助触头KM_1串联在控制电动机反转时的接触器线圈KM_2电路中,同样,控制电动机反转的接触器KM_2的常闭辅助触头KM_2也串联在控制电动机正转的接触器线圈KM_1电路中。

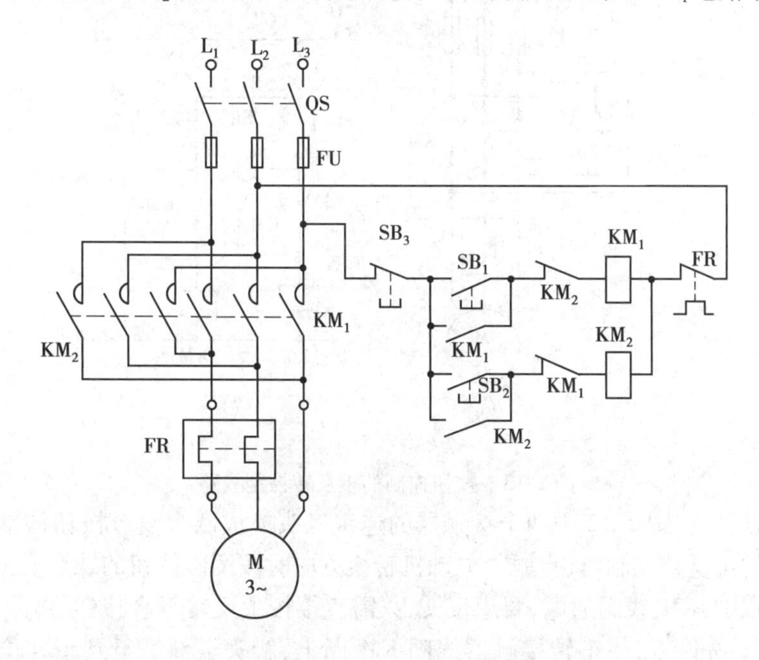

图2.12　接触器连锁的正反转控制线路

当正转控制接触器线圈KM_1通电时,串联在反转控制接触器线圈KM_2支路中的KM_1常闭辅助触头就会断开,从而切断KM_2支路,这时,即使按下反转启动按钮SB_2,反转控制接触器KM_2线圈也不会通电。同理,在反转控制的接触器KM_2通电时,串联在正转控制的接触器线圈KM_1支路中的常闭辅助触头KM_2断开,线圈KM_1也不会通电,从而可以达到彻底避免两台接触器同时闭合的可能。也就是说,彻底避免了两台接触器同时闭合而造成的短路故障。即使其中一台接触器的主触头因大电流电弧粘住,或者接触器机械部分卡住而无法释放时,也不可能发生短路,因为只要它的常闭辅助触头不复位,另一台接触器的线圈就不可能通电。接触器KM_1、KM_2两个常闭辅助触头在控制电路中起的作用是相互牵制对方的动作,故称为连锁(也叫互锁),这两个辅助常闭触头称为连锁(互锁)触头。

在这个线路中,如果电动机要从一种旋转方向改变为另一种旋转方向时,必须首先按停止按钮SB_3,否则就会因连锁作用无法达到目的。这就是说,要使电动机改变旋转方向时,前后需要按动两个按钮。这一点对于那些要求电动机频繁改变运转方向的生产机械来说,往往是不相适应的。为了节省时间,提高生产效率,用户希望在电动机正转的时候直接按动反转启动按钮SB_2,电动机就可立即反转,而在电动机反转时,也同样直接按动正转启动按钮SB_1就可使电动机立即正转。如何实现这一目的,下面介绍采用复合按钮连锁的正反转控制线路。

(3)复合按钮连锁的正反转控制线路

要想达到电动机从一种旋转方向改变为另一种旋转方向时,只需直接按下反方向启动按钮,而不必按停止按钮这一目的,必须设法在按下反转启动按钮之前,首先断开正转接触器线圈电路;在按下正转启动按钮之前,首先断开反转接触器线圈电路。这个要求可通过采用两只复合按钮来实现,如图 2.13 所示。

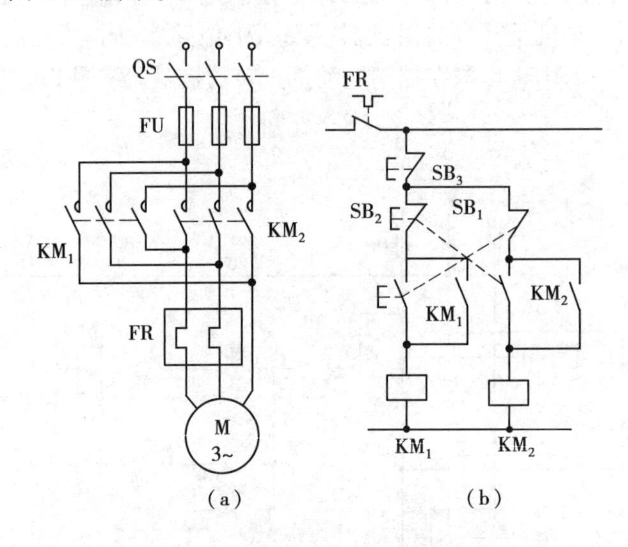

图 2.13　按钮控制的正反转控制线路

该电路特点是,将图 2.12 中两个接触器的连锁触头换成两个复合按钮的常闭触头,就可实现按钮连锁的正反转控制,且克服了电动机转换方向时按两次按钮的缺点。工作原理是:在电动机正转过程中,KM_1线圈通电,要想反转,只需直接按下反转复合按钮 SB_2,这样复合按钮 SB_2的常闭触头首先断开,使正转接触器线圈 KM_1断电,触头全部恢复到正常位置,电动机断电,紧接着复合按钮 SB_2的常开触头闭合,使反转接触器 KM_2通电,KM_2主触头闭合,电动机实现反转,这样既保证了正反转接触器线圈不会同时通电,又方便操作。同样,由反转运行转换为正转运行时,也只需直接按动正转启动复合按钮 SB_1即可实现。需要电动机停转时,按动停止按钮 SB_3即可。

操作时应注意必须将启动按钮按到底,否则,只能是停车而无反向启动。

上述电路的缺点是容易造成短路。如某个接触器主触头发生熔焊而分断不开时,直接按动反向启动按钮时,将会发生短路故障,故单独采用按钮连锁的正反转控制线路是不安全可靠的。

(4)按钮、接触器双重连锁的正反转控制线路

图 2.14 所示为双重(复合)连锁正反转控制线路。由于采用了接触器常闭辅助触头的电气连锁功能,又采用了联动按钮的机械连锁功能,使电路具有了双重(复合)连锁功能。故这种控制线路集中了接触器连锁和按钮连锁的两种正反转电路的优点。此电路不仅具有操作简单方便的特点,而且能安全可靠地实现正反转运行,是机床电气控制中经常采用的线路。

该电路的工作原理请读者自己分析。

2.2.4　行程控制线路

行程控制也称为限位控制或位置控制。某些生产机械运动部件的运动状态的转换,是靠

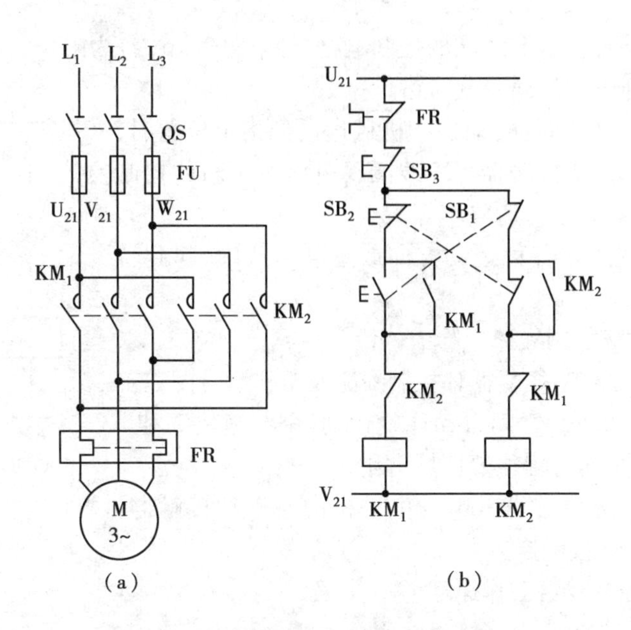

图2.14　双重连锁的正反转控制线路

部件运行到一定位置时由行程开关(位置开关)发出信号进行自动控制的。例如,行车运动到终端位置自动停车,或工作台在指定区域内的自动往返移动,都是由运动部件运动的位置或行程来控制的。

行程控制是以行程开关代替按钮,以实现对电动机的起、停控制,可分为限位断电、限位通电和自动往复循环等控制。

(1)限位断电控制线路

限位断电控制线路如图2.15所示。电路工作原理为:按下按钮,线圈通电,电动机启动,运动部件在电动机的拖动下,运行一段距离,到达预先指定点即自动断电停车。

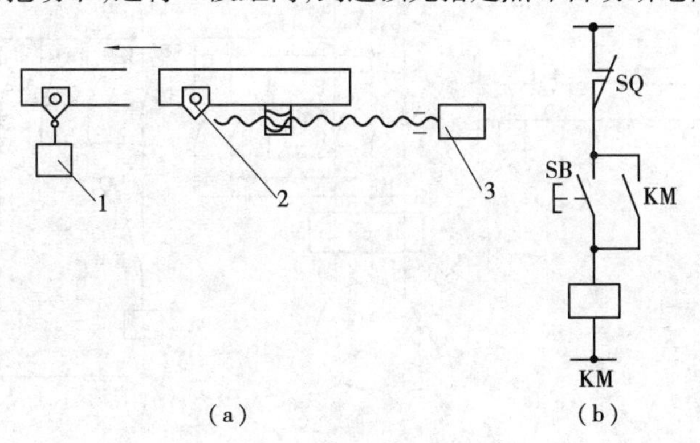

图2.15　限位断电控制线路

1—行程开关　2—撞块　3—电动机

这种控制线路常使用在行车或提升设备的行程终端保护上,以防止由于故障电动机无法停车而造成事故。

(2)限位通电控制线路

限位通电控制线路如图2.16所示。这种控制是运动部件在电动机拖动下,达到预先指定的地点后能够自动接通接触器线圈的控制电路，其中图 2.16(a)为限位通电的点动控制线路，图 2.16(b)为限位通电的长动控制线路。

电路工作原理为：电动机拖动生产机械运动到指定位置时，撞块压下行程开关 SQ，使接触器 KM 线圈得电而产生新的控制操作。例如，加速、返回、延时后停车等。

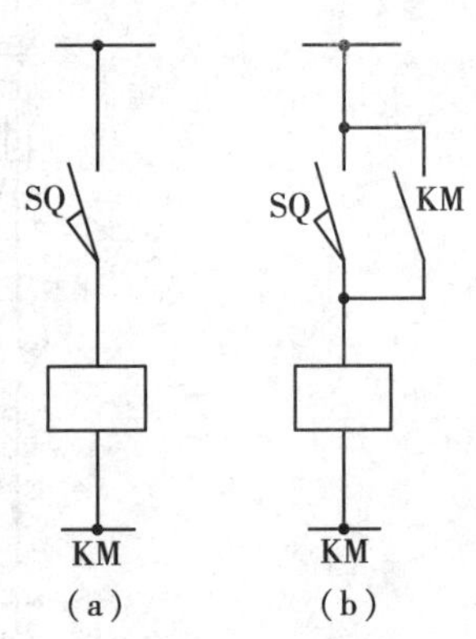

图 2.16　限位通电控制线路

这种控制线路使用在各种运动方向或运动形式中，起到转换作用。

(3) 自动往复循环控制线路

如图 2.17 所示为自动往复循环控制线路及工作示意图。工作台在行程开关 SQ_1 和 SQ_2 之间自动往复运动，调节撞块 2 和 3 的位置，就可以调节工作行程往复区域大小。

在图 2.17 控制线路中，设 KM_1 为电动机向左运动接触器，KM_2 为电动机向右运动接触器。

自动往复循环控制线路工作原理为：

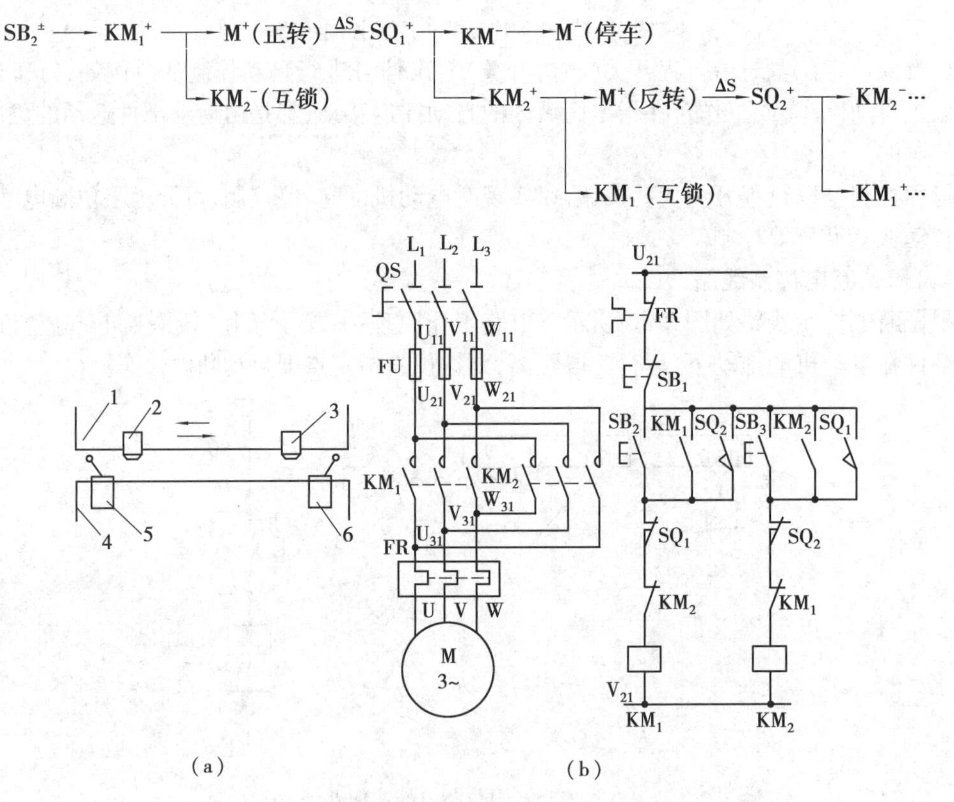

图 2.17　自动往复循环控制线路

1—工作台　2—撞块　3—撞块　4—床身　5—SQ_1　6—SQ_2

工作台在 SQ_1 和 SQ_2 之间周而复始往复运动，直到按下停止按钮 SB_1 为止。

2.2.5　顺序控制

在机床的控制线路中，经常要求电动机有顺序的启动和停止。例如，磨床上要求润滑油泵启动后才能启动主轴；龙门刨床工作台移动时，导轨内必须有足够的润滑油；铣床在主轴旋转后，工作台方可移动。这些都要求电动机有顺序的启动。这种要求多台电动机按顺序启动和停止的控制称为顺序控制。

图 2.18 所示为顺序控制线路图。接触器 KM_1 和 KM_2 分别控制两台电动机 M_1 和 M_2，并且只有在 M_1 电动机启动后，M_2 电动机才能启动。在图 2.18(b)所示控制线路中，M_1 和 M_2 可以同时停止；在图 2.18(c)所示控制线路中，电动机 M_1 和 M_2 可以单独停止；在图 2.18(d)所示控制线路中，电动机 M_2 停止后 M_1 才能停止。具体工作过程请读者自行分析。

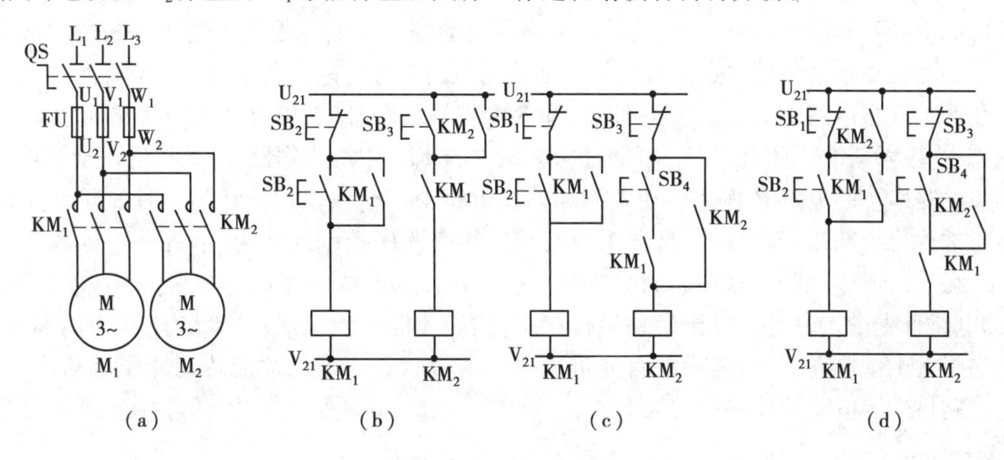

图 2.18　顺序控制线路图

2.3　三相鼠笼式异步电动机降压启动控制线路

前面介绍的三相异步电动机的启动方法均为全电压直接启动。这种启动方式的特点是，电路元件较少，控制电路简单，当然故障机会少，维修工作量小；但是，电动机在全压启动过程中，启动电流为额定电流的 4 ~ 7 倍。过大的启动冲击电流对电动机本身和电网以及其他电气设备的正常运行都会造成不利影响。一方面使电动机自身启动转矩减小(电动机全压启动转矩本身就不大)，将延长启动时间，增大启动过程的能耗，严重时甚至使电动机无法启动；另一方面，由于电网电压降低而影响其他用电器的正常工作，如电灯变暗，日光灯闪烁以至熄灭，电动机运转不稳，甚至停转。因此，有些电动机特别是较大容量的电动机需要采用降压启动。

一台电动机是否需要采用降压启动，可以用经验公式(2.1)来判断。

计算结果满足经验公式时，可采用全压启动方式；计算结果不符合经验公式时，必须采用降压启动。

降压启动就是电动机在启动时，加在定子绕组上的电压小于额定电压，当电动机启动后，再将电源升至额定电压，这样大大降低了启动电流，减小了电网上的电压降落。

常见的降压启动方式有：串电阻降压启动、Y-△降压启动、自耦变压器降压启动、延边三角形启动等。

2.3.1 定子回路串电阻或电抗器降压启动控制线路

串电阻或电抗器降压启动控制线路就是在电动机启动过程中,在电动机定子线路中串联电阻或电抗器,利用串联电阻或电抗器来减小定子绕组电压,以达到限制启动电流的目的。一旦电动机启动完毕,再将串接电阻或电抗器短路,电动机便进入全压正常运行。这个用来限制启动电流大小的电阻或电抗器,称为启动电阻或启动电抗器。

定子回路串电阻(或电抗器)降压启动有手动控制,自动控制,手动、自动混合控制等方法。

(1)手动控制(接触器控制)串电阻降压启动控制线路

图2.19所示电路为手动控制的串电阻降压启动控制线路。手动控制的方法通常又分为开关手动和按钮手动两种。这里以按钮手动控制为例进行讨论。图2.19(b)中有两个接触器KM_1和KM_2。主电路中KM_1主触头闭合,而KM_2主触头断开时,电动机处于串电阻R降压启动状态;当主触头KM_2闭合,KM_1也闭合时,电阻R被KM_2主触头短路,电动机进入全压正常运行。主电路串接的电阻R称为启动电阻。辅助电路中,SB_1按钮为降压启动控制按钮,SB_2为全压正常运行控制按钮。另外,这两个控制按钮具有顺序控制的能力,因为KM_1辅助常开触头串接在SB_2、KM_2线圈支路中起顺序控制作用。只有KM_1线圈先通电之后,KM_2线圈才能通电,即电路首先进入串电阻降压启动运行状态,然后才能进入全压运行状态。也即KM_2线圈不能先于KM_1线圈获电,电路不能首先进入全压运行状态。这样才能达到降压启动、全压运行的控制目的。电路的控制原理如下:

起动时:

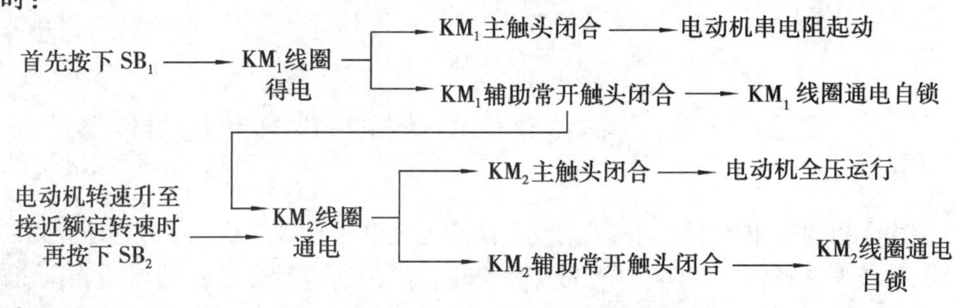

停转时:

按SB_3停止按钮 ——→ KM_1、KM_2线圈同时断电 ——→ KM_1、KM_2主触头同时断开 ——→ 电动机停转

在这个降压控制线路中,先后按下了两个控制按钮,电动机才进入全压运行状态,并且运行时KM_1、KM_2两线圈均处于通电工作状态。

另外,在这个控制线路的操作过程中,操作人员必须要具有熟练的操作技术,才能使启动电阻R在适当的情况下短接,否则,容易造成不良后果。短接电阻早了,起不到降压启动的目的;短接晚了,既浪费了电能又影响负载转矩。启动电阻的短接时间只有由操作人员的熟练操作技术决定,很不准确。如果启动电阻的短接时间改为时间继电器来自动控制,就解决了上述人工操作带来的问题。

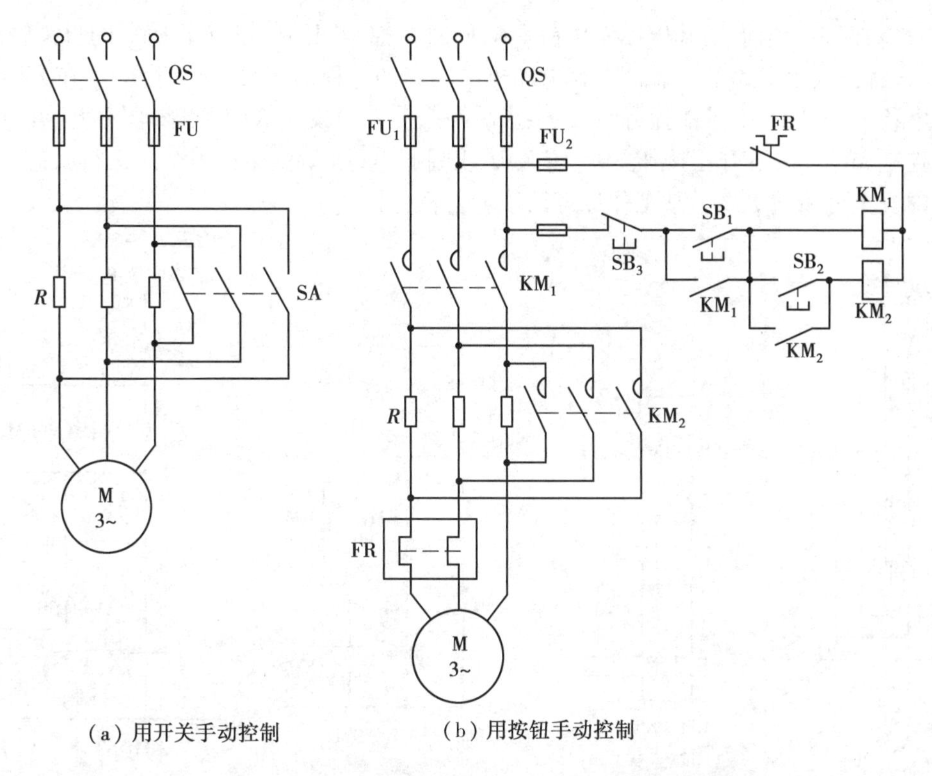

（a）用开关手动控制　　（b）用按钮手动控制

图 2.19　接触器控制的串电阻降压启动控制电路

(2) 自动控制

自动控制线路是依靠时间继电器来进行自动切换的。由于时间继电器的动作时间可调，一旦经过计算并调整好了动作时间，则电动机由启动过程转换成正常运行就能准时进行。这种以时间原则进行控制的线路，线路简单，控制起来十分方便。由于时间继电器的调节范围比较广，且不受电路电压、电流等参数的影响，因此，主要用来控制交直流电动机的启动和交流电动机的制动过程。但这种控制原则存在的问题是，在负载力矩或汽轮力矩变化时，电动机的平均启动或制动力矩将相应变化，可能使电动机产生很大的冲击电流和冲击力矩。

图 2.20(a)所示为时间继电器控制的降压启动自动控制线路。在这个线路中，用时间继电器 KT 代替了图 2.19 中的按钮 SB_2，启动过程只需按一次启动按钮 SB_1，就可由时间继电器自动完成。即 KM_1 使电路串电阻 R 一定时间后，由时间继电器 KT 的触点使 KM_1 断电的同时，KM_2 通电，使电动机进入全压运行状态。

停车时，按下 SB_2 即可。但是，由分析可知，电动机在全压运行时，接触器 KM_1、KM_2 和时间继电器 KT 均处于长时间通电状态。而只要电动机一进入全压状态，KM 和 KT 线圈都不必通电，这样既可减少能量损耗，又可延长电器的使用寿命。

图 2.20(b)的线路就解决了这个问题。当 KM_2 线圈得电后，其常闭触点将断开，使 KM_1 线圈断电并失去自保，从而使时间继电器 KT 断电。即电动机正常工作时，只有 KM_2 线圈通电工作。其具体的工作原理请读者自行分析。

(3) 手动—自动混合控制

图 2.20(c)为具有手动和自动控制的串电阻降压启动电路。它是在图 2.20(b)的基础上增加了一个选择开关 SA，其手柄有两个位置。当手柄置于 M 位时，为手动控制；当手柄置于 A

位时,为自动控制。增设了升压控制按钮 SB_3,同时在控制回路中设置了 KM_2 的自锁触点和连锁触点,这就提高了电路的可靠性。当电动机结束启动过程而正常运行时,KM_1 和 KT 线圈均处于断电状态,不仅减少了能耗,而且减少了故障率。一旦发生 KT 触点闭合不上,可将 SA 扳到手动控制 M 位,按下升压按钮 SB_3,使 KM_2 线圈通电,电动机便进入全压运行状态。所以,此电路的安全可靠性更高。其工作原理请读者自行分析。

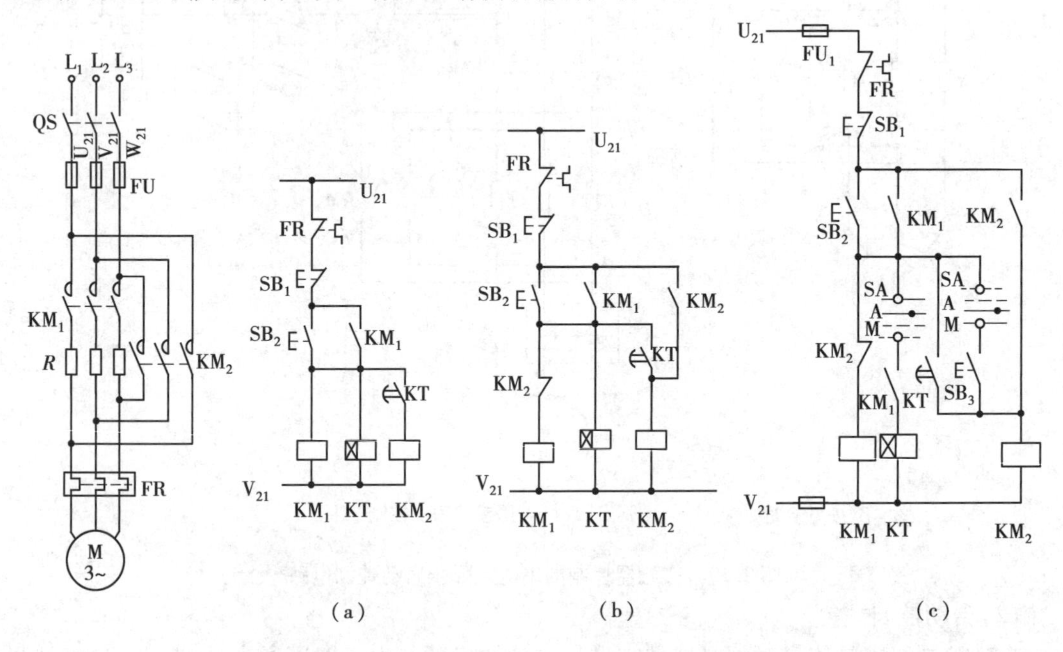

图 2.20　时间继电器控制的串电阻降压启动控制线路

(4)串电阻降压启动控制线路的选择原则

串电阻减压启动适用于正常运行时作 Y-△连接的电动机。对于这种启动方法,启动时加在定子绕组上的电压为直接启动时所加定子绕组电压的 0.5 ~ 0.8 倍,而电动机的启动转矩与所加的电压平方成正比,因此,降压启动转矩 M 是额定转矩的 0.25 ~ 0.64 倍。由此看来,串电阻降压启动方法仅仅适用于对启动转矩要求不高的生产机械,即电动机轻载或空载的场合。

另外,由于采用了启动电阻使控制箱体积大为增加,而且每次启动时在电阻上的功率损耗较大,若启动频繁,则电阻的温升很高,对于精密机床不宜使用。

启动电阻的选择可利用下列公式近似估算:

$$R = \frac{220}{I_e}\sqrt{\left(\frac{I_q}{I'_q}\right)^2 - 1} \tag{2.2}$$

式中　I_q——电动机直接启动时的启动电流,A;

I'_q——电动机降压启动时的启动电流,A;

I_e——电动机直接启动时的启动电流,A。

例　一台三相鼠笼异步电动机,功率为 28 kW,$I_q/I'_q = 6.5$,额定电流为 52 A,问应串接多大的电阻启动?

解

$$R = \frac{220}{I_e}\sqrt{\left(\frac{I_q}{I'_q}\right)^2 - 1} = \frac{220}{52} \times \sqrt{(6.5)^2 - 1}\ \Omega = 27.2\ \Omega$$

启动电阻功率：

$$P = I_N^2 \cdot R = 52^2 \times 27.2\ W = 73\ 548.8\ W$$

由于启动中短时间内电流较大，启动电阻仅在启动时应用，故电阻功率应选择计算值的1/3～1/4。

2.3.2　Y-△形降压启动

凡是正常运行过程中定子绕组接成三角形的三相异步电动机均可采用Y-△减压启动方式来达到限制启动电流的目的，其原理是：启动时，定子绕组首先接成Y型，待转速达到一定值后，再将定子绕组换接成△形，电动机便进入全压正常运行。

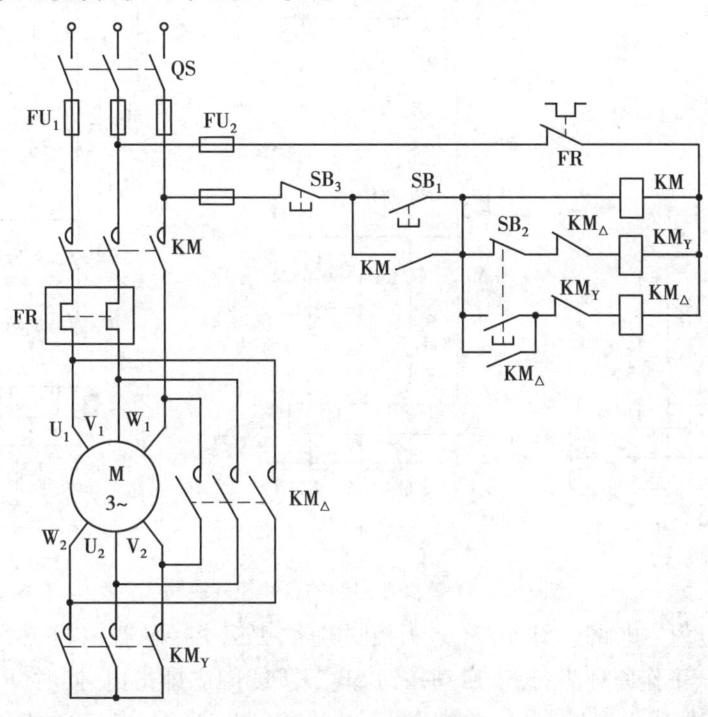

图2.21　接触器控制Y-△降压启动控制线路

Y-△降压启动方式限制启动电流的原理是，当定子绕组接成Y形时，定子每相绕组上得到的电压是额定电压的$\frac{1}{\sqrt{3}}$，使$I_{Y线} = \frac{1}{3}I_{\triangle}$，星形启动时的线电流比三角形直接启动时的线电流降低3倍，从而达到降压启动的目的。

(1)接触器控制的Y-△降压启动控制线路

图2.21所示的电路为接触器控制的Y-△降压启动控制线路。主电路采用两组接触器主触头KM_Y、$KM_{\triangle}$，当KM_Y主触头闭合而$KM_{\triangle}$主触头断开时，电动机定子绕组接成星形降压启动。启动完毕后，KM_Y一组主触头先断开，而$KM_{\triangle}$一组主触头闭合，电动机定子绕组接成三角形全压运行。

控制线路中 SB_1 为启动按钮，SB_2 为复合按钮（或全压运行按钮），SB_3 为停止按钮，电路设有短路、过载、失压、欠压保护功能。

在这个控制线路中，KM_Y、$KM_\triangle$ 主触点不能同时闭合，否则将会出现短路故障。电路是如何采取措施防止短路故障，从控制线路图上可看出，KM_Y、$KM_\triangle$ 的两个常闭辅助触头起到了“互锁”的功能，从而有效地避免了短路故障。

(2)自动控制的 Y-△降压启动控制线路

在自动控制线路中，将引入时间继电器 KT 来控制电动机的星形降压启动的时间，以完成 Y-△自动转换。

如图 2.22 所示为时间继电器自动控制的 Y-△降压启动控制线路。

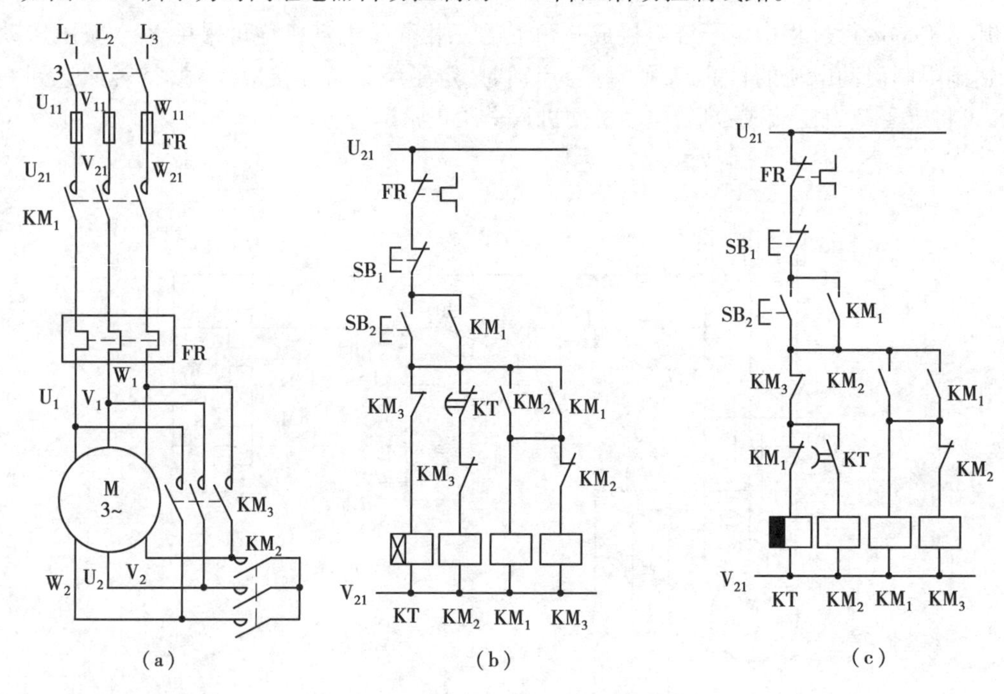

图 2.22　Y-△降压启动的自动控制线路

如图 2.22(a)为主电路。图 2.22(b)为控制电路，由三个接触器、一个热继电器和一个时间继电器组成。其工作原理为：按下启动按钮 SB_2，KT 线圈立即得电，同时，KM_2 线圈也通电吸合，并使 KM_1 线圈得电自锁，电动机进入星形连接的启动状态。当 KT 的延时时间到，KT 的延时断开常闭触点将断开，使 KM_2 线圈断电。KM_2 常闭触点的闭合将使 KM_3 线圈得电，电动机定子绕组由星形连接改为三角形连接，电动机进入全压运行状态。

此线路有两个缺点：

①可能引起电源短路。由主电路可见，如果 KM_1 ~ KM_3 全部通电，将会引起三相电源短路，而烧坏熔断器和接触器的主触点。所以，KM_2 和 KM_3 线圈是不能同时吸合的。在按下 SB_1 时，本该出现 KM_1 和 KM_3 同时失电而释放，但 KM_1 若因某种原因迟释放(0.1 s)，在 SB_1 复位后，KM_2 和 KM_3 就会同时得电而引发电源短路。

②当时间继电器失灵时，会造成电动机长期处于星形接法的状态下低压运行而使电动机烧毁。

图2.22(c)是另一种Y-△启动自动控制线路。其工作原理是:当按下SB_2后,KT线圈得电,KM_2和KM_1线圈也随后得电,使电动机在星形连接下进行降压启动。但在KM_1得电的同时,KM_1常闭触点的断开会使KT线圈失电。经一定的整定延时时间后,KT的延时断开常开触点断开,使KM_2线圈断电。之后,由于KM_2常闭辅助触点的复位使KM_3线圈得电,电动机将进入三角形运行状态。但在电动机由星形启动转为三角形连接运行过程中,即在KM_2线圈断电到KM_3线圈得电的瞬间,电动机出现了极短时间的断电现象。

由于时间继电器KT线圈的通断电受KM_1和KM_3线圈的常闭触点控制,而KM_2线圈的通断电又受到KT线圈的断电延时的常开触点控制。所以,KM_1 ~ KM_3三个接触器线圈不会同时得电,从而也就避免了图2.22(b)可能出现的电源短路现象。当时间继电器KT不工作或失灵时,KM_2和KM_1线圈就不会通电吸合,上述的第二个弊病显然不会存在。

电动机进行Y-△启动控制时,必须保证主电路相序的正确;同时还应注意,对于正常运行时为星形连接的电动机,不能采用Y-△降压启动的方法。

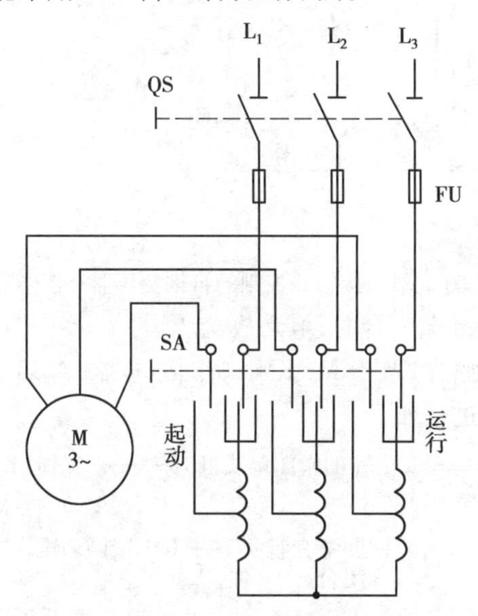

图2.23　自耦变压器降压启动原理图

2.3.3　自耦变压器降压启动

自耦变压器(补偿器)降压启动是指利用自耦变压器来降低启动时的电动机定子绕组电压,以达到限制启动电流的目的。

自耦变压器的抽头有两种电压可供选择,分别是电源电压的65%和80%(出厂时接在65%抽头上),可根据电动机的负载大小适当选择,原理电路如图2.23所示。启动时,SA开关扳向“启动”位置,此时,电动机定子绕组与自耦变压器的低压侧连接,电动机进行降压启动,待转速上升到一定值时,再将SA扳向“运行”位置,这时自耦变压器被切除,电动机定子绕组全压运行。

(1)接触器控制的自耦变压器补偿器降压启动控制线路

图2.24为接触器控制的补偿器降压启动控制线路,主电路采用了三组接触器触头KM_1、KM_2和KM_3。当KM_1和KM_2闭合而KM_3断开时,电动机定子绕组接自耦变压器的低压侧降压

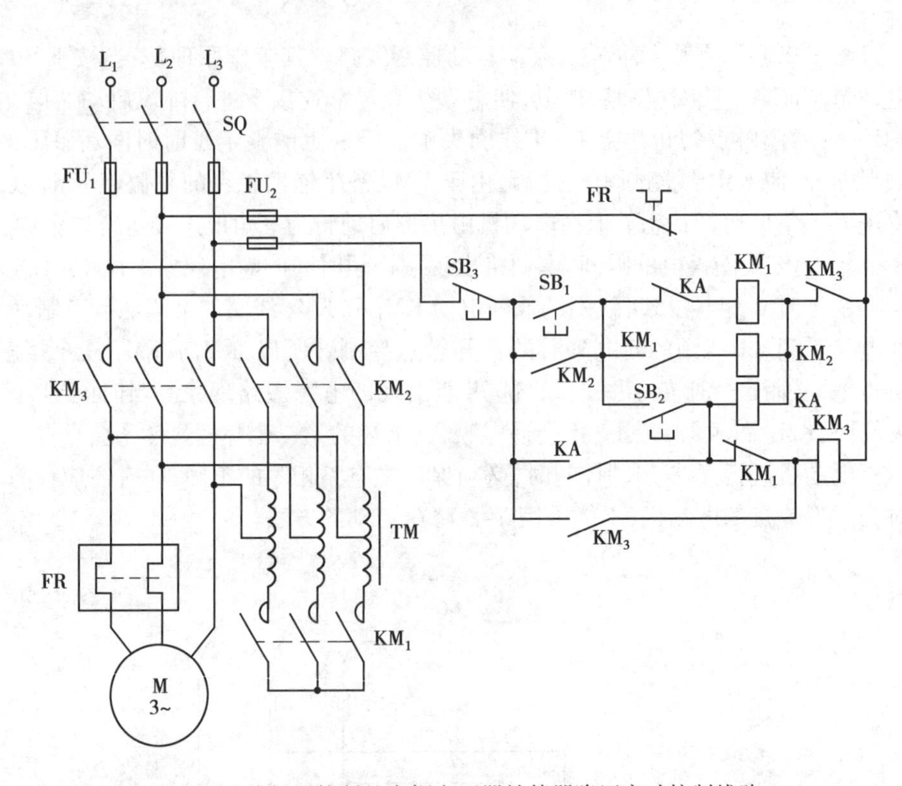

图 2.24　接触器控制的自耦变压器补偿器降压启动控制线路

启动;当 KM_2 和 KM_1 断开而 KM_3 闭合时,电动机全压运行。

辅助电路采用了交流接触器 KM_1、KM_2、KM_3,中间继电器 KA,启动按钮 SB_1,升压按钮 SB_2 等。

实现降压启动,其控制过程如下:

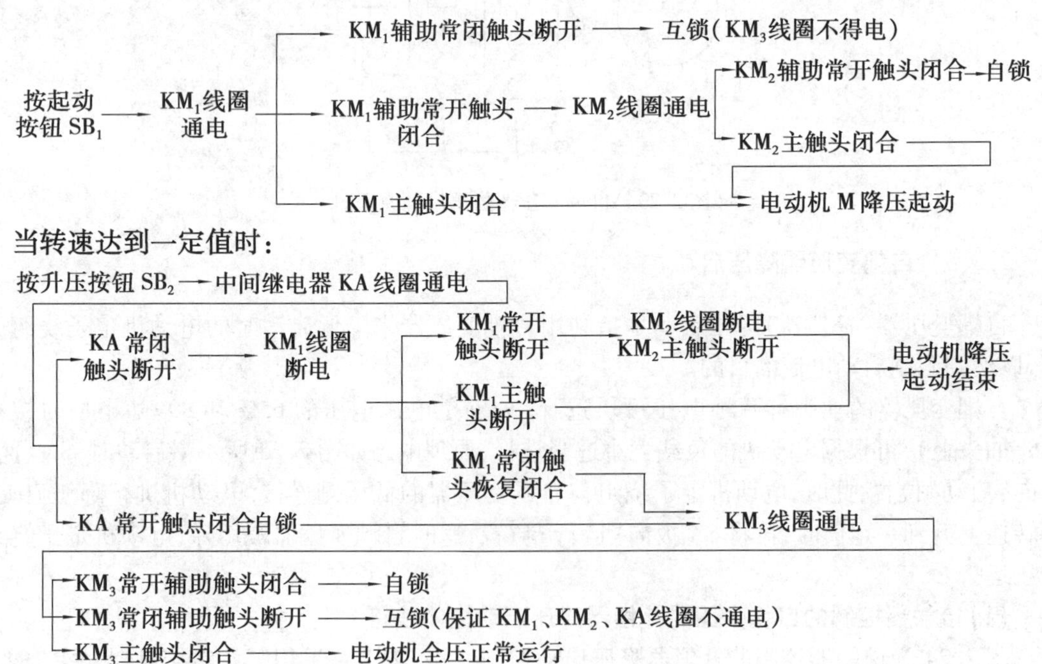

需要停转时，只需按动停止按钮 SB_3 即可。

此控制线路具有以下几个特点：

①如果发生误操作，在没有按动 SB_1 按钮的情况下，直接按动了 SB_2 升压按钮，电控制线路可看出 KM_3 线圈不会通电，电动机 M 无法全压启动。

②如果接触器 KM_3 出现线圈断线或机械卡住无法闭合时，电动机也不会出现低压长期运行，原因是一旦按动了 SB_2 按钮，中间继电器 KA 通电工作，必然使 KM_1 线圈断电，KM_1 线圈断电必定 KM_2 线圈也断电，低压启动结束。

③电动机进入全压运行过程中。KM_3 的主触头先闭合，而 KM_2 主触头后断开，尽管这个时间间隔很短，但是不会出现电动机间隙断电，也就不会出现第二次启动电流。

④电路的缺点是，每次启动需按动两次按钮，并且两次按动按钮的时间间隔不容易掌握，即启动时间的长短不准确。

(2) 自动控制的自耦变压器补偿器降压启动控制线路

在许多工作场合，需要自耦变压器降压启动控制线路能自动控制，通常采用时间继电器来代替人工操作，控制启动时间的长短，上述缺点就不存在了。

具体的控制线路请读者试着设计一下。

2.3.4　延边三角形降压启动控制线路

三相鼠笼式异步电动机采用 Y-△启动时，可以在不增加专用启动设备的条件下实现减压启动。这种启动方法的优点是简单、方便，并可实现自动控制，其缺点是启动时每相绕组均接成星形，每相绕组电压只有额定电压的 1/3，启动转矩也为额定转矩的 1/3。

如何克服 Y-△降压启动控制线路的启动转矩小的缺点，同时又保持不用增加启动设备，能得到比较高的启动转矩呢？延边三角形降压启动方式可以达到上述要求。

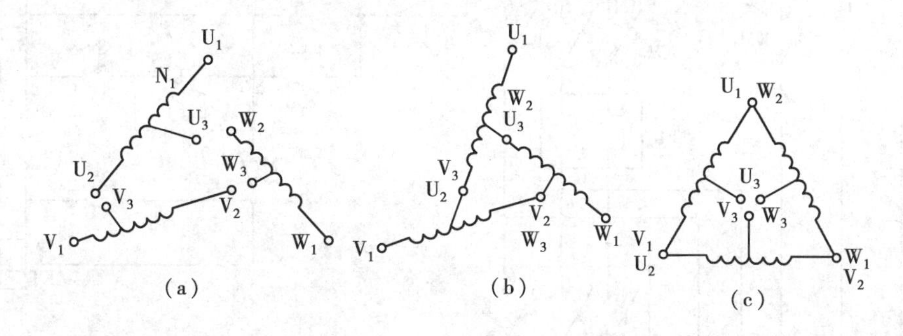

图 2.25　延边三角形接法的电动机定子绕组

(1) 延边三角形降压启动控制线路原理

延边三角形降压启动控制线路，适用于定子绕组为特殊设计的 YTD 系列三相异步电动机，一般的电动机定子绕组为六个出线头（接线头）：V_1、U_1、W_1、W_2、U_2、V_2、V_3、U_3、W_3，即电动机三相绕组多了一组中心抽头 V_3、U_3、W_3。

启动时，三相绕组的一部分接成三角形，另一部分接成星形，使绕组接成延边三角形，如图 2.25(b) 所示，U_3—W_2、W_3—V_2、V_3—U_2 相连，而 U_1、V_1、W_1 分别接成三相电源 L_1、L_2、L_3。整个绕组接成了一个延长了边的三角形，所以称为延边三角形，由于三相绕组接成了延边三角形，每相绕组所承受的电压比三角形接法时的相电压要低，比星形接法时的相电压要高，介于

220 ~ 380 V 之间,启动转矩也大于星形启动时的启动转矩。这种启动方法的启动电压和电流转矩的大小取决于每相绕组的两部分阻抗的比值——定子绕组的抽头比。定子绕组的抽头比就是三条延长边中任何一条边的匝数 N_1 与三角形任何一条边的匝数 N_2 之比,当 $N_1:N_2=1:1$,电源线电压为 380 V,则相电压为 264 V。当 $N_1:N_2=1:1$,线电压为 380 V,则相电压为290 V。

从上述数据看出,改变三角形连接时的定子绕组的抽头比,能够改变相电压的大小,从而达到改变或者调节启动转矩的目的,但是,出厂的电动机其抽头比已经固定,所以使用时只能利用这个抽头做有限的变动。例如,$N_1:N_2=1:1$,若将 N_2 作为延边三角形接法中延长边,而将 N_1 做三角形接法的边长,那么此时的抽头比为 $N_1:N_2=1:1$。

(2)运行过程

启动过程结束,电动机的转速达到一定值时,再将三相绕组接成三角形,如图 2.25(c)所示。U_1—W_2,V_1—U_2,W_1—V_2 相连后并分别接三相电源 L_1、L_2、L_3。

(3)延边三角形降压启动线路

图 2.26 为延边三角形降压启动控制线路。

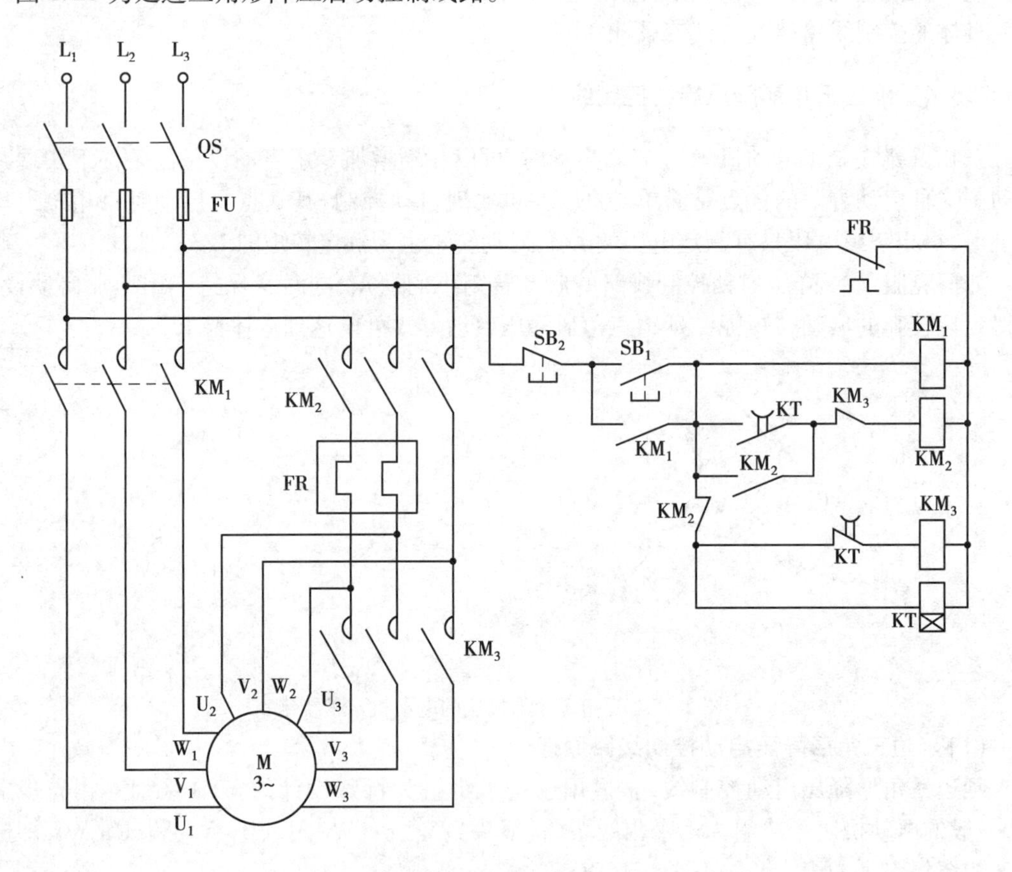

图 2.26 延边三角形降压启动控制线路

①主电路有三组主触头,KM_1、KM_2 和 KM_3。当 KM_1、KM_3 闭合且 KM_2 断开时,由于 KM_3 的闭合使 U_2—V_3 相连,V_2—W_3 相连,W_2—U_3 相连,而 U_1、V_1、W_1 接线头分别接电源 L_1、L_2、L_3。电动机定子绕组接成了延边三角形,电动机降压启动。

当 KM_1、KM_2 两组触头闭合且 KM_3 断开时，U_1—W_2，V_1—U_2，W_1—V_2 分别相连后接电源 L_1、L_2、L_3，电动机定子绕组接成三角形全压运行。

②辅助电路由 KM_1、KM_2、KM_3 三台接触器，KT 时间继电器，热继电器 FR 及启动按钮 SB_1，停止按钮 SB_2 组成。

③控制线路的工作过程如下：

电路工作在降压启动时，接触器 KM_1、KM_3 及时间继电器 KT 工作，接触器 KM_2 不工作。电路进入全压运行后，接触器 KM_1、KM_2 工作，而 KM_3、时间继电器 KT 均不工作。详细的工作过程请读者自己分析。

2.3.5　三相异步电动机降压启动方式选择

不同的生产机械对电动机的要求不同，各种电动机的结构形式及适用范围也不同，因此它们的启动方式也各不相同。

(1)直接启动

①适用范围：一般用于 7.5 kW 以下的电动机。

②优缺点：启动设备简单，操作方便，启动过程快；当启动电流很大且电网容量小时，对电网的影响较大。

(2)采用串电阻(电抗)降压启动

①适用范围：用于启动转矩较小的电动机，有时用于不能用 Y-△降压启动的电动机。

②优缺点：启动设备简单，启动电流比直接启动电流有所减小，但启动转矩减小更多。启动时，在电阻上消耗的电能较大，故较少使用。

(3)自耦变压器降压启动

①适用范围：用于容量较大，正常运行接成星形而不能采用 Y-△启动的电动机。在 380 V 时，可启动 40、75、100、130 kW 的电动机。

②优缺点：启动转矩较大，启动器二次绕组有不同的电压抽头，可根据具体情况选择电压，以满足启动转矩的要求。

补偿器价格较贵，且易发生故障，不允许频繁启动。

(4)Y-△降压启动

①适用范围：适用于在正常运行时绕组接线为三角形的电动机，多用于轻载或空载启动的电动机。

②优缺点：启动设备简单，容量较大的电动机用 $QJ_{大3}$ 手动油浸 Y-△启动器，一般电机用 $QX_{大1}$、$QX_{大2}$ 系列手动 Y-△启动器，可以频繁启动，启动转矩较小。

(5)延边三角形降压启动

①适用范围：适用于定子绕组有中间抽头的电动机。

②优缺点：可选用不同抽头比例来改变电动机的启动转矩，比较灵活。设备简单，可以频繁启动，电动机的抽头多，结构复杂。

2.4　三相绕线式异步电动机启动控制线路

三相绕线转子异步电动机转子绕组可通过滑环串接启动电阻以减小启动电流，提高转子电路的功率因数,提高启动转矩,适用于要求启动转矩高的场合。

按照绕线转子异步电动机转子绕组在启动过程中串接装置不同,可分串电阻启动与串频敏变阻器启动两种控制电路。

2.4.1 转子绕组串电阻启动电路

串接在三相转子绕组中的启动电阻一般都联结成星形,启动时,将全部启动电阻接入,随着启动的进行,启动电阻依次被短接,在启动结束时,转子电阻全部被短接。短接电阻的方法有三相电阻不平衡短接法和三相电阻平衡短接法两种。不平衡短接法是每一相的各级启动电阻是轮流被短接的,而平衡短接法是三相中的各级启动电阻同时被短接。本节仅介绍平衡电阻短接法启动电路。

(1)接触器控制的启动电路

图2.27为接触器控制绕线转子异步电动机的启动控制电路。图中 KM_1 为线路接触器,KM_2、KM_3、KM_4 为短接电阻接触器。

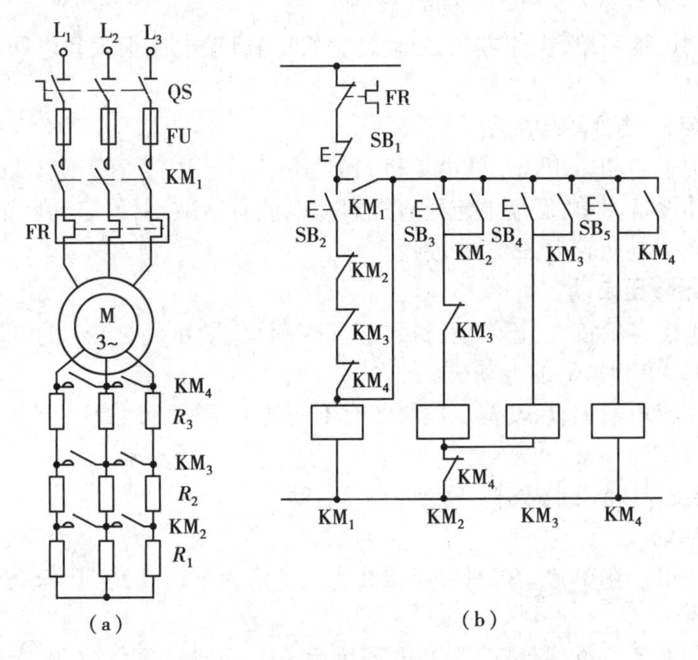

图2.27 接触器控制的启动电路

电路工作过程:按下启动按钮 SB_2,接触器 KM_1 线圈获电吸合,KM_1 主触头闭合,电动机转子绕组串接全部电阻启动,KM_1 自锁触头闭合并接通接触器,当启动按钮 SB_3、SB_4、SB_5 先后按下时,接触器 KM_2、KM_3、KM_4 线圈先后获电吸合并自锁,转子绕组外接电阻 R_1、R_2、R_3 先后被短接。外接电阻全部被短接后,接触器 KM_2、KM_3 线圈均断电释放,仅有 KM_1、KM_4 线圈获电吸合,启动过程便结束,电动机全速运转。

按下 SB_1,接触器 KM_1、KM_4 线圈均断电释放,电动机断电停转。

(2)按时间原则控制的启动电路

图2.28为转子串入三级电阻按时间原则控制的启动电路。图中 KM_1 为线路接触器,KM_2、KM_3、KM_4 为短接电阻接触器,KT_1、KT_2、KT_3 为启动时间继电器,该电路工作情况读者可

自行分析。值得注意的是,电动机启动后进入正常运行时,只有 KM_1、KM_4 线圈长期通电,而 KT_1、KT_2、KT_3 与 KM_2、KM_3 线圈的通电时间均压缩到最低限度。这一方面是电路工作时,这些电器没有必要都处于通电状态,另一方面为节省电能,延长电器寿命,更为重要的是减少电路故障,保证电路可靠安全的工作。但电路也存在下列问题:一旦时间继电器损坏,电路将无法实现电动机的正常启动和运行;另一方面,在电动机的启动过程中,由于逐级短接电阻,将使电动机电流及转矩突然增大,产生较大的机械冲击。

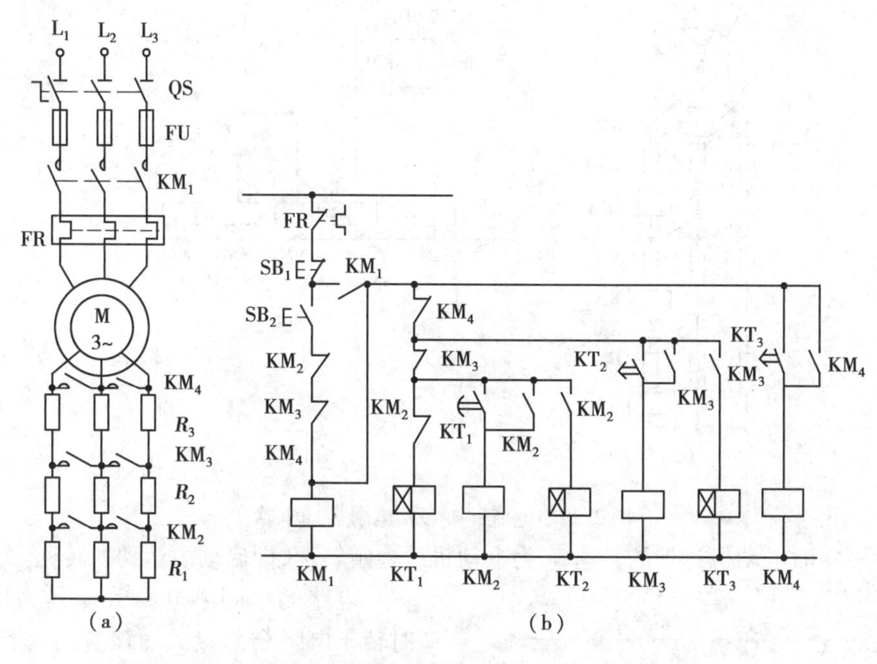

图 2.28　时间原则短接电阻启动电路

(3)按电流原则短接启动电阻的启动电路

图 2.29 为按电流原则短接启动电阻的启动电路,它是按照电动机在启动过程中转子电流变化来控制电动机启动电阻的切除。图中 KA_1、KA_2、KA_3 为电流继电器,其线圈串接在电动机转子电路中,调节它们的吸合电流相同,释放电流不同,且 KA_1 释放电流最大,KA_2 次之,KA_3 释放电流最小。KA_4 为中间继电器,KM_1 ~ KM_3 为短接电阻接触器,KM_4 为线路接触器。

电路工作情况:合上电源开关 QS,按下启动按钮,KM_4 通电并自保,电动机定子接通三相交流电源,转子串入全部电阻接成星接启动。同时 KA_4 通电,为 KM_1 ~ KM_3 通电做准备,由于启动电流大,KA_1 ~ KA_3 吸合电流相同,故同时吸合,其常闭触头都断开,使 KM_1 ~ KM_3 处于断电状态,转子电阻全部串入,达到限流和提高启动转矩的目的。随着电动机转速的升高,启动电流逐渐减小,当启动电流减小到 KA_1 释放电流 I_1 时,KA_1 首先释放,其常闭触头闭合,使 KM_1 通电,KM_1 主触头短接一段转子电阻 R_1,由于转子电阻减小,转子电流上升,启动转矩加大,电动机转速加快上升,这又使转子电流下降,当降至 KA_2 释放整定电流 I_2 时,KA_2 释放,其常闭触头闭合,使 KM_2 通电,其主触头短接第二段转子电阻 R_2,于是,转子电流上升,启动转矩加大,电动机转速上升,如此继续,直至转子电阻全部切除,电动机启动过程才结束。

图 2.30 为电流原则短接转子电阻启动电流与转速过程曲线。图中 I_1、I_2、I_3 为 KA_1 ~ KA_3 释放电流,I_m 为限制的最大启动电流,I_{2N} 为电动机转子额定电流。n_1、n_2、n_3 为电动机转子电阻

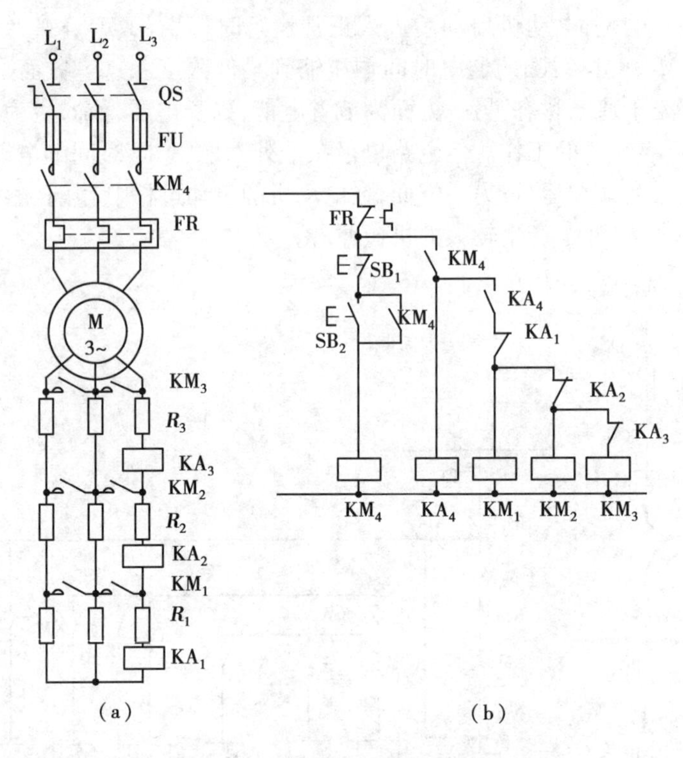

图 2.29　电流原则短接电阻启动电路

R_1、R_2、R_3 短接时电动机达到的转速，n 为电动机的稳定转速，即启动后达到的转速。

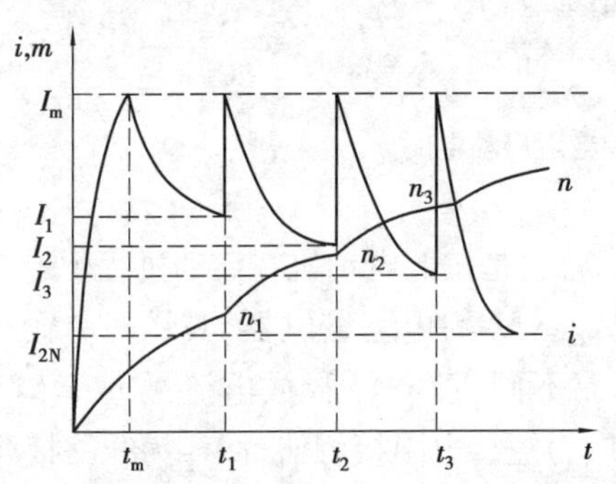

图 2.30　短接转子电阻启动电流与转速过渡过程曲线

电路的中间继电器 KA_4 是为保证启动时转子电阻全部接入而设置的。若无 KA_4，则当电动机启动电流由零上升，在尚未达到其吸合电流时，电流继电器 KA_1 ~ KA_3 未吸合，将使 KM_1 ~ KM_3 同时通电吸合，将转子电阻全部短接，电动机便进行直接启动。而设置 KA_4 后，当按下启动按钮 SB_2，KM_4 先通电吸合，然后才使 KA_4 通电吸合，再使 KA_4 常开触头闭合，在这之前启动电流早已到达电流继电器的吸合整定值并已动作，KA_1 ~ KA_3 的常闭触头已断开，并将 KM_1 ~ KM_3 线圈电路切断，确保转子电阻全部接入，避免电动机的直接启动。

2.4.2　转子绕组串接频敏变阻器启动电路

绕线异步电动机转子回路串接电阻的启动方法：在电动机启动过程中，由于逐段减小电阻，电流和转矩突然增加，会产生一定的机械冲击；同时，由于串接电阻启动线路复杂，工作很不可靠，而且电阻本身比较笨重，能耗大，控制箱体积较大，为此，采用频敏变阻器来替代转子电阻器。频敏变阻器的阻抗能够随着转子电流频率的下降自动减小，所以它是绕线转子异步电动机较为理想的一种启动设备。常用于较大容量的绕线式异步电动机的启动控制。

(1)频敏变阻器的工作原理

频敏变阻器实质上是一个铁芯损耗非常大的三相电抗器。它由数片E型钢板叠成,具有铁芯、线圈两个部分,制成开启式,并采用星形接线,将其串接在转子回路中,相当于转子绕组接入一个铁损较大的电抗器,这时的转子等效电路如图2.31所示,图中R_d为绕组直流电阻,R为铁损等值电阻,L为等值电感,R、L值与转子电流频率相关。

在启动过程中,转子频率是变化的,刚启动时,转速n等于零,转子电动势频率f_2最高($f_2=f_1=50$ Hz),此时频敏变阻器的电感与电阻均为最大,因此,转子电流相应受到抑制,由于定子电流取决于转子电流,从而使定子电流不致很大。又由于启动中串入转子电路中的频敏变阻器的等效电阻和等效电抗是同步变化的,因而其转子电路的功率因数基本不变,从而保证有足够的启动转矩,这是采用频敏变阻器的另一优点。当转速逐渐上升时,转子频率逐渐减小,当电动机运行正常时,f_2很低,(为f_1的5%~10%),又由于其阻抗与f_2平方成正比,所以其阻抗变得很小。

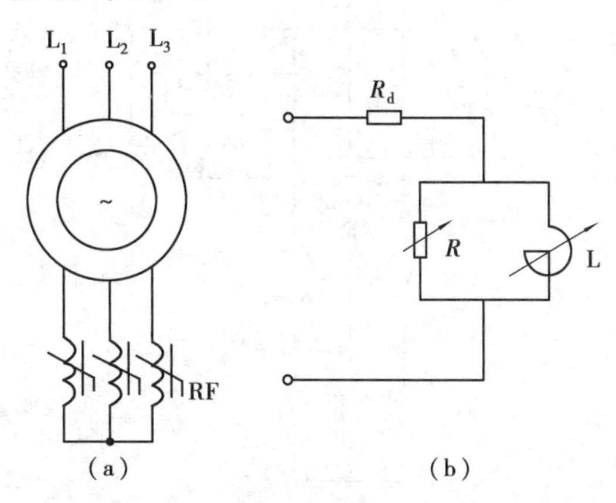

图2.31　频敏变阻器的等效电路

由以上分析可见,在启动过程中,转子等效阻抗及转子回路感应电动势都是由大到小,从而实现了近似恒转矩的启动特性。这种启动方式在空气压缩机等设备中获得了广泛应用。

频敏变阻器有各种结构形式。RF系列各种型号的频敏变阻器可以应用于绕线转子异步电动机的偶然启动和重复启动。重复短时工作时,常采用串接方式,不必用接触器等短接设备。在偶然启动时,一般用一只接触器,启动结束时,将频敏变阻器短接。

(2)采用频敏变阻器的启动控制线路

图2.32是采用频敏变阻器的启动控制线路,该线路可以实现自动和手动控制,自动控制时将开关SA扳向"自动"位置,当按下启动按钮SB_2,利用时间继电器KT、控制中间继电器KA和接触器KM_2的动作,在适当的时间将频敏变阻器短接。开关SA扳到"手动"位置时,时间继电器KT不起作用,利用按钮SB_3手动控制中间继电器KA和接触器KM_2的动作。启动过程中,KA的常闭触头将热继电器的发热元件FR短接,以免因启动时间过长而使热继电器误动作。

(3)频敏变阻器的调整

频敏变阻器可供偶尔启动和重复短时工作制等场合适用。按照电动机容量及转子额定电流,根据使用场合,可从产品样本上适当选择。

因单台变阻器的体积和重量不宜过大,故当电动机容量较大时,可用多台变阻器串联或并联使用,如两组串联、两组并联、四组串并联等。

在使用频敏变阻器的过程中,如遇到下列情况,应调整频敏变阻器的匝数和气隙。

①当启动电流过大,启动太快,应增加匝数,换接抽头,使用100%匝数。匝数增加,使启动电流减小,但启动力矩也同时减小。

②当启动电流过小,启动力矩过小,启动太慢时,应减少匝数,使用85%或71%匝的抽头。

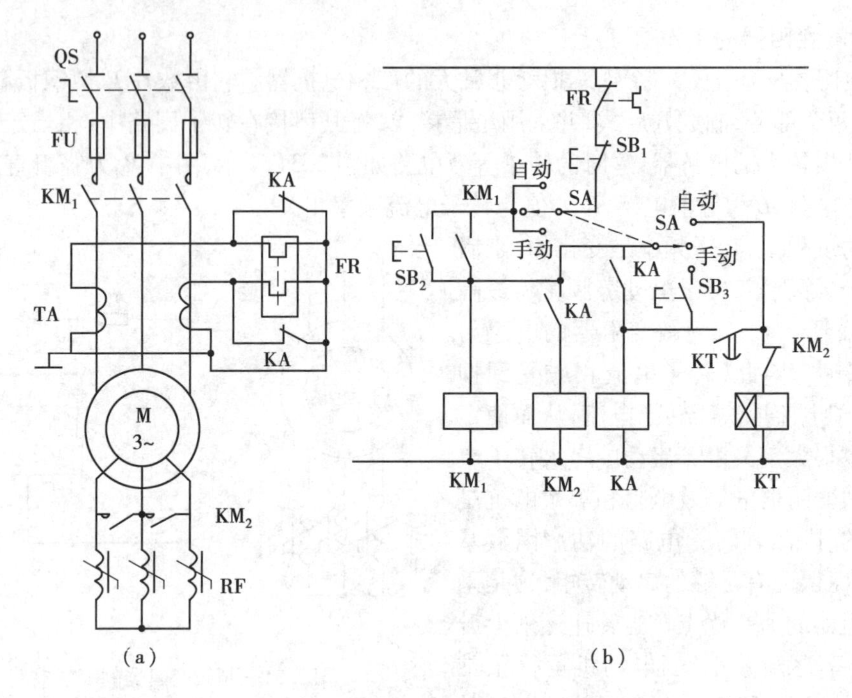

图 2.32　串频敏变阻器的控制线路

匝数减小,使启动电流增大,但启动力矩也同时增大。

③如果刚启动时,启动力矩过大,有机械冲击,而启动完毕时的稳定转速又偏低,短接时,冲击电流较大,可增加上下铁芯间的气隙使启动电流略微增加,启动转矩略微减小,但启动完毕时转矩增大,稳定转速可以得到提高。

2.5　三相异步电动机的制动控制线路

三相异步电动机从切除电源到完全停止旋转,由于惯性的关系,总要经过一段时间,这往往不能适应某些生产机械工艺的要求。如万能铣床、卧式镗床、组合机床等,无论是从提高生产效率,还是从安全及准确停位等方面考虑,都要求电动机能迅速停车,要求对电动机进行制动控制。制动方法一般有两大类:电磁机械制动和电气制动。电磁机械制动是用电磁铁操纵机械装置来强迫电动机迅速停车,如电磁抱闸、电磁离合器。电气制动实质上是在电动机停车时,产生一个与原来旋转方向相反的制动转矩,迫使电动机转速迅速下降,如能耗制动、反接制动。

2.5.1　电磁抱闸制动

电磁抱闸又名制动电磁铁,其结构同电磁铁中的介绍。

图 2.33(a)是电磁抱闸原理图。闸轮与电动机同轴安装,闸瓦是借助弹簧的弹力“抱住”闸轮制动的。由图看出,如果弹簧选用拉簧,则闸瓦平时处于“松开”状态,如选用压簧,则闸瓦平时处于“抱住”状态。原始状态不同,相应的控制电路也就不同,但都应在电动机运转时,闸瓦松开;电动机停转时,闸瓦抱住。

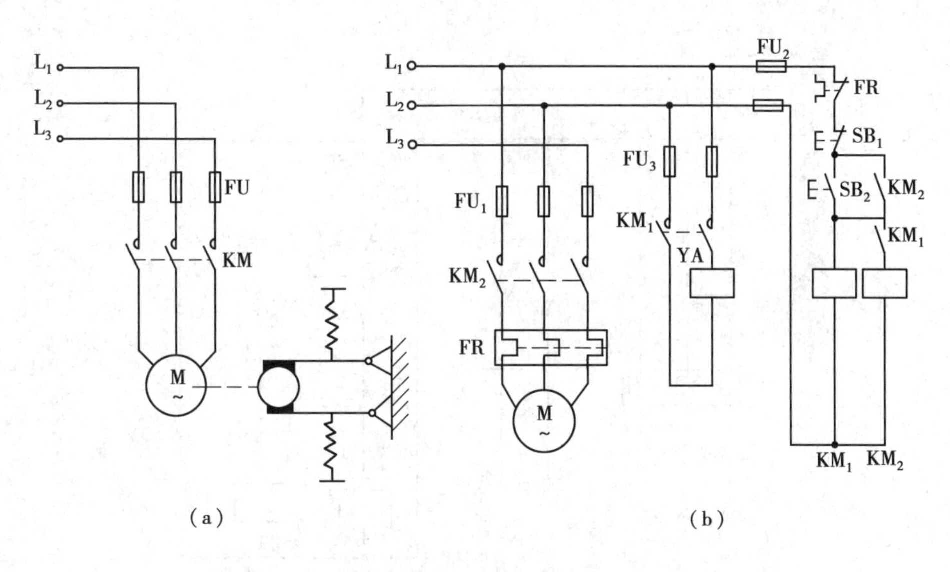

图2.33　抱闸平时处于“抱住”状态的控制线路

(1)闸瓦平时处于“抱住”状态的控制电路

吊车、卷扬机等一类升降机械,为了不因电源中断或电路故障而使制动受影响,因此,一律采用闸瓦平时处于“抱住”状态,以确保安全。因此,要求电磁线圈YA必须先通电,待闸瓦松开后,才能使电动机通电运转。图2.33(b)的控制线路采用了顺序通电电路,以满足上述要求。其工作原理如下:

按下启动按钮SB_2,电磁铁线圈YA先通电,将衔铁吸上使弹簧压紧,联动机构将抱闸提起松开。KM_2得电,电动机与闸轮一起运转。

按下停止按钮SB_1时,电动机电源切断,电磁铁线圈失电,弹簧复位,闸瓦重新抱住闸轮,使电动机迅速制动。

(2)闸瓦平时处于“松开”状态的控制电路

对于机床一类经常需要调整加工工件位置的设备,往往采用闸瓦平时处于“松开”状态的控制电路,如图2.34所示(只画出控制电路,其主电路与图2.33相同)。

平时闸瓦由于弹簧的拉力,使抱闸处于“松开”的状态;按下按钮SB_2,电动机启动运转。

当按下停止按钮SB_1,KM_1线圈先失电,切断电动机电源。随后KM_2得电自保,使电磁铁线圈YA和时间继电器KT线圈得电。闸瓦紧紧抱住闸轮,待电动机的惯性转动迅速下降至零时,KT延时常闭分断,使KM_2和KT线圈先后断电,于是,YA线圈断电,闸瓦又恢复“松开”状态。

2.5.2　电磁离合器制动

电磁离合器种类很多,在此介绍摩擦片式电磁离合器。它利用表面摩擦来传递或隔离两根转轴的运动和转矩,以改变所控制的机械装置的运动状态。

在电磁离合器未动作前,主动轴由电动机带动旋转,从动轴不转动,当励磁线圈通入直流电后,产生的电磁力吸引从动轴上的盘形衔铁,克服弹簧弹力,向主动轴靠拢并压紧在摩擦片环上,主动轴的转矩通过摩擦片环传递给从动轴。当励磁线圈断电时,弹簧力将盘形衔铁推开,使从动轴与主动轴脱离。

电磁离合器作为制动器,它与被制动件的连接方式有多种,例如,停车时,切断励磁电流,

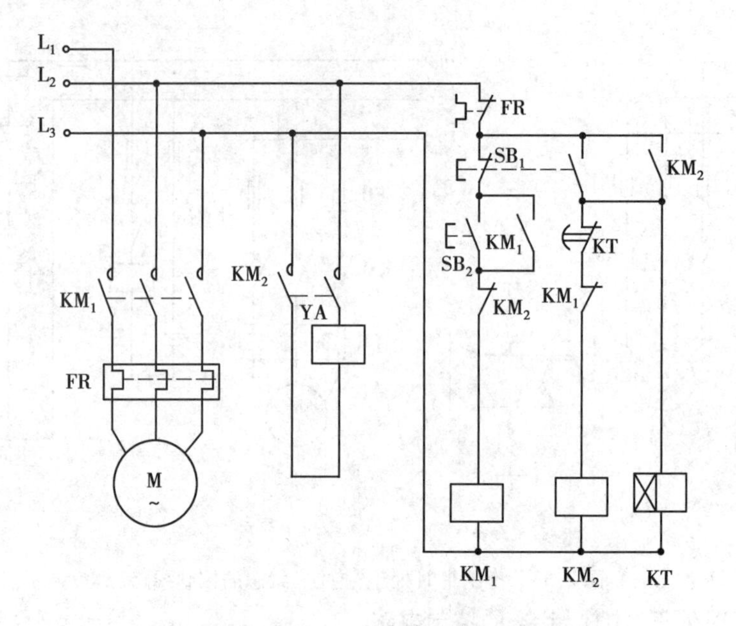

图 2.34　抱闸平时处于“松开”状态的控制线路

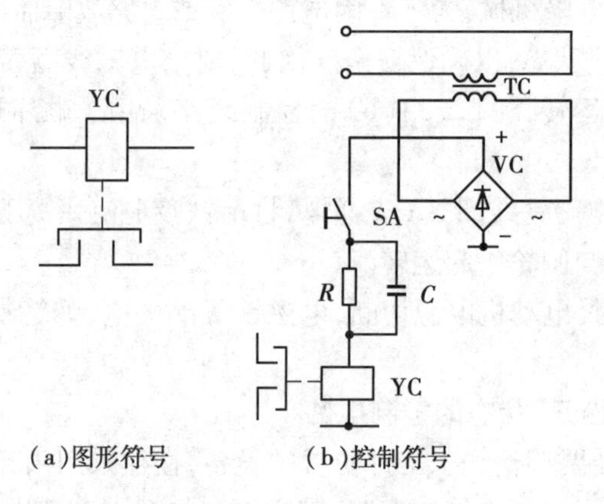

(a)图形符号　　　　(b)控制符号

图 2.35　励磁线圈直流供电线路

使从动轴脱离主动轴并压紧在机床身上,迅速制动,图 2.35 是励磁线圈直流供电电路,图中电容 C 起加速吸合作用。电路初通时,电压突变,电容相当于短路,电源电压几乎全加在线圈上,加大了电磁吸力,加速吸合。

由于电磁离合器传递转矩大,体积小,制动方便,较平稳迅速,易于安装在机床内部,因此机床上经常采用。有 DLM0、DLM2、DLM3 等系列。

2.5.3　能耗制动控制线路

能耗制动就是在电动机脱离三相交流电源之后,定子绕组上加一个直流电压(即通入直流电流),利用转子感应电流与静止磁场的作用,以达到制动的目的。根据能耗制动时间控制原则,可用时间继电器进行控制,也可以根据能耗制动速度原则,用速度继电器进行控制。下面分别用单向能耗制动和正反向能耗制动控制线路为例来说明。

(1)单向能耗制动控制线路

图 2.36 为时间原则控制的单向能耗制动控制线路。在电动机正常运行时,若按下停止按

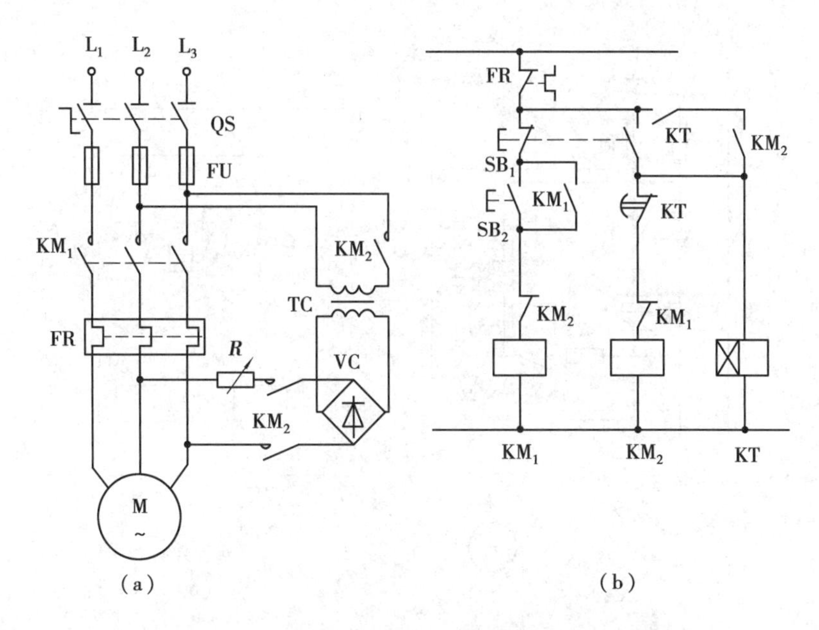

图2.36　时间原则控制的单向能耗制动控制线路

钮 SB_1，电动机由于 KM_1 断电释放而脱离三相交流电源，而直流电源则由于接触器 KM_2 线圈通电 KM_2 主触头闭合而加入定子绕组，时间继电器 KT 线圈与 KM_2 线圈同时通电并自锁，于是，电动机进入能耗制动状态。当其转子的惯性速度接近于零时，时间继电器延时打开的常闭触头断开接触器 KM_2 线圈电路。由于 KM_2 常开辅助触头的复位，时间继电器 KT 线圈的电源也被断开，电动机能耗制动结束。图中 KT 的瞬时常开触头的作用是考虑 KT 线圈断线或机械卡住故障时，电动机在按下按钮 SB_1 后电动机能迅速制动，两相的定子绕组不致长期接入能耗制动的直流电流。该线路具有手动控制能耗制动的能力，只要使停止按钮 SB_1 处于按下的状态，电动机就能实现能耗制动。

图2.37为速度原则控制的单向能耗制动控制线路。该线路与图2.36控制线路基本相同，这里仅是控制电路中取消了时间继电器 KT 的线圈及其触头电路，而在电动机轴伸端安装了速度继电器 KS，并且用 KS 的常开触头取代了 KT 延时打开的常闭触头。这样，该线路中的电动机在刚刚脱离三相交流电源时，由于电动机转子的惯性速度仍然很高，速度继电器 KS 的常开触头仍然处于闭合状态，因此接触器 KM_2 线圈能够依靠 SB_1 按钮的按下通电自锁。于是，两相定子绕组获得直流电源，电动机进入能耗制动。当电动机转子的惯性速度接近零时，KS 常开触头复位，接触器 KM_2 线圈断电而释放，能耗制动结束。

能耗制动作用的强弱与通入直流电流的大小和电动机转速有关。在同样的转速下，直流电流越大，制动作用越强，一般直流电流为电动机空载电流的3～4倍。

(2)电动机可逆运行能耗制动控制线路

图2.38为电动机按时间原则控制可逆运行的能耗制动控制线路。在其正常的正向运转过程中，需要停止时，可按下停止按钮，KM_1 断电，KM_3 和 KT 线圈通电并自锁，KM_3 的常闭触头断开起着锁住电动机启动电路的作用；KM_3 常开主触头闭合，使直流电压加至定子绕组，电动机进行正向能耗制动。电动机正向转速迅速下降，当其接近零时，时间继电器延时打开的常闭触头 KT 断开接触器 KM_3 线圈电源。由于 KM_3 常开辅助触头的复位，时间继电器 KT 线圈

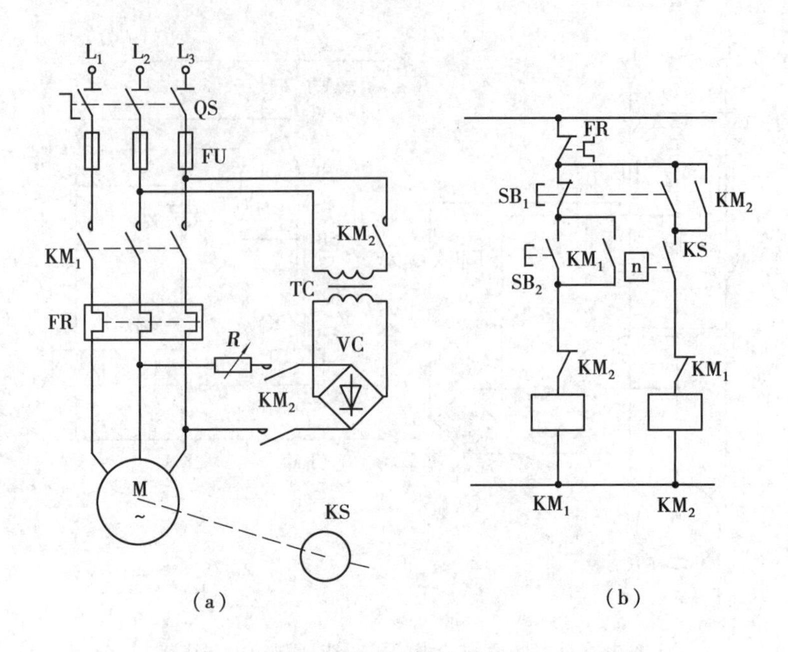

图 2.37　速度原则控制的单向能耗制动控制线路

也随之失电,电动机正向能耗制动结束。反向启动与反向能耗制动其过程与上述正向运行情况相同。

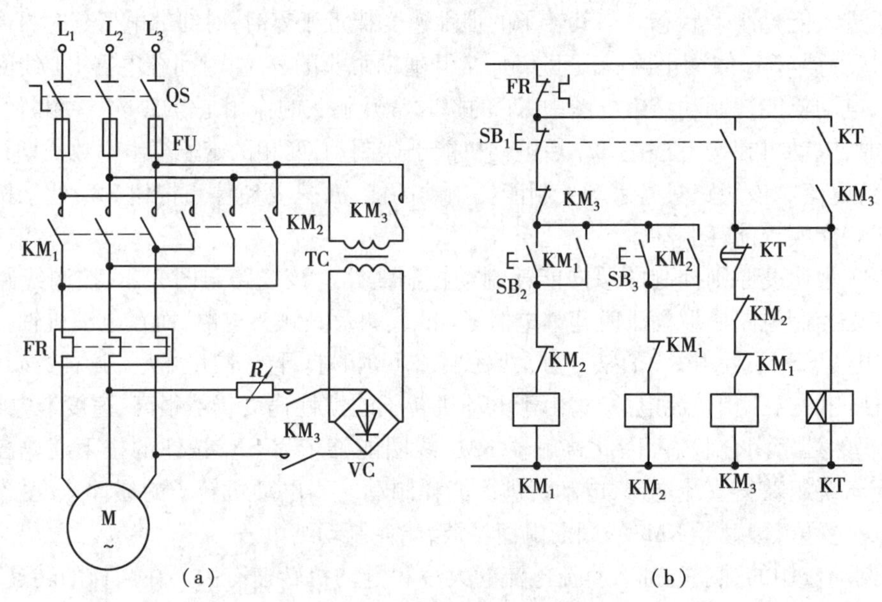

图 2.38　按时间原则控制可逆运行的能耗制动控制线路

电动机可逆运行能耗制动也可以采用速度原则,用速度继电器取代时间继电器,同样能达到制动目的。该线路读者可自行设计分析,这里不再详细介绍。

按时间原则控制的能耗制动,一般适用于负载转速比较稳定的生产机械上。对于那些能够通过传动系统来实现负载速度变换或者加工零件经常更动的生产机械,采用速度原则控制的能耗制动则较为合适。

(3)无变压器单管能耗制动控制线路

前面介绍的能耗制动均为带变压器的单向桥式整流电路,其制动效果较好。对于功率较大的电动机应采用三相整流电路,但所需设备多,成本高。对于10 kW以下电动机,在制动要求不高时,可采用无变压器单管能耗控制线路,这样设备简单,体积小,成本低。图2.39为无变压器单管能耗制动的控制线路,其工作原理比较简单,读者可自行分析。

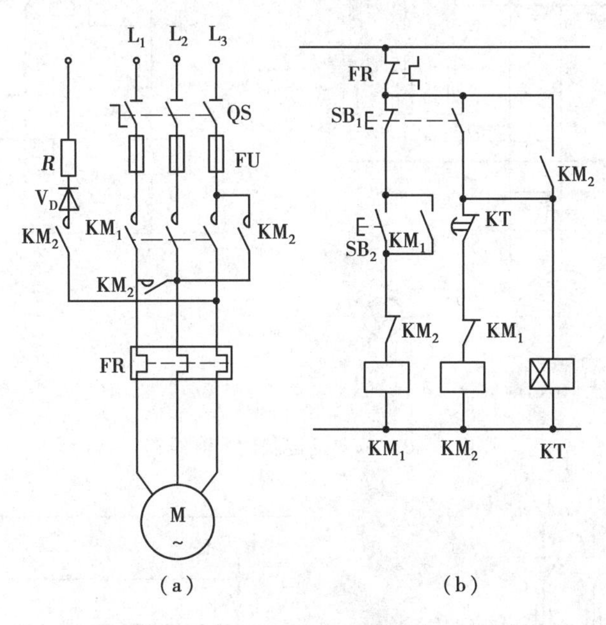

图2.39　无变压器单管能耗制动的控制线路

1)单向反接制动的控制线路

反接制动的关键在于电动机电源相序的改变,且当转速下降接近于零时,能自动将电源切除。为此,采用速度继电器来检测电动机的速度变化。在120~3 000 r/min范围内速度继电器触头动作,当转速低于100 r/min时,其触头恢复原位。

图2.40为单向反接制动的控制线路。启动时,按下启动按钮SB_2,接触器KM_1通电并自锁,电动机M通电启动。在电动机正常运转时,速度继电器KS的常开触头闭合,为反接制动做好准备,停车时,按下停止按钮SB_1,常闭触头断开,接触器KM_1线圈断电,电动机M脱离电源,由于此时电动机的惯性转速还很高,KS的常开触头依然处于闭合状态,所以,当SB_1常开触头闭合时,反接制动接触器KM_2线圈通电并自锁,其主触头闭合,使电动机定子绕组得到与正常运转相序相反的三相交流电源,电动机进入反接制动状态,转速迅速下降,当电动机转速接近于零时,速度继电器常开触头复位,接触器线圈电路被切断,反接制动结束。

2)电动机可逆运行的反接制动控制线路

图2.41为电动机可逆运行的反接制动的控制线路。在电动机依靠正转接触器KM_1闭合而得到正序三相交流电源开始运转时,速度继电器KS_1正转的常闭触头和常开触头均已动作,分别处于打开和闭合的状态。但是,由于反转接触器KM_2线圈电路起互锁作用的KM_1常闭辅助触头比正转的KS_1常开触头动作时间早,所以,正转的KS_1的常开触头仅仅起到使KM_2准备通电的作用,即并不可能使它立即通电。当按下停止按钮SB_1时,由于KM_1线圈断电,反向接触器KM_2线圈便通电,定子绕组得到反序的三相交流电源,进入正向反接制动状态。由

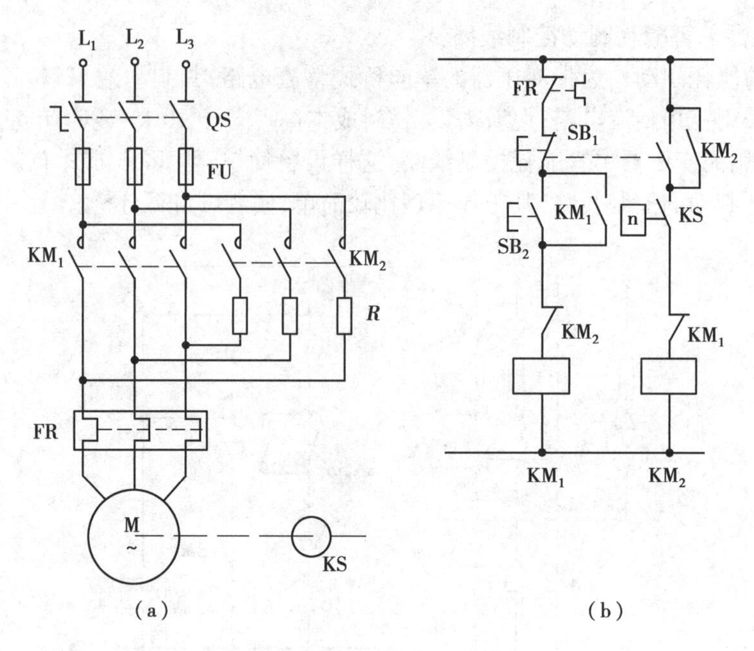

图 2.40　单向反接制动控制线路

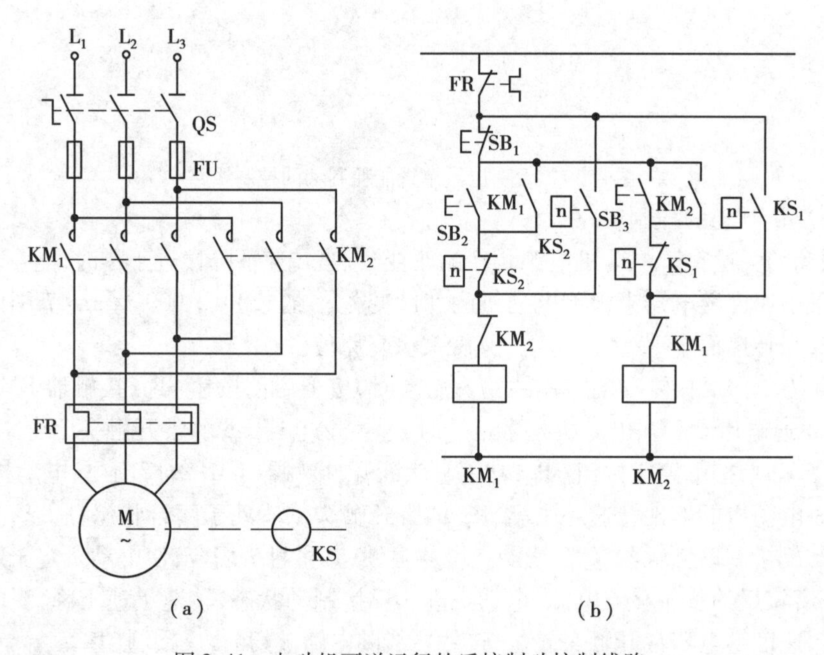

图 2.41　电动机可逆运行的反接制动控制线路

于速度继电器的常闭触头已打开，因此此时反向接触器 KM_2 线圈并不可能依靠自锁触头而锁住电源。当电动机转子惯性速度接近于零时，KS_1 的正转常闭触头和常开触头均恢复原来的常闭和常开状态，KM_2 线圈的电源被切断，正向反接制动过程便告结束。这种线路的缺点是主电路没有限流电阻，冲击电流大。

图 2.42 为具有反接制动电阻的正反向反接制动控制线路。图中电阻 R 是反接制动电阻，同时也具有限制启动电流的作用，该线路工作原理如下：合上电源开关 QS，按下正转启动按钮 SB_2，中间继电器 KA_3 线圈通电并自锁，其常闭触头打开，互锁中间继电器 KA_4 线圈电路，KA_3

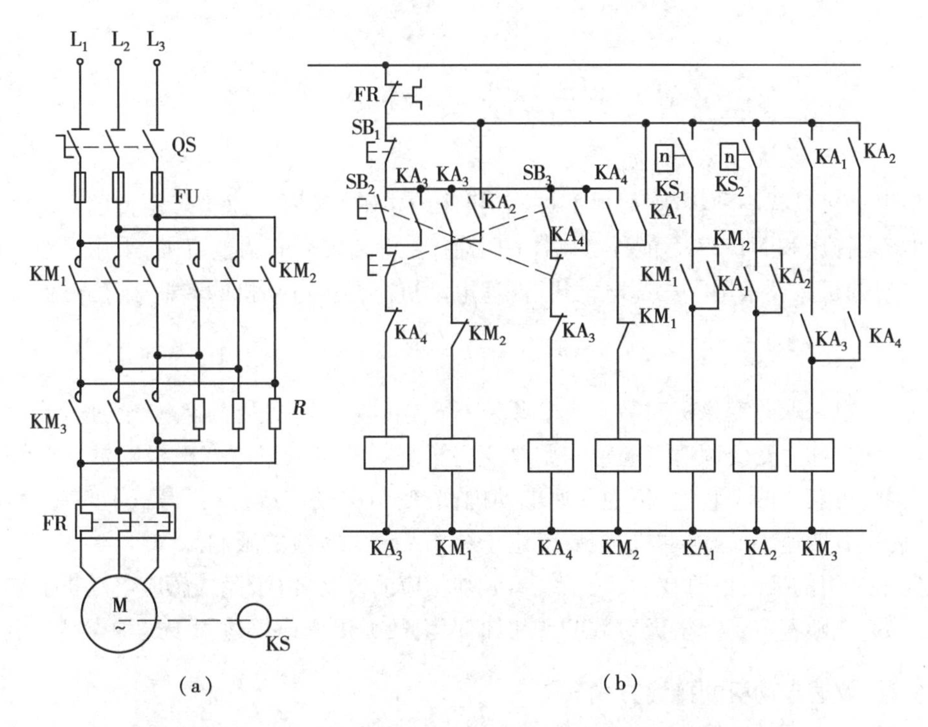

图2.42　具有反接制动电阻的正反向反接制动控制线路

常开触头闭合，使接触器 KM_1 线圈通电，KM_1 的主触头闭合，使定子绕组经电阻 R 接通正序三相电源，电动机开始减压启动，此时，虽然中间继电器 KA_1 线圈电路中 KM_1 常开辅助触头已闭合，但是 KA_1 线圈仍无法通电。因为速度继电器 KS 的正转常开点尚未闭合，当电动机转速上升到一定值时，KS 的正转常开触头闭合，中间继电器 KA_1 通电并自锁，这时由于 KA_1、KA_3 等中间继电器的常开触头均处于闭合状态，接触器 KM_3 线圈通电，于是，电阻 R 被短接，定子绕组直接加以额定电压，电动机转速上升到稳定的工作转速。在电动机正常运行的过程中，若是按下停止按钮 SB_1，则 KA_3、KM_1、KM_3 三只线圈断电。由于，此时电动机转子的惯性转速仍然很高，速度继电器 KS 的正转常开触头尚未复原，中间继电器 KA_1 仍处于工作状态，因此接触器 KM_1 常闭触头复位后，接触器 KM_2 线圈便通电，其常开主触头闭合，使定子绕组经电阻 R 获得反序的三相交流电源，对电动机进行反接制动。转子速度迅速下降，当其转速小于 100 r/min时，KS 的正转常开触头恢复断开状态，KA_1 线圈断电，接触器 KM_2 释放，反接制动过程结束。电动机反向启动和制动停车过程与正转时相同，故此处不再赘述。

能耗制动与反接制动的比较见表2.3。

表2.3　能耗制动与反接制动的比较

制动方式	能耗制动	反接制动
制动特点	制动平稳、准确，能量消耗小。制动力弱，制动转矩与转速成比例的减小，需直流电源	制动力强，效果显著。制动过程有冲击，易损坏运动部件，能量消耗大，不易停在准确位置
适用场合	要求制动平稳、准确的设备	不经常启动的设备

2.6 多速异步电动机控制线路

一般电动机只有一种转速,机械部件(如机床的主轴)是用减速箱来调整的。但在有些机床中,如T68镗床和M1432万能外圆磨床的主轴,要得到较宽的调整范围,采用了双速电动机来传动。有的机床还采用了三速电动机、四速电动机。异步电动机的转速表达式为:

$$n = n_0(1-s) = \frac{60f}{p}(1-s) \tag{2.3}$$

可见,可以采取改变磁极对数 p 或电源频率 f 或转差率 s 来进行调整。多速异步电动机是改变 p 调速的,称为变极调速。通常采用改变定子绕组的接法来改变磁极对数。若绕组改变一次极对数,可获得两个转速,称为双速电动机;改变两次极对数,可获得三个转速,称为三速电动机;同理有四速、五速电动机,但要受定子结构及绕组接线的限制。

当定子绕组的极对数改变后,转子绕组必须相应的改变,由于笼式感应电动机的转子无固定的极对数,能随着定子绕组极对数的变化而变化,故变极调速仅适用于这种类型的电动机。

2.6.1 双速电动机的接线方式

每相绕组可以串联或并联,对于三相绕组,还可连接成星型或三角形,这样接线的方式就多了。双速电动机常用的接线方式有△/YY和Y/YY两种。

(1) △/YY 连接

图2.43为4/2极双速异步电动机定子绕组△/YY接线示意图。

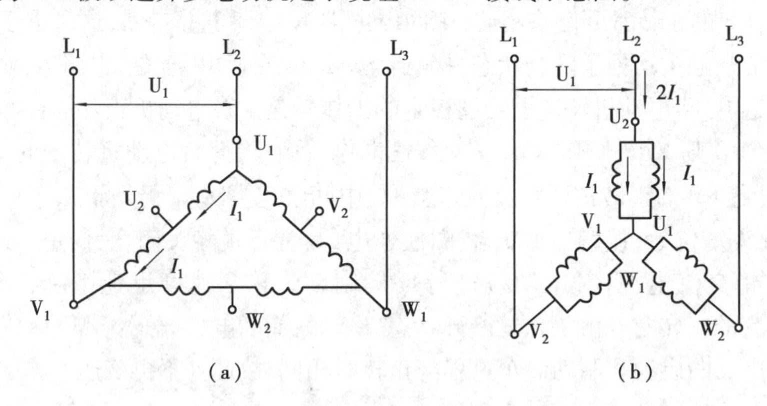

图2.43 4/2极双速电动机△/YY接线图

图2.43(a)将绕组的 U_1、V_1、W_1 三个端钮接三相电源,将 U_2、V_2、W_2 三个端钮悬空,三相定子绕组接成三角形。这时每相两个半绕组串联,电动机以四极运行为低速。

图2.43(b)将 U_2、V_2、W_2 三个端钮接三相电源,U_1、V_1、W_1 连成一点,三相定子绕组接成双星形。这时,每相两个半绕组并联,电动机以两极运行为高速。

(2) Y/YY 连接

图2.44为4/2极双速电动机定子绕组Y/YY连接示意图。

图2.44(a)将绕组的 U_1、V_1、W_1 三个端钮接三相电源,将 U_2、V_2、W_2 三个端钮悬空,三相

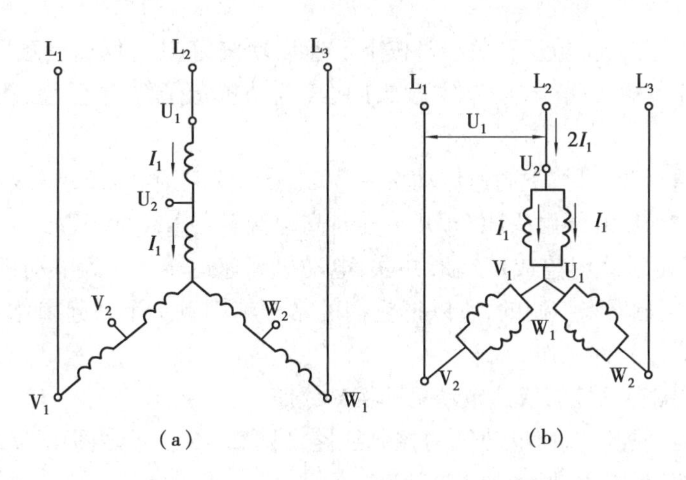

图2.44　4/2极双速电动机Y/YY接线图

定子绕组接成星形。这时,每相两个半绕组串联,电动机以四极运行为低速。

图2.44(b)将 U_2、V_2、W_2 三个端钮接三相电源,U_1、V_1、W_1 连成一点,三相定子绕组接成双星形。这时,每相两个半绕组并联,电动机以两极运行为高速。

由于△/YY连接,虽转速提高一倍,但功率提高不多,属恒功率调速(调速时,电动机输出功率不变),适用于金属切削机床;Y/YY连接,属恒转矩调速(调速时,电动机输出转速不变),适用于起重机、电梯、皮带运输机等。

2.6.2　△/YY连接双速电动机控制线路

(1)接触器控制双速电动机控制线路

用按钮和接触器控制双速电动机的控制线路如图2.45所示。图(a)为主电路,KM_1 为低速接触器,KM_2、KM_3 为高速接触器。KM_1 动作,绕组接成三角形为低速;KM_2、KM_3 动作,绕组接成双星形为高速。

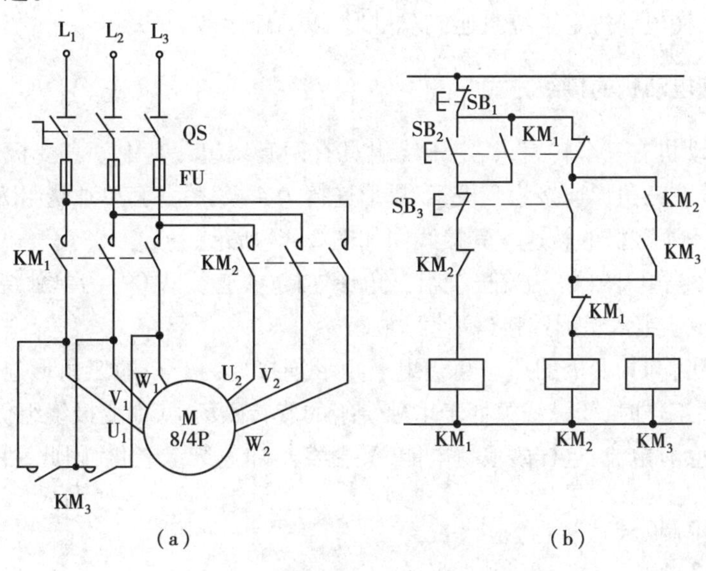

图2.45　接触器控制双速电动机控制线路

工作原理如下：先合上电源开关 QS，按下低速启动按钮 SB_2，低速接触器 KM_1 线圈获电，互锁触头断开，自锁触头闭合，KM_1 主触头闭合，电动机定子绕组连成三角形，电动机低速运转。

如需换为高速运转，可按下高速启动按钮 SB_3，于是低速接触器 KM_1 线圈断电释放，主触头断开，自锁触头断开，互锁触头闭合，几乎同时高速接触器 KM_2 和 KM_3 线圈获电动作，主触头闭合，使电动机定子绕组连成双星形并联，电动机高速运转。因为电动机的高速运转是由 KM_2 和 KM_3 两个接触器来控制的，所以把它们的常开辅助触头串联起来作为自锁，只有当两个接触器都吸合时才允许工作。

(2)时间继电器自动控制双速电动机的控制线路

时间继电器自动控制双速电动机的控制线路如图 2.46 所示。图中 SA 是具有三个接点的旋钮开关。该线路的工作原理如下：

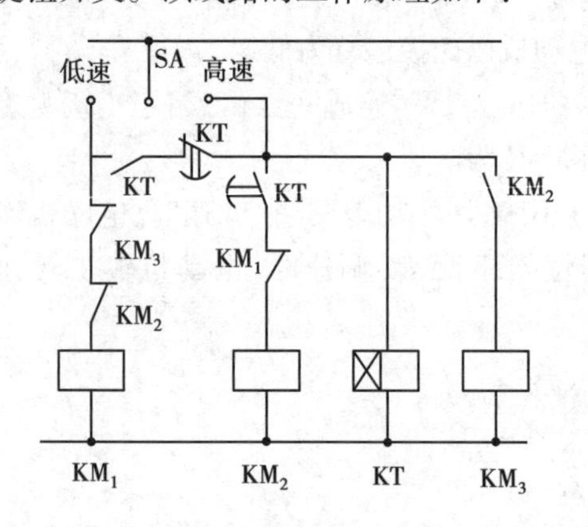

图 2.46 时间继电器自动控制双速电动机的控制线路

当开关 SA 扳到中间位置时，电动机处于停止。如把 SA 扳到标有“低速”的位置时，接触器 KM_1 线圈获电动作，电动机定子绕组的三个出线端 U_1、V_1、W_1 与电源相连接，电动机定子绕组连成三角形，以低速运转。

如把 SA 扳到标有“高速”的位置时，时间继电器 KT 线圈首先获电动作，它的常开瞬动触头 KT 瞬时闭合，接触器 KM_1 线圈获电动作，使电动机定子绕组连接成三角形，首先以低速启动。经过一定的整定时间，时间继电器 KT 的常闭触头延时断开，接触器 KM_1 线圈断电释放，时间继电器 KT 的延时常开触头延时闭合，接触器 KM_2 线圈获电动作，紧接着 KM_3 接触器线圈也获电动作，使电动机定子绕组连成双星形，以高速运转。

2.6.3 三速电动机的接线方式

三速异步电动机有三个转速，其定子绕组具有两套绕组。其中一套变极绕组通过△/YY 连接变更极数，设在三角形连接为 8 极，双星形连接为 4 极；另一套单独绕组为 6 极，这样电动机就有了 8、6、4 三个磁极的转速。其接线图如图 2.47 所示。

图(a)为二套绕组，图(b)为变极绕组三角形连接(低速)，图(c)为单独绕组星形连接(中速)，图(d)为变极绕组双星形连接(高速)。

当单独绕组工作时，变极的那一套绕组三角形连接变为开口的三角形连接。如图(a)所示，因为单独绕组工作时，变极绕组处于单独绕组的旋转磁场中，如变极绕组仍为三角形连接，则其绕组中肯定会有电流，这样既浪费电能，又会发热加速绝缘老化，因此，变为开口三角形，以防止环流产生。

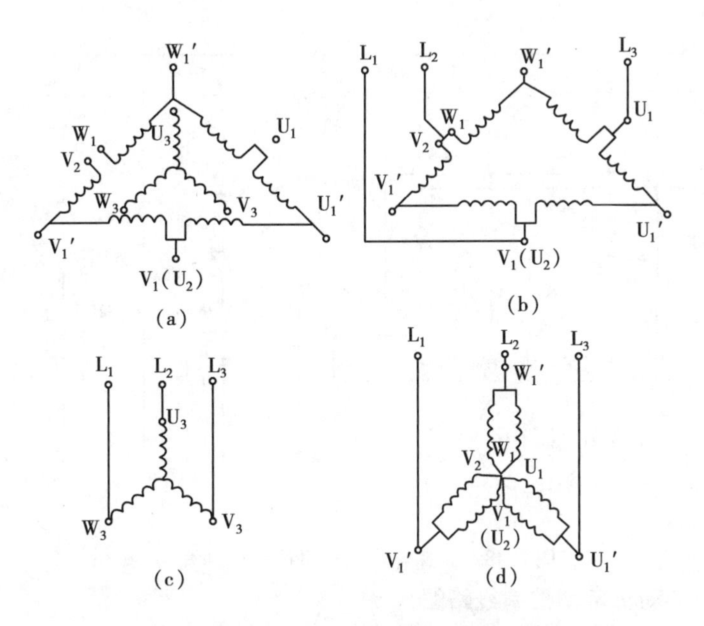

图2.47　三速异步电动机定子绕组接线图

2.6.4　三速异步电动机控制线路

(1)三速异步电动机按钮控制线路

图2.48所示为三速异步电动机按钮控制线路。由三个按钮 SB_2、SB_3、SB_4 分别控制电动机的低速、中速和高速。由于没有采用按钮互锁，在换速时，要先按停止按钮 SB_1，再按相应的按钮。

由主电路可知，若 KM_1、KM_2 接触器得电，而 KM_3、KM_4 和 KM_5 失电，则变极绕组为三角形连接，单独绕组不通电，电动机低速运转，若只有 KM_3 得电，单独绕组星形连接（U_1'、V_1'、W_1' 接电源），其他接触器均失电，变极绕组为开口三角形，电动机中速运转，若 KM_4 和 KM_5 得电，KM_1、KM_2、KM_3 失电，变极绕组双星形连接，电动机高速运转。

下面用逻辑代数法说明控制电路工作原理：

$$KM_{1线圈}=KM_{2线圈}=QS\cdot\overline{SB_1}\cdot(SB_2+KM_1\cdot KM_2)\cdot\overline{KM_3}\cdot\overline{KM_4}\cdot\overline{KM_5}$$

$$KM_{3线圈}=QS\cdot\overline{SB_1}(SB_3+KM_3)\cdot\overline{KM_1}\cdot\overline{KM_2}\cdot\overline{KM_5}\cdot\overline{KM_4}$$

$$KM_{4线圈}=KM_{5线圈}=QS\cdot\overline{SB_1}\cdot(SB_4+KM_4\cdot KM_5)\cdot\overline{KM_1}\cdot\overline{KM_2}\cdot\overline{KM_3}$$

$$HL_1=KM_1\cdot KM_2$$

$$HL_2=KM_3$$

$$HL_3=KM_4\cdot KM_5$$

由以上表达式可看出，当按下 SB_2（$SB_2=1$），使 $KM_{1线圈}=KM_{2线圈}=1$（即线圈得电）。$HL_1=1$（灯亮）表示低速运转。而这个电路受 KM_3、KM_4、KM_5 三个接触器的常闭触头进行互锁。当按下 SB_1（$\overline{SB_1}=0$），则 KM_1 和 KM_2 线圈均为“0”（即失电），撤除低速，灯 $HL_1=0$（灯灭）。其他读者可自行分析。

由双速和三速异步电动机定子绕组接线情况可知，四极异步电动机的定子绕组由两套极数不同的变极绕组组成。为了防止环流，应接成开口三角形，并对应的有四速控制电路。

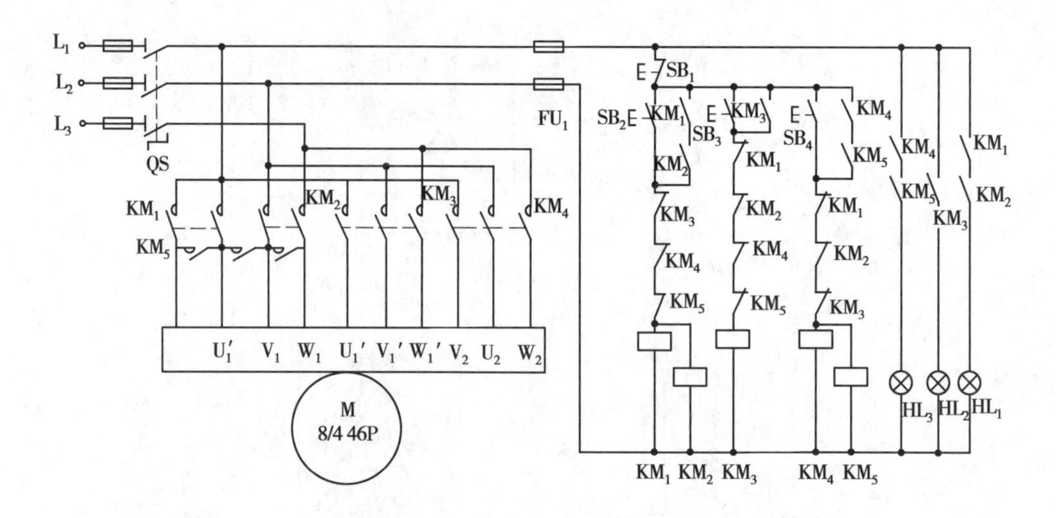

图 2.48　三速异步电动机按钮控制线路

(2)三速异步电动机自动控制线路图

图 2.49 所示为三速异步电动机自动控制线路。其线路工作原理如下：

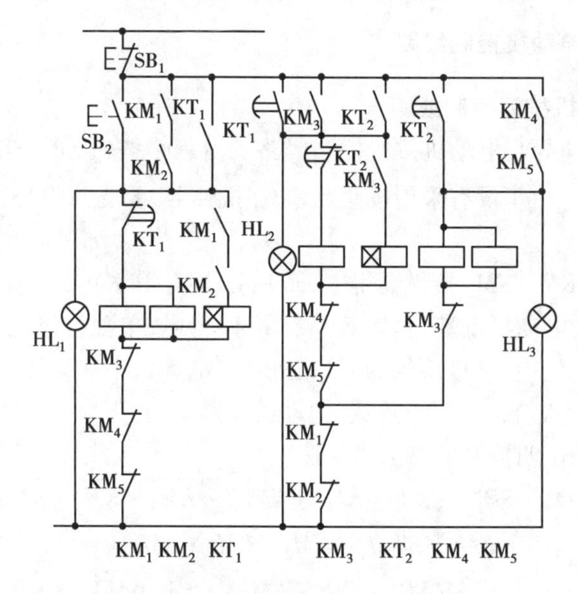

图 2.49　三速异步电动机自动控制线路

合上电源隔离开关 QS，按下启动按钮 SB_2，接触器 KM_1、KM_2 得电吸合，电动机定子第一套绕组的 U_1、U_1'、V_1、W_1 端子接向电源连成三角形，呈 8 极，电动机低速启动，同时，时间继电器 KT_1 得电。经一定延时，KT_1 的常闭触点延时断开 KM_1、KM_2 线圈电路，KM_1、KM_2 复位，使 U_1、U_1'、V_1、W_1 脱离电源。

同时，KT_1 的常开触点延时闭合，使接触器 KM_3 和时间继电器 KT_2 相继得电，电动机定子第二套绕组 U_1'、V_1'、W_1'端子接相电源，连成星形，呈 6 极，电动机加速运转。经一定延时，KT_2 的常闭触点延时断开 KM_3 线圈电路，KM_3 释放，使 U_1'、V_1'、W_1'端子脱离电源。

同时，KT_2 的常开触点延时闭合，使接触器 KM_4、KM_5 得电并自锁，电动机定子第一套绕组

的 U_2、V_2、W_2 端子接向电源，U_1、U_1'、V_1、W_1 端短接，连成双星形，呈4极，电动机加速至最高速稳定运行。

欲要停车，按停止按钮 SB_1 即可。

思 考 题

2.1　什么是电气图中的图形符号和文字符号？它们各由什么要素或符号组成？

2.2　什么是电气原理图、电气安装图和电气互连图？它们各起什么作用？

2.3　什么是失压、欠压保护？哪些电器可以实现欠压和失压保护？

2.4　点动和长动有什么不同？各应用在什么场合？同一电路如何实现既有点动又有长动的控制？

2.5　在可逆运转（正反转）控制线路中，为什么采用了按钮的机械互锁还要采用电气互锁？

2.6　试设计某控制装置在两个行程开关 SQ_1 和 SQ_2 区域内自动往返循环控制电路。

2.7　有两台电动机 M_1 和 M_2，要求：

①M_1 先启动，经过时间10 s后，才能用按钮启动电动机 M_2。

②电动机 M_2 启动后，M_1 立即停转。试设计控制电路图。

2.8　画出两台三相交流异步电动机的顺序控制线路。要求其中一台电动机 M_1 启动5 s后，另一台电动机 M_2 可自行启动；但 M_1 如果停止，则 M_2 一定停止。

2.9　设计一控制线路，按下启动按钮后，KM_1 线圈通电吸合，经5 s后，KM_2 线圈通电，再经8 s后，KM_2 线圈失电，同时 KM_3 线圈通电，再经3 s后，KM_1 和 KM_3 均失电。

2.10　设计一控制线路，要求第一台电动机启动3 s后，第二台电动机才能自行启动，运行8 s后，第一台电动机停转，同时使第三台电动机自行启动；第三台电动机启动5 s后，电动机全部断电。

2.11　三相鼠笼式异步电动机的降压启动有哪几种方法？各种方法分别适用于什么场合？

2.12　电动机在什么情况下应采取减压启动方法？如一笼式异步电动机定子绕组为星形接法，能否采用Y-△启动方法？为什么？

2.13　题13图所示为电厂常用的闪光电源控制电路。当发生故障时，事故继电器KA的常开触点闭合，试分析图中信号灯HL发出闪光信号的工作原理。

2.14　如题14图所示为异步电动机进行Y-△降压启动的控制线路，试分析其工作原理。

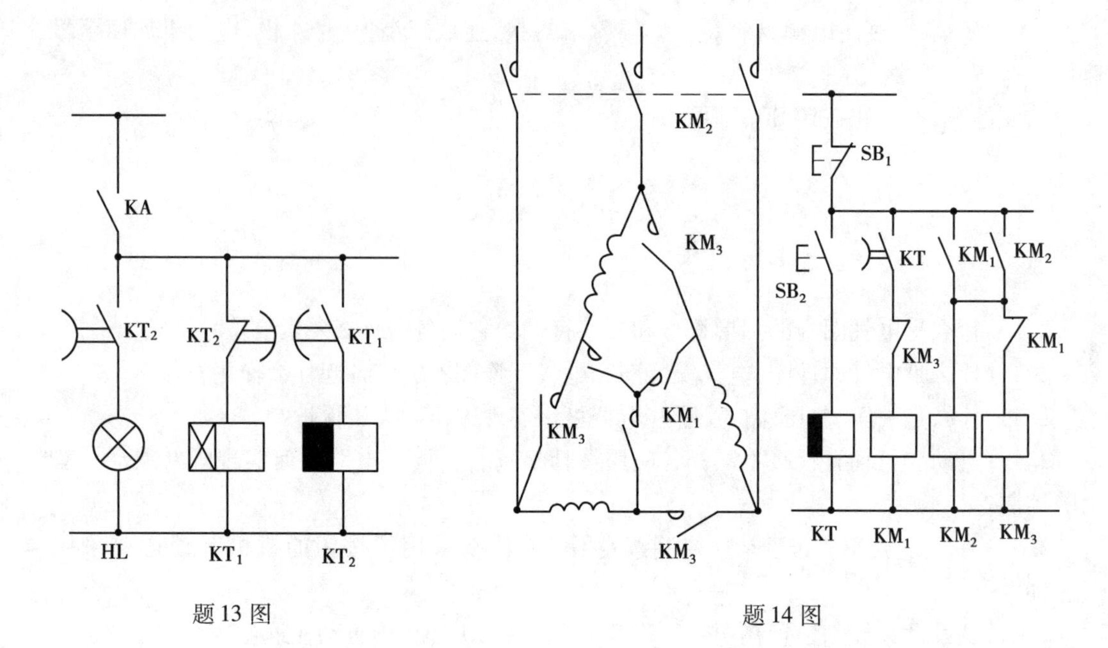
KA
KT_2
KT_2
KT_1
HL
KT_1
KT_2
KM_2
KM_3
KM_1
KM_3
KM_3
SB_1
SB_2
KT
KM_1
KM_2
KM_3
KM_1
KT
KM_1
KM_2
KM_3

题 13 图

题 14 图

第3章 常用机床控制线路

通常生产机械的运转是由电动机、控制电器、保护电器与生产机械的传动装置组成。电动机在按照生产机械的要求运转时,需要一定的电气装置组成控制电路。由于生产机械的动作各有不同,它所要求的控制电路也不一样,但各种复杂的控制电路也都是由一些基本控制环节组成的。

在前面的章节中,已经介绍了常用低压电器和继电—接触器控制电路基本环节的知识。在此基础上,本章从常用机床的电气控制入手,对生产机械的电器控制进行分析和研究,学会阅读、分析生产机械电气控制线路的方法;加深对典型控制环节的理解和应用;了解机床的机械、液压、电气三者的紧密配合。从机床加工工艺出发,掌握各种典型机床的电气控制,为机床及其他生产机械电气控制的设计、安装、调试、运行等打下一定基础。

本章以几种典型机床的电气控制为例,详细介绍机床的基本结构、运动情况和电气控制的工作原理。在学习与分析机床电气控制电路时,应首先对机床的基本结构、运动情况、加工工艺要求等应有一定的了解,做到了解控制对象,明确控制要求。了解机械操作手柄与电器开关元件的关系;了解机床在开动前后各电器开关元件触点状态的变化情况;了解机床液压系统与电气控制的关系等。分析时,将整个控制电路按功能不同分成若干局部控制电路,逐一分析。应注意各局部电路之间的连锁与互锁关系,然后再统观整个电路,形成一个整体观念。归纳总结出生产机械电气控制规律,达到举一反三的目的。

下面以几台典型机床控制电路为例,详细分析其电路控制的原理。

3.1 磨床控制线路

磨床是用砂轮的周边或端面进行机械加工的精密机床。磨床的种类较多,按其工作性质可分为外圆磨床、内圆磨床、平面磨床、工具磨床以及一些专用磨床(如螺纹磨床、齿轮磨床、球面磨床、花键磨床、导轨磨床与无心磨床等),其中尤以平面磨床应用最为普遍。

平面磨床是用砂轮磨削加工各种零件的平面。M7120 型平面磨床是平面磨床中使用较为普遍的一种,它的磨削精度和光洁度都比较高,操作方便,适用磨削精密零件和各种工具,并可作镜面磨削。

平面磨床可分为几种基本类型:立轴矩台平面磨床,卧轴矩台平面磨床、立轴圆台平面磨床、卧轴圆台平面磨床。现以 M7120 型卧轴矩台平面磨床的电气控制为例进行分析。

机床型号:M7120

型号意义:M 代表磨床类;7 代表平面磨床组;1 代表卧轴矩台式;20 代表工作台的工作面宽 200 mm。

3.1.1　磨床的主要结构和运动形式

(1) M7120 型平面磨床的主要结构

M7120 型平面磨床由床身、工作台(包括电磁吸盘)、磨头、立柱、拖板、行程挡块、砂轮修正器、驱动工作台手轮、垂直进给手轮、横向进给手轮等部件组成,如图 3.1 所示。

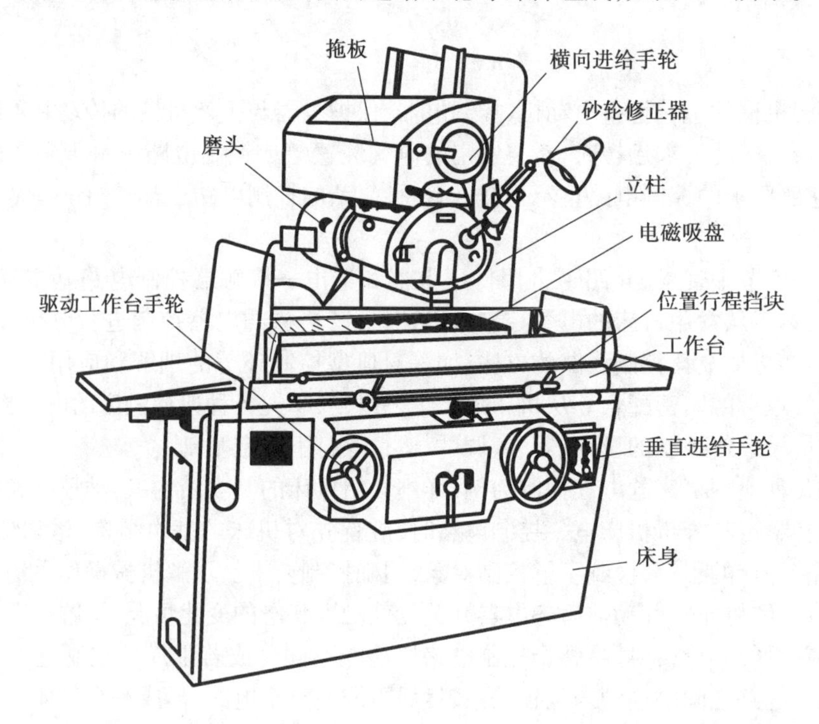

图 3.1　M7120 型平面磨床

(2) M7120 型平面磨床的运动形式

M7120 型平面磨床共有四台电动机。砂轮电动机是主运动电动机,它直接带动砂轮旋转,对工件进行磨削加工;砂轮升降电动机使拖板(磨头安装在拖板上)沿立柱导轨上下移动,用以调整砂轮位置;液压泵电动机驱动液压泵进行液压传动,用来带动工作台和砂轮的往复运动。由于液压传动较平稳,换向时惯性小,所以换向平稳、无振动,并能实现无级调速,从而保证加工精度;冷却泵电动机带动冷却泵供给砂轮对工件加工时所需的冷却液,同时利用冷却液带走磨下的铁屑。

3.1.2　磨床对电气线路的主要要求

(1) 主电路

磨床对砂轮电动机、液压泵电动机和冷却液泵电动机只要求单向运转,而对砂轮升降电动机要求能双向运转。

(2) 控制电路

①为了保证安全生产,电磁吸盘与液压泵、砂轮、冷却泵三台电动机间应有电气连锁装置,

当电磁吸盘不工作或发生故障时,三台电动机均不能启动。

②冷却液泵电动机只有在砂轮电动机工作时才能够启动,并且工作状态可选。

③电磁吸盘要求有充磁和退磁功能。

④指示电路应能正确显示电源和液压泵、砂轮、砂轮升降三台电动机以及电磁吸盘的工作情况。

⑤电路应设有必要的短路保护、过载保护和电气连锁保护。

⑥电路应设有局部照明装置。

3.1.3　电气控制线路分析

M7120 型平面磨床的电气控制线路如图 3.2 所示。图中分为主电路、控制电路、电磁工作台控制电路及照明与指示灯电路四部分。

(1)主电路

主电路共有四台电动机,其中 M_1 是液压泵电动机,它驱动液压泵进行液压传动,实现工作台和砂轮的往复运动;M_2 是砂轮电动机,它带动砂轮转动来完成磨削加工工件;M_3 是冷却泵电动机,它供给砂轮对工件加工时所需的冷却液;它们分别用接触器 KM_1、KM_2 控制。冷却泵电动机 M_3 只有在砂轮电机 M_2 运转后才能运转。M_4 是砂轮升降电动机,它用于磨削过程中调整砂轮与工件之间的位置。M_1、M_2、M_3 是长期工作的,所以电路都设有过载保护。M_4 是短期工作的,电路不设过载保护。四台电动机共用一组熔断器 FU_1 做短路保护。

(2)控制线路

1)液压泵电动机 M_1 的控制

合上电源开关 QS,如果整流电源输出直流电压正常,则在图区 17 上的欠压继电器 KV 线圈通电吸合,使图区 7(2-3)上的常开触点闭合,为启动液压电动机 M_1 和砂轮电动机 M_2 做好准备。如果 KV 不能可靠动作,则液压电动机 M_1 和砂轮电动机 M_2 均无法启动。因为平面磨床的工件是靠直流电磁吸盘的吸力将工件吸牢在工作台上,只有具备可靠的直流电压后,才允许启动砂轮和液压系统,以保证安全。

当 KV 吸合后,按下启动按钮 SB_3,接触器 KM_1 线圈通电吸合并自锁,液压泵电动机 M_1 启动运转,HL_2 指示灯亮。若按下停止按钮 SB_2,接触器 KM_1 线圈断电释放,电动机 M_1 断电停转,HL_2 指示灯熄灭。

2)砂轮电动机 M_2 及冷却液泵电动机 M_3 的控制

电动机 M_2 及 M_3 也必须在 KV 通电吸合后才能启动。按启动按钮 SB_5,接触器 KM_2 线圈通电吸合,砂轮电动机 M_2 启动运转。由于冷却泵电动机 M_3 通过接插器 X_1 和 M_2 联动控制,所以 M_2 和 M_3 同时启动运转。当不需要冷却时,可将插头 XP_1 拉出。按下停止按钮 SB_4 时,接触器 KM_2 线圈断电释放,M_2 与 M_3 同时断电停转。

两台电动机的过载保护热继电器 FR_2 和 FR_3 的常闭触头都串联在 KM_2 电路上,只要有一台电动机过载,就使接触器 KM_2 失电。因冷却液循环使用,经常混有污垢杂质,很容易引起冷却液泵电动机 M_3 过载,故用热继电器 FR_3 进行过载保护。

3)砂轮升降电动机 M_4 的控制

砂轮升降电动机只有在调整工件和砂轮之间位置时使用。

当按下点动按钮 SB_6,接触器 KM_3 线圈获电吸合,电动机 M_4 启动正转,砂轮上升。达到

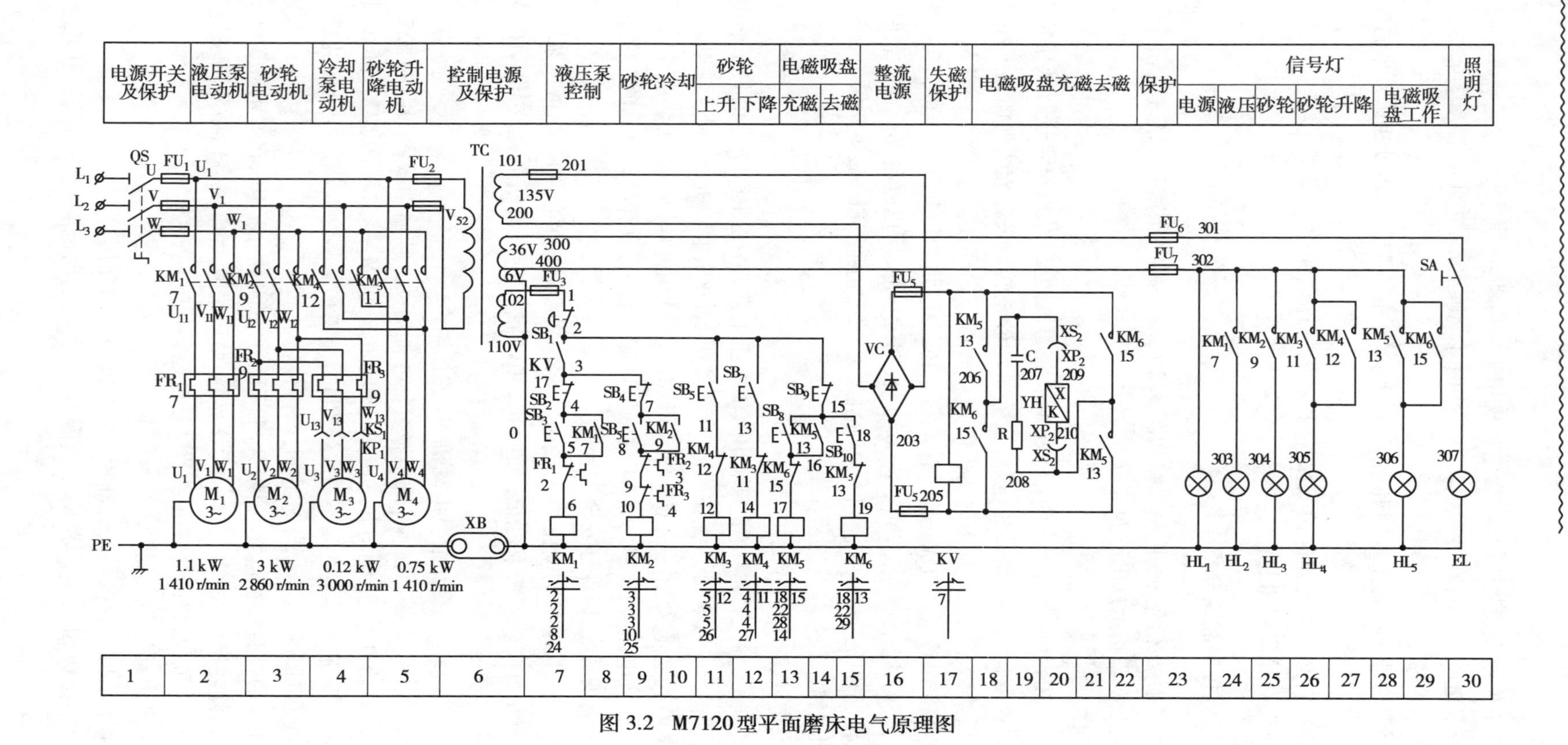

图 3.2 M7120型平面磨床电气原理图

所需位置时，松开 SB_6，接触器 KM_3 线圈断电释放，电动机 M_4 停转，砂轮停止上升。

当按下点动按钮 SB_7，接触器 KM_4 线圈获电吸合，电动机 M_4 启动反转，砂轮下降，当达到所需位置时，松开 SB_7、KM_4 断电释放，电动机 M_4 停转，砂轮停止下降。

为了防止电动机 M_4 正反转线路同时接通，故在对方线路中串入接触器 KM_4 和 KM_3 的常闭触头进行连锁控制。

4）电磁工作台控制电路分析

电磁工作台又称电磁吸盘，它是固定加工工件的一种夹具。利用通电导体在铁芯中产生的磁场吸牢铁磁材料的工件，以便加工。它与机械夹具比较，具有夹紧迅速，不损伤工件，一次能吸牢若干个小工件，以及工件发热可以自由伸缩等优点，因而电磁吸盘在平面磨床上用得十分广泛。电磁吸盘结构如图3.3所示。其外壳是钢制箱体，中部的芯体上绕有线圈，吸盘的盖板用钢板制成，钢制盖板用非磁性材料（如铅锡合金）隔离成若干小块。当线圈通上直流电以后，电磁吸盘的芯体被磁化，产生磁场，磁通便以芯体和工件做回路，工件被牢牢吸住。

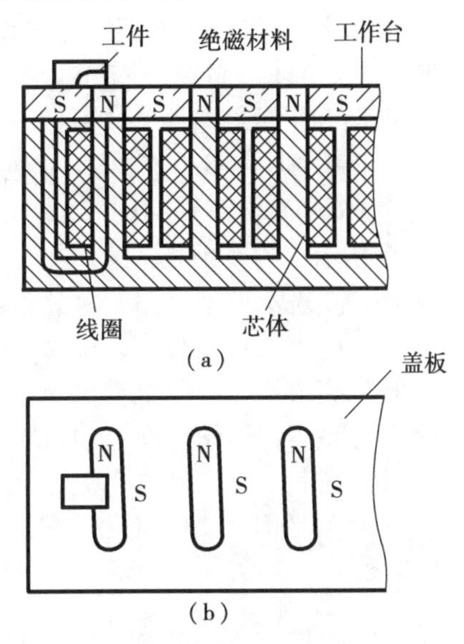

图3.3　电磁吸盘结构

电磁吸盘的控制电路包括三个部分：整流装置、控制装置和保护装置。

①整流装置　整流装置由变压器 TC 和单相桥式全波整流器 VC 组成，供给 110 V 直流电源。

②控制装置　控制装置由按钮 SB_8、SB_9、SB_{10} 和接触器 KM_5、KM_6 等组成。

电磁工作台充磁和去磁过程如下：

A. 充磁过程：当电磁工作台上放上铁磁材料的工件后，按下充磁按钮 SB_8，接触器 KM_5 线圈获电吸合，接触器 KM_5 的两副主触头区 18（204-206）、区 21（205-208）闭合，同时其自锁触头区 14（15-16）闭合，连锁触头区 15（18-19）断开，电磁吸盘 YH 通入直流电流进行充磁将工件吸牢，然后进行磨削加工。磨削加工完毕后，在取下加工好的工件时，先按下按钮 SB_9，接触器 KM_5 断电释放，切断电磁吸盘 YH 的直流电源，电磁吸盘断电，由于吸盘和工件都有剩磁，要取下工件，需要对吸盘和工件进行去磁。

B. 去磁过程：按下点动按钮 SB_{10}，接触器 KM_6 线圈获电吸合，接触器 KM_6 的两副主触头区 18（205-206）、区 21（204-208）闭合，电磁吸盘 YH 通入反向直流电，使电磁吸盘和工件去磁。去磁时，为了防止电磁吸盘和工件反向磁化将工件再次吸住，仍取不下工件，所以要注意按点动按钮 SB_{10} 的时间不能过长，同时接触器 KM_6 采用点动控制方式。

③保护装置　保护装置由放电电阻 R 和电容 C 以及欠压继电器 KV 组成。

A. 电阻 R 和电容 C 的作用：电磁盘是一个大电感，在充磁吸工件时，存储有大量磁场能量。当它脱离电源时的一瞬间，电磁吸盘 YH 的两端产生较大的自感电动势，如果没有 RC 放电回路，电磁吸盘的线圈及其他电器的绝缘将有被击穿的危险，故用电阻和电容组成放电回路；利用电容 C 两端的电压不能突变的特点，使电磁吸盘线圈两端电压变化趋于缓慢；利用电阻 R 消耗电磁能量，如果参数选配得当，此时 RLC 电路可以组成一个衰减振荡电路，对去磁将是十分有利的。

B. 零压继电器 KV 的作用：在加工过程中，若电源电压过低使电磁吸盘 YH 吸力不足，则电磁吸盘将吸不牢工件，会导致工件被砂轮打出，造成严重事故。因此，在电路中设置了欠压继电器 KV，将其线圈并联在直流电源上，其常开触头区 7(2-3) 串联在液压泵电机和砂轮电机的控制电路中，若电压过低使电磁吸盘 YH 吸力不足而吸不牢工件，欠电压继电器 KV 立即释放，使液压泵电动机 M_1 和砂轮电动机 M_2 立即停转，以确保电路的安全。

5) 照明和指示灯电路

图 3.2 中 EL 为照明灯，其工作电压为 36 V，由变压器 TC 供给。SA 为照明开关。

HL_1、HL_2、HL_3、HL_4 和 HL_5 为指示灯，其工作电压为 6 V，也由变压器 TC 供给。

五个指示灯的作用是：

- HL_1 亮表示控制电路的电源正常；不亮，表示电源有故障。
- HL_2 亮表示液压泵电动机 M_1 处于运转状态，工作台正在进行往复运动；不亮，M_1 停转。
- HL_3 亮表示冷却泵电动机 M_3 及砂轮电动机 M_2 处于运行状态；不亮，表示 M_2、M_3 停转。
- HL_4 亮表示砂轮升降电动机 M_4 处于运行状态；不亮，表示 M_4 停转。
- HL_5 亮表示电磁吸盘 YH 处于工作状态（充磁或去磁）；不亮，表示电磁吸盘未工作。

M7120 型平面磨床电气元件明细表见表 3.1。

表 3.1　M7120 型平面磨床电器元件明细表

代　号	名　称	型号与规格	件　数	备　注
QS	电源开关	HZ1-25/3　5A	1	三极
M_1	液压泵电动机	J02-21-4　1.1 kW、1 410 r/min	1	
M_2	砂轮电动机	J02-31-2　3 kW、2 860 r/min	1	
M_3	冷却泵电动机	PB-25A　0.12 kW、3 000 r/min	1	
M_4	砂轮升降电动机	J03-301-4　0.75 kW、1 410 r/min	1	
KM_1 ~ KM_6	交流接触器	CJ0-10A　线圈电压 110 V	6	
FR_1	热继电器	JR10-10　整定电流 2.71 A	1	
FR_2		JR10-10	1	整定电流 6.18 A
FR_3		JR10-10	1	整定电流 0.47 A
FU_1	熔断器	RL1-60/25	3	配熔体 25 A
FU_2 ~ FU_7		L_1-15/2	8	配熔体 2 A
TC	控制变压器	BK-200　380 V/135 V、110 V、24 V、6 V	1	
SB_1 ~ SB_{10}	按钮	LA_2	10	
YH	电磁吸盘	HD × P　110 V、1.45 A	1	
YC	整流器	2CZ11C	4	
KV	欠电压继电器		1	
C	电容	5 μF、300 V	1	
R	电阻	GF 型　500 Ω、50 W	1	
HL_1 ~ HL_5	指示灯	XD1 型、6 V	5	
SA	台灯开关		1	
EL	工作照明灯	K-1　24 V、40 W	1	配灯泡
XS_1、XP_1	接插件	CY0-36、三极	1	
XS_2、XP_2		CY0-36、二极	1	
XB	接零牌		1	

3.2　钻床控制线路

钻床是一种用途广泛的孔加工机床。它主要用钻头钻削精度要求不太高的孔,另外,还可以用来扩孔、铰孔、镗孔,以及修刮端面、攻螺纹等多种形式的加工。钻床的结构形式很多,有立式钻床、卧式钻床、深孔钻床及多轴钻床等。

摇臂钻床是一种立式钻床,它适用于单件或批量生产中带有多孔的大型零件的孔加工,是一般机械加工车间常用的机床。下面以Z3050型摇臂钻床(图3.4)为例,分析其电气控制的工作原理。

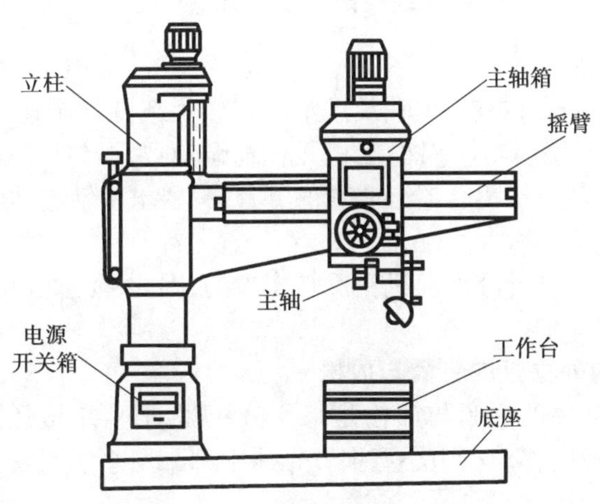

图3.4　Z3050型摇臂钻床

机床型号:Z3050

型号意义:Z代表钻床;3代表摇臂钻床组;0代表摇臂钻床型;50代表最大钻孔直径50 mm。

3.2.1　钻床的主要结构及运动形式

(1) Z3050型摇臂钻床的主要结构

Z3050型摇臂钻床主要由底座、内立柱、外立柱、摇臂、主轴箱、工作台等组成,如图3.4所示。内立柱固定在底座上,在它外面空套着外立柱,外立柱可绕着固定不动的内立柱回转一周。摇臂一端的套筒部分与外立柱滑动配合,摇臂升降电动机装于立柱顶部,借助于丝杆,摇臂可沿外立柱上下移动,但两者不能作相对转动,因此,摇臂只与外立柱一起相对内立柱回转。主轴箱是一个复合部件,它由主电动机(电动机装在主轴箱顶部)、主轴和主轴传动机构、进给和进给变速机构以及机床的操作机构等部分组成。主轴箱安装在摇臂水平导轨上,它可借助手轮操作使其在水平导轨上沿摇臂作径向运动。机床除冷却泵电动机M_4、电源开关QS_1及FU_1、QS_2是安装在固定部分外,其他电气设备均安装在回转部分上。由于本机床立柱顶上没有集电环,故在使用时,要注意不要总是沿着一个方向连续转动摇臂,以免把穿入内立柱的电源线拧断。

(2) Z3050型摇臂钻床的运动形式

1)主轴及进给的传动

主轴转动及进给传动系统由主轴电动机驱动,主轴变速机构和进给变速机构都装在主轴箱里,通过主轴箱内的主轴、进给变速传动机构及正反转摩擦离合器和操纵安装在主轴箱下端的操纵手柄、手轮,能实现主轴正反转、停车(制动)、变速、进给、空挡等控制。钻削加工时,钻头一面旋转进行切削,同时进行纵向进给。主轴也可随主轴箱沿摇臂上的水平导轨做手动径向移动。

2)摇臂升降的传动

摇臂升降由摇臂升降电动机驱动,同时,摇臂与外立柱一起相对内立柱还能做手动 360°回转。

机床加工时,由液压泵电动机做动力,采用液压驱动的特殊的菱形块夹紧装置(夹紧很可靠)将主轴箱紧固在摇臂导轨上,将外立柱紧固在内立柱上,摇臂紧固在外立柱上,然后进行钻削加工。

3.2.2 Z3050 型摇臂钻床对电气线路的主要要求

(1)主轴调速及正反转

为了适应多种加工方式的要求,主轴及进给应在较大范围内调速。但这些调速都是机械调速,用手柄操作进行变速箱调速,对电动机无任何调速要求。加工螺纹是要求主轴能正反转,主轴正反转是由正反转摩擦离合器来实现的,所以只要求主轴电动机能正转。

(2)摇臂上升、下降

摇臂上升、下降是由摇臂升降电动机正反转实现的,因此,要求电动机能双向启动,同时为了设备安全,应具有极限保护。

(3)主轴箱、摇臂、内外立柱的夹紧与放松

主轴箱、摇臂、内外立柱的夹紧与放松是采用液压驱动,要求液压泵电动机能双向启动。摇臂的回转和主轴箱的径向移动在中小型摇臂钻床上都采用手动。

(4)冷却

钻削加工时,为了对刀具及工件进行冷却,需由一台冷却泵电动机驱动冷却泵输送冷却液。冷却泵电动机要求单向启动。

(5)控制电源

为了操作安全,控制电路的电源电压采用 127 V,由控制变压器 TC 供给。

(6)指示信号

摇臂采用自动夹紧和放松控制,要保证摇臂在放松状态下进行升降并有夹紧、放松指示。

3.2.3 电气控制线路分析

Z3050 型摇臂钻床电气控制电路图如图 3 .5 所示。

(1)主电路

Z3050 型摇臂钻床的主电路采用 380 V、50 Hz 三相交流电源供电,控制及照明和指示电路均由控制变压器 TC 降压后供电,电压分别为 127 V、36 V 及 6 V。组合开关 QS_1 为机床总电源开关。为了传动各机构,机床上装有四台电动机:M_1 为主轴电动机,由交流接触器 KM_1 控制,只要求单方向旋转,主轴的正反转由机械手柄操作;M_2 为摇臂升降电动机,能正反转控制,用接触器 KM_2 和 KM_3 控制其正反转,因为该电动机短时间工作,故不设过载保护电器;M_3 为液压泵电动机,能正反转控制,正反转的启动与停止由接触器 KM_4 和 KM_5 控制,该电机的主要作用是供给夹紧、松开装置压力油,实现摇臂、立柱和主轴箱的夹紧与松开;M_4 为冷却泵电动机,只能正转控制。除冷却泵电动机采用开关直接启动外,其余三台异步电动机均采用接触器直接启动。四台电动机都设有保护接地措施。

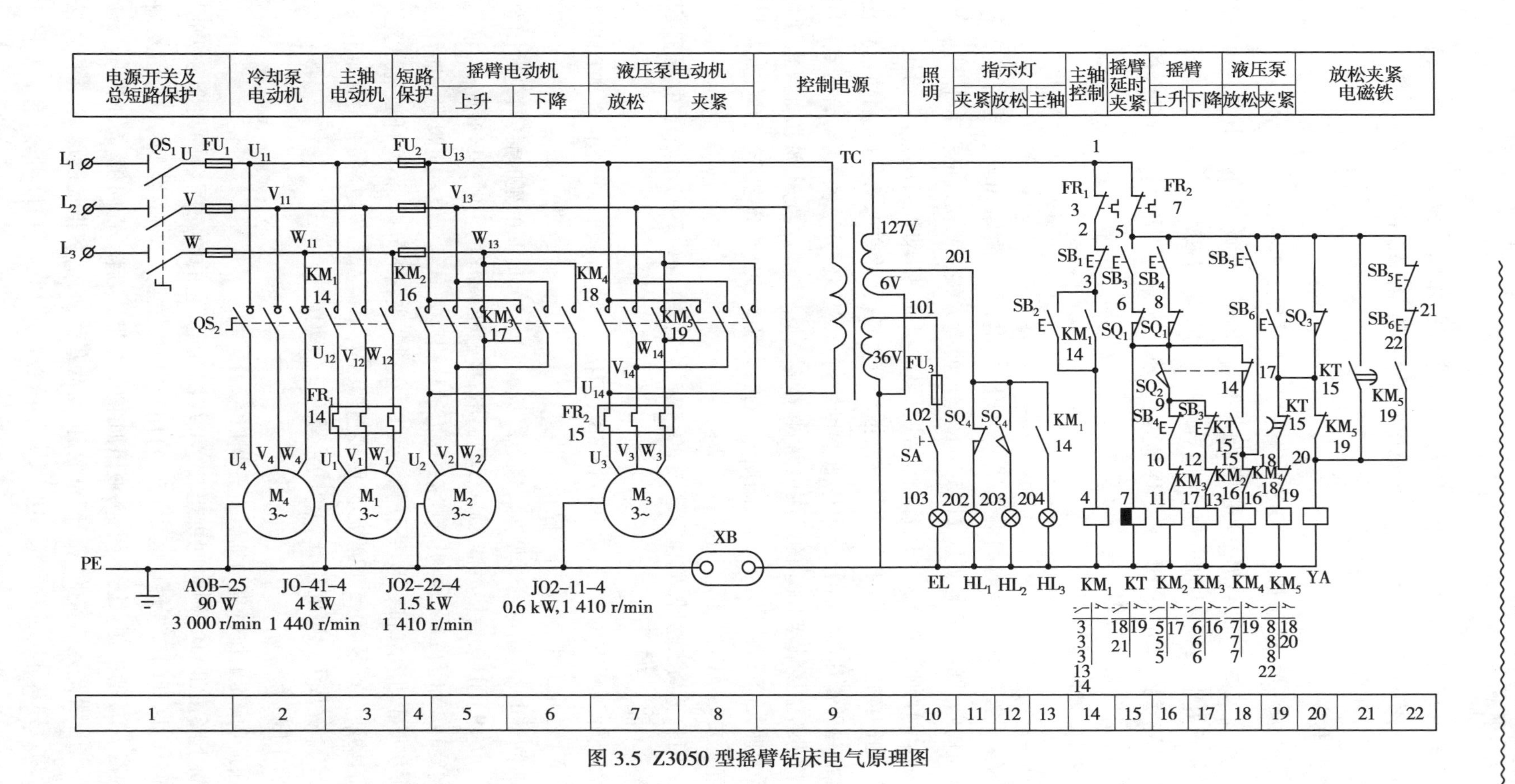

图 3.5 Z3050 型摇臂钻床电气原理图

电路中 M_4 功率很小,用组合开关 QS_2 进行手动控制,故不设过载保护。M_1、M_3 分别由热继电器 FR_1、FR_2 作为过载保护。FU_1 为总熔断器,兼作 M_1、M_4 的短路保护;FU_2 熔断器作为 M_2、M_3 及控制变压器一次侧的短路保护。

(2)控制电路分析

1)主轴电动机 M_1 的控制

合上电源开关后,按启动按钮 SB_2,按触器 KM_1 线圈通电吸合,同时其自锁触头区 14(3-4)闭合,按触器 KM_1 自锁,主轴电动机 M_1 启动。同时接触器 KM_1 的常开触头区 13(201-204)闭合,电动机 M_1 旋转指示灯 HL_3 亮。停车时,按 SB_1,按触器 KM_1 线圈断电释放,M_1 停止旋转,电动机 M_1 旋转指示灯熄。

2)摇臂升降控制

①摇臂上升

按摇臂上升按钮 SB_3,则时间继电器 KT 线圈通电,它的瞬时闭合的动合触头区 18(14-15)闭合和延时断开的常开触点区 21(5-20)闭合,使电磁铁 YA 和接触器 KM_4 线圈通电同时吸合,接触器 KM_4 的主触点区 7 闭合,液压油泵电动机 M_3 启动正向旋转,供给压力油。压力油经二位六通阀体进入摇臂的“松开”油腔,推动活塞移动,活塞推动菱形块,将摇臂松开。同时,活塞杆通过弹簧片压位置开关 SQ_2,使其动断触点区 18(7-14)断开,动合触点区 16(7-9)闭合。前者切断了接触器 KM_4 的线圈电路,接触器 KM_4 主触点断开,液压油泵电动机 M_3 停止工作;后者使交流接触器 KM_2 的线圈通电,主触头区 5 接通电动机 M_2 的电源,摇臂升降电动机启动正向旋转,带动摇臂上升。

如果此时摇臂尚未松开,则位置开关 SQ_2 其动合触头区 16(7-9)不闭合,接触器 KM_2 不能吸合,摇臂就不能上升。

当摇臂上升到所需位置时,松开按钮 SB_3,则接触器 KM_2 和时间继电器 KT 同时断电释放,电动机 M_2 停止工作,随之摇臂停止上升。

由于时间继电器(断电延时型)KT 断电释放,经 1 ~ 3 s 时间的延时后,其延时闭合的常闭触点区 19(17-19)闭合,使接触器 KM_5 线圈通电,接触器 KM_5 的主触头区 8 闭合,液压泵电动机 M_3 反向旋转,此时,YA 仍处吸合状态,压力油从相反方向经二位六通阀进入摇臂“夹紧”油腔,向相反方向推动活塞和菱形块,使摇臂夹紧,在摇臂夹紧的同时,活塞杆通过弹簧片压位置开关 SQ_3 的动断触点区 20(5-17)断开,使接触器 KM_5 和 YA 都失电释放,最终液压泵电动机 M_3 停止旋转。完成了摇臂的松开、上升、夹紧的整套动作。

②摇臂下降

摇臂下降时,其工作过程与摇臂上升相似。

按摇臂下降按钮 SB_4,则时间继电器 KT 线圈通电,它的瞬时闭合的动合触头区 18(14-15)闭合和延时断开的常开触点区 21(5-20)闭合,使电磁铁 YA 和接触器 KM_4 线圈通电同时吸合,接触器 KM_4 的主触点区 7 闭合,液压油泵电动机 M_3 启动正向旋转,供给压力油。压力油经二位六通阀体进入摇臂的“松开”油腔,推动活塞移动,活塞推动菱形块,将摇臂松开。同时,活塞杆通过弹簧片压位置开关 SQ_2,使其动断触点区 18(7-14)断开,动合触点区 16(7-9)

闭合。前者切断了接触器 KM_4 的线圈电路,接触器 KM_4 主触点断开,液压油泵电动机 M_3 停止工作;后者使交流接触器 KM_3 的线圈通电,主触头区 6 接通电动机 M_2 的电源,摇臂升降电动机启动反向旋转,带动摇臂下降。

同样,如果此时摇臂尚未松开,则位置开关 SQ_2 其动合触头区 16(7-9)不闭合,接触器 KM_3 不能吸合,摇臂就不能下降。

当摇臂下降到所需位置时,松开按钮 SB_4,则接触器 KM_3 和时间继电器 KT 同时断电释放,电动机 M_2 停止工作,随之摇臂停止下降。

由于时间继电器(断电延时型)KT 断电释放,经 1 ~ 3 s 时间的延时后,其延时闭合的常闭触点区 19(17-19)闭合,使接触器 KM_5 线圈通电,接触器 KM_5 的主触头区 8 闭合,液压泵电动机 M_3 反向旋转,此时,YA 仍处吸合状态,压力油从相反方向经二位六通阀进入摇臂"夹紧"油腔,向相反方向推动活塞和菱形块,使摇臂夹紧,在摇臂夹紧的同时,活塞杆通过弹簧片压位置开关 SQ_3 的动断触点区 20(5-17)断开,使接触器 KM_5 和 YA 都失电释放,最终液压泵电动机 M_3 停止旋转。完成了摇臂的松开、下降、夹紧的整套动作。

利用位置开关 SQ_1 来限制摇臂的升降行程。当摇臂上升到极限位置时,SQ_1 动作,使电路 SQ_1(6-7)断开,KM_2 释放,升降电动机 M_2 停止旋转,但另一组 SQ_1(7-8)仍处闭合,以保证摇臂能够下降。当摇臂下降到极限位置时,SQ_1 动作,使 SQ_1(7-8)断开,KM_3 释放,M_2 停止旋转,但另一组触点 SQ_1(6-1)仍处闭合,以保证摇臂能够上升。

时间继电器的主要作用是控制接触器 KM_5 的吸合时间,使升降电动机停止运转后,再夹紧摇臂。KT 的延时时间视需要,整定时间为 1 ~ 3 s。

摇臂的自动夹紧是由位置开关 SQ_3 来控制的,如果液压夹紧系统出现故障而不能自动夹紧摇臂,或者由于 SQ_3 调整不当,在摇臂夹紧后不能使 SQ_3 的常闭触点断开,都会使液压泵电动机 M_3 处于长时间过载运行状态而造成损坏。为了防止损坏 M_3,电路中使用了热继电器 FR_2,其整定值应根据 M_3 的额定电流来调整。

摇臂升降电动机的正反转控制接触器不允许同时得电动作,以防止电源短路。为了避免因操作失误等原因而造成短路事故,在摇臂上升和下降的控制线路中,采用了接触器的辅助触头互锁和复合按钮互锁两种保证安全的方法,确保电路安全工作。

3)立柱和主轴箱的夹紧与松开控制

立柱和主轴箱的松开或夹紧是同时进行的。

①立柱和主轴箱的松开　按下松开按钮 SB_5,接触器 KM_4 线圈通电吸合,接触器 KM_4 的主触点区 7 闭合,液压泵电动机 M_3 正向旋转,供给压力油,压力油经二位六通阀(此时电磁铁 YA 是处于释放状态)进入立柱和主轴箱松开油缸,推动活塞及菱形块,使立柱和主轴箱分别松开,松开指示灯亮。

②立柱和主轴箱的夹紧　按下夹紧按钮 SB_6,接触器 KM_5 线圈通电吸合,接触器 KM_5 的主触点区 8 闭合,液压泵电动机 M_3 反向旋转,供给压力油,,压力油经二位六通阀(此时电磁铁 YA 是处于释放状态)进入立柱和主轴箱夹紧油缸,推动活塞及菱形块,使立柱和主轴箱分别夹紧,夹紧指示灯亮。

Z3050 型摇臂钻床的电气元件明细表见表 3.2。

表 3.2　Z3050 型摇臂钻床电器元件明细表

代号	名称	型号与规格	件数	备注
M_1	主轴电动机	J02-41-4、4 kW、1 440 r/min	1	380 V、50 Hz、T2
M_2	摇臂升降电动机	J02-22-4、1.5 kW、1 410 r/min	1	380 V、50 Hz、T2
M_3	液压泵电动机	J02-11-4、0.6 kW、1 410 r/min	1	380 V、50 Hz、T2
M_4	冷却泵电动机	AOB-25、90 W、3 000 r/min	1	380 V、50 Hz
KM_1	交流接触器	CJ0-20B 吸引线圈 127 V、50 Hz	1	
KM_2 ~ KM_5		CJ0-10B 吸引线圈 127 V、50 Hz	4	
KT	时间继电器	JJSK2-4K 吸引线圈 127 V、50 Hz	1	
FR_1	热继电器	JR0-40/3、三极、6.4 ~ 10 A	1	整定在 8.37 A
FR_2		JR0-40/3、三极、1 ~ 1.6 A	1	整定在 1.57 A
QS_1	组合开关	HZ2-25/3	1	板后接线
QS_2		HZ2-10/3	1	板后接线
SQ_1		HZ4-22	1	
SQ_2、SQ_3	位置开关	LX5-11	2	
SQ_4		LX3-11K	1	
TC	控制变压器	BK-150　380 V/127-36-6 V	1	6 V 从 127 V 中抽头
SB_1、SB_3、SB_4	按钮	LA19-11	3	红、绿、黄色各 1 件
SB_2、HL_3		LA19-11D 指示灯电压为 6 V	1	绿色
SB_5、HL_1		LA19-11D 指示灯电压为 6 V	1	黄色
SB_6、HL_2		LA19-11D 指示灯电压为 6 V	1	绿色
FU_1	熔断器	RL1-60/30 配熔体 30 A	3	
FU_2		RL1-15/10 配熔体 10 A	3	
FU_3		RL1-15/2 配熔体 2 A	1	
YA	电磁铁	MFJ1-3 吸引线圈 127 V、50 Hz	1	
EL、SA	机床工作灯	JC2	1	只要灯头部分
	低压灯泡	36 V、40 W	1	

3.3　万能铣床控制电路

万能铣床是一种通用的多用途高效率加工的机床，它可以用圆柱铣刀、圆片铣刀、角度铣刀、成型铣刀、端面铣刀等工具对各种零件进行平面、斜面、沟槽、齿轮等。装上分度头可以铣切直齿齿轮和绞刀、螺旋面（如钻头的螺旋槽、螺旋齿轮）等零件。还可以加装万能铣头和圆工作台铣切凸轮和弧形槽。所以，铣床在机械行业的机床设备中占有相当大的比重。

铣床的种类很多，按照结构形式和加工性能的不同，可分为立式铣床、卧式铣床、仿型铣床、龙门铣床和专用铣床等。目前，万能铣床常用的有两种：一种是卧式万能铣床，铣头水平方向放置，型号为 X62W；另一种是立式万能铣床，铣头垂直放置，型号为 X52T。这两种机床结构大体相似，差别在于铣头的放置方向上，而工作台进给方式与主轴变速等都相同，电气控制线路经过系列化以后也是一样的，只不过是容量不同。本节以卧式万能铣床进行分析。

下面以 X62W 型万能升降台铣床为例来分析其电气控制的工作原理。

机床型号：X62W

型号意义:X代表铣床;6代表卧式;2代表2号机床(用0、1、2、3表示工作台面长与宽);W代表万能。

3.3.1　铣床的主要结构及运动形式

X62W型万能铣床的外形如图3.6所示。

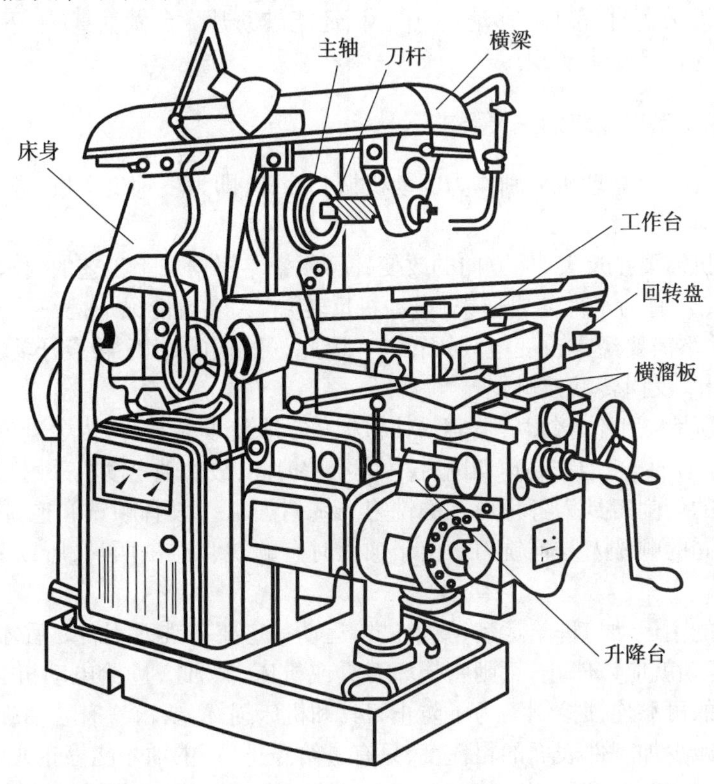

图3.6　X62W型万能铣床

(1)X62W型万能铣床的主要结构

X62W型万能铣床主要由床身、主轴、刀杆,横梁、工作台、回转盘、横溜板和升降台等组成。箱形的床身固定在地上,在床身内装有主轴的传动机构和变速操纵机构。在床身的顶部有个水平导轨,上面装着带有一个或两个刀架的悬梁。刀杆支架用来支承铣刀心轴的一端,心轴另一端则固定在主轴上,由主轴带动铣刀切削。悬梁可以水平移动,刀杆支架可以在悬梁上水平移动,以便安装不同的心轴。在床身的前面有垂直导轨,升降台可沿着它上下移动。在升降台上面的水平导轨上,装有可在平行主轴轴线方向移动(横向移动或前后移动)的溜板,溜板上部有可转动部分,工作台就在溜板上部可转动部分的导轨上做垂直于主轴轴线方向移动(纵向移动)。工作台上有T型槽来固定工件,这样安装在工作台上的工件就可以在三个坐标轴的六个方向上调整位置或进给。

此外,由于回转盘可绕中心转过一个角度(通常是±45°),因此,工作台在水平面上除了能在平行于或垂直于主轴轴线方向进给外,还能在倾斜方向进给,可以加工螺旋槽,故称万能铣床。

(2)X62W型万能铣床的运动形式

铣床运动形式有主运动、进给运动及辅助运动。铣刀的旋转运动为主运动,工作台的上下、左右、前后运动都是进给运动,其他的运动(如工作台的旋转运动)则是辅助运动。

①主轴转动是由主轴电动机通过弹性联轴器来驱动传动机构,当机构中的一个双联滑动齿块与齿啮合时,主轴即可旋转。

②工作台面的移动是由进给电动机驱动,它通过机械机构使工作台能进行三种运动形式六个方向的移动,即工作台面能直接在溜板上部可转动部分的导轨上做纵向(左右)移动;工作台面借助横溜板做横向(前后)移动;工作台面还能借助升降台做垂直(上下)移动。这些运动由进给电动机的正反转来实现。

3.3.2 铣床对电气线路的主要要求

①铣床要求有三台电动机分别作为驱动机械和冷却,即为主轴电动机、进给电动机和冷却泵电动机。

②主轴电动机需要正反转,但方向的改变并不频繁。根据加工工艺的要求,有的工件需要顺铣(电动机正转),有的工件需要逆铣(电动机反转)。大多数情况下是一批或多批工件只用一种方向铣削,并不需要经常改变电动机转向。因此,可用电源相序转换开关实现主轴电动机的正反转,节省一个反向转动接触器。

③铣刀的切削是一种不连续切削,容易使机械传动系统发生故障,为了避免这种现象,在主轴传动系统中装有惯性轮,但在高速切削后,停车很费时间,故主轴电动机采用制动停车方式。

④铣床所用的切削刀具为各种形式的铣刀。铣削加工一般有顺铣和逆铣两种形式,分别使用刃口方向不同的顺铣刀与逆铣刀。由于加工时有顺铣和逆铣两种,所以要求主轴电动机能正反转。

⑤对于铣床的主运动与进给运动,要求进给运动一定要在铣刀旋转之后才能进行,铣刀停止旋转前,进给运动就应该停止,否则将损坏刀具或机床。为此,进给电动机与主轴电动机需实现两台电动机的可靠连锁控制。为了防止刀具和机床损坏,要求只有主轴旋转后,才允许有进给运动。为了减少加工件表面的粗糙度,只有进给停止后,主轴才能停止或同时停止。本铣床在电气上采用了主轴和进给同时停止的方式,但由于主轴运动的惯性很大,实际上就保证了进给运动先停止,主轴运动后停止的要求。

⑥工作台既可以做六个方向的进给运动,又可以在六个方向上快速移动。

⑦工作台的三种运动形式、六个方向的移动是依靠机械的方法来实现的,对进给电动机要求能正反转,但要求纵向、横向、垂直三种运动形式相互间应有连锁,以确保操作安全。某些铣床为扩大加工能力而增加圆工作台,在使用圆工作台时,工作台的上下、左右、前后几个方向的运动都不允许进行。同时要求工作台进给变速时,电动机也能瞬间冲动及工作台六个方向的移动能快速进给、两地控制等要求。

⑧主轴运动和进给运动采用变速盘来进行选择,为了保证变速齿轮进入良好啮合状态,两种运动都要求变速后做瞬时点动。

⑨为了适应各种不同的切削要求,铣床的主轴与进给运动都应具有一定的调速范围。为了便于变速时齿轮的啮合,在变速时能瞬时有低速冲动环节,并要求还能制动停车和实现两地控制。

⑩冷却泵电动机只要求正转。

3.3.3 电气控制线路分析

X62W 型万能铣床电气控制电路图如图 3.7 所示。

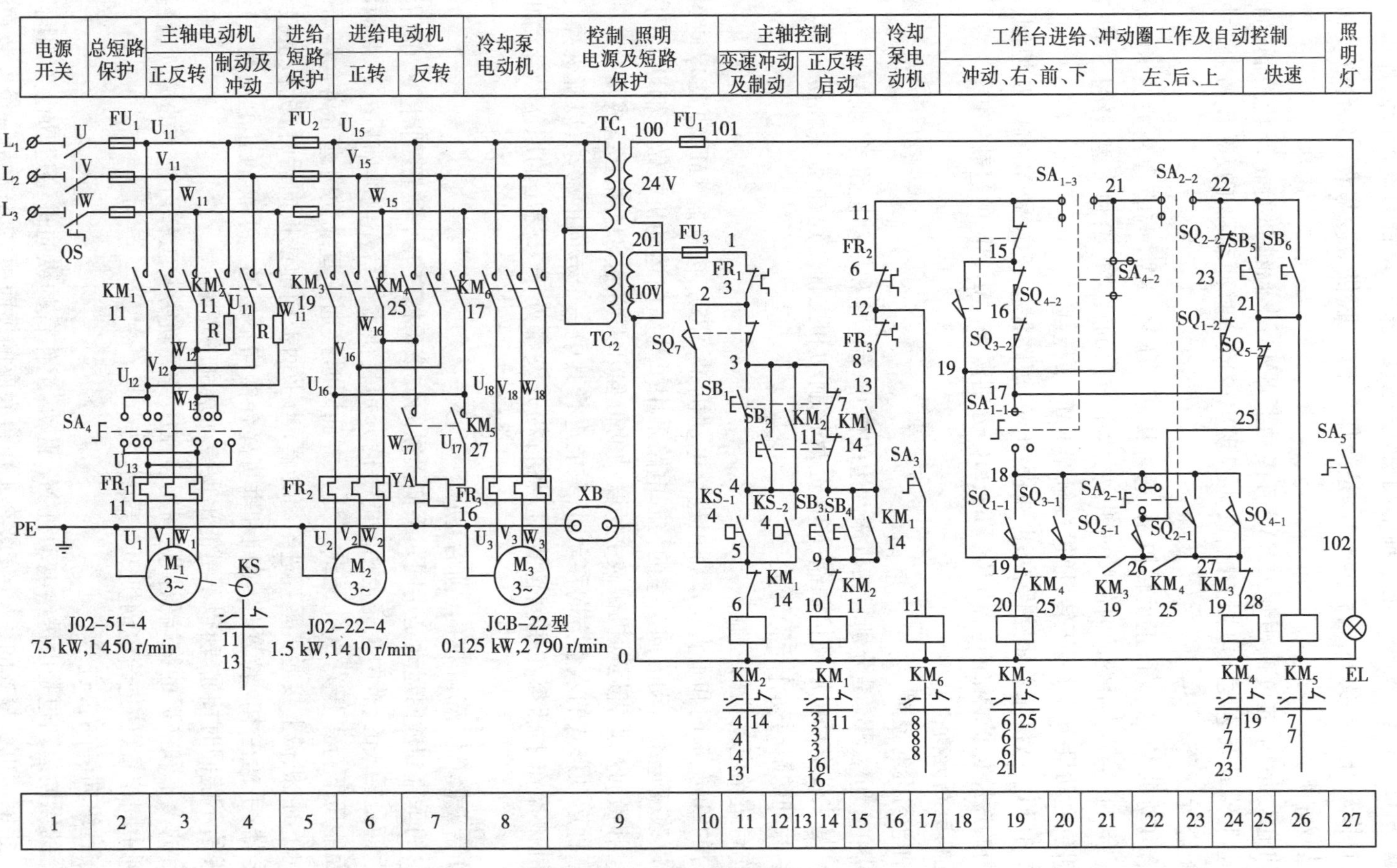

图 3.7　X62W 万能铣床电气原理图

(1)主电路分析

①主电路有三台电动机,M_1 是主轴电动机,它拖动主轴带动铣刀进行铣削加工;M_2 是进给电动机,它拖动升降台及工作台进给;M_3 是冷却泵电动机,供应冷却液。每台电动机均有热继电器做过载保护。

②主轴电动机 M_1 通过换相开关 SA_1 与接触器 KM_1 配合,能进行正反转控制,而与接触 KM_2、制动电阻器 R 及速度继电器的配合,能实现串电阻瞬时冲动和正反转反接制动控制,并能通过机械进行变速。

③进给电动机 M_2 能进行正反转控制,通过接触器 KM_3、KM_4 与行程开关及 KM_5、牵引电磁铁 YA 配合,能实现进给变速时的瞬时冲动、六个方向的常速进给和快速进给控制。

④冷却泵电动机 M_3 只能正转,通过接触器 KM_6 来控制。

⑤电路中 FU_1 做机床总短路保护,也兼做 M_1 的短路保护;FU_2 做 M_2、M_3 及控制、照明变压器一次侧的短路保护;热继电器 FR_1、FR_2、FR_3 分别做 M_1、M_2、M_3 的过载保护。

(2)控制电路分析

1)主轴电动机的控制

SB_1、SB_2 与 SB_3、SB_4 是分别装在机床两边的停止(制动)和启动按钮,实现两地控制,方便操作。KM_1 是主轴电动机启动接触器;KM_2 是反接制动和主轴变速冲动接触器; SQ_7 是与主轴变速手柄联动的瞬时动作行程开关。

2)工作台进给电动机的控制

工作台的纵向、横向和垂直运动都由进给电动机 M_2 驱动,接触器 KM_3 和 KM_4 使 M_2 实现正反转,用以改变进给运动方向。它的控制电路采用了与纵向运动机械做手柄联动的行程开关 SQ_1、SQ_2 和横向及垂直运动机械做手柄联动的行程开关 SQ_3、SQ_4,相互组成复合连锁控制,即在选择三种运动形式的六个方向移动时,只能进行其中一个方向的移动,以确保操作安全。当这两个机械操作手柄都在中间位置时,各行程开关都处于未受压的原始状态,如图 3.7 中所示。

①工作台升降(上下)和横向(前后)进给

工作台的垂直和横向运动是用同一手柄操纵的。该手柄有五个位置,即上下、前后和中间位置。此手柄是复式的,有两个完全相同的手柄分别装在工作台左侧的前后方。手柄的联动机械一方面能压下行程开关 SQ_3 或 SQ_4,另一方面同时接通垂直或横向进给离合器。当手柄扳向上或向下时,机械上接通了垂直进给离合器;当手柄扳向前或扳向后时,机械上接通了横向进给离合器;手柄在中间位置时,横向和垂直离合器均不接通。手柄的五个位置是连锁的,各方向的进给不能同时接通,所以不可能出现传动紊乱的现象。

工作台的上下和前后的终端保护是利用装在床身导轨旁与工作台座上的撞铁,将操纵十字手柄撞到中间位置,使进给电动机 M_2 断电停转。

②工作台纵向(左右)进给

工作台的纵向运动也是由进给电动机 M_2 驱动,工作台的纵向进给运动也是用同一手柄来控制的。此手柄也是复式的,一个安装在工作台底座的顶面中央部位,另一个安装在工作台底座的左下方。手柄有三个位置:向左、零位、向右。当手柄扳到向左或向右运动方向时,手柄有两个功能:一是手柄的联动机构压下行程开关 SQ_1 或 SQ_2,使接触器 KM_3 或 KM_4 动作,控制进给电动机 M_2 的正反转。二是通过机械结构将电动机的传动链拨向工作台下面的丝杆上;

当手柄扳到向左或向右运动方向时，机械结构将电动机的传动链拨向工作台下面的丝杆，使电动机的动力唯一地传到该丝杆上，工作台在丝杆带动下做左右进给；当手柄扳零位时，电动机的传动链与工作台下面的丝杆分离。

工作台左右运动的行程可通过调整安装在工作台两端的撞铁位置来实现。当工作台纵向运动到极限位置时，撞铁撞动纵向操纵手柄，使它回到零位，M_2 停转，工作台停止运动，从而实现了纵向终端保护。

在手柄扳到向左运动方向时，联动机构压下行程开关 SQ_2，使接触器 KM_4 动作，控制进给电动机 M_2 反转；在手柄扳到向右运动方向时，联动机构压下行程开关 SQ_1，使接触器 KM_3 动作，控制进给电动机 M_2 正转；当手柄扳零位时，电动机断电 M_2 停转。

③工作台的快速进给控制

为了提高劳动生产率，减少生产辅助时间，X62W 万能铣床在加工过程中不做铣削加工时，要求工作台快速移动，当进入铣切区时，要求工作台以原来的进给速度移动。

工作台能快速移动。工作台快速移动控制分手动和自动两种控制方法。铣工在操作时，多数采用手动快速进给控制。工作台快速进给也是由进给电动机 M_2 来驱动，在纵向、横向和垂直三种运动形式六个方向上都可以快速进给控制。

④进给电动机变速时的瞬动（冲动）控制

进给变速冲动与主轴变速一样，进给变速时，为了使齿轮进入良好的啮合状态，也设有变速冲动环节。当需要进行进给变速时，应将转速盘的蘑菇形手轮向外拉出，使进给齿轮松开，并转动转速盘，把所需进给量的标尺数字对准箭头，然后再把蘑菇形手轮用力向外拉到极限位置，并随即推向原位，在推进时，其连杆机构瞬时压下行程开关 SQ_6，使 SQ_6 的常闭触点断开，常开触点闭合，使接触器 KM_3 得电吸合，电动机 M_2 正转，因为 KM_3 是瞬时接通的，故能达到 M_2 瞬时转动一下，从而保证变速齿轮易于啮合。

⑤圆工作台运动的控制

为了扩大机床的加工能力，可在机床上安装附件圆形工作台及其传动机械，这样铣床可以进行如铣切螺旋槽、弧形槽等曲线。圆形工作台的回转运动也是由进给电动机 M_2 经传动机构驱动的。

圆工作台工作时，所有进给系统均停止工作，只让圆工作台绕轴心转动。应先将进给操作手柄都扳到中间（停止）位置，然后将圆工作台组合开关 SA_1 扳到接通位置，这时图 3.7 中图区 19 和图区 20 上的 SA(1-1)及 SA(1-3)断开，图区 22 上的 SA(1-2)闭合。

⑥连锁问题

单独对垂直和横向操作手柄而言，上下、前后四个方向只能选择其一，绝不会出现两个方向的可能性。但在操作这个手柄时，纵向操作手柄应扳到中间（零位）位置。若违背这一要求，即在上下、前后四个方向中的某个方向进给，又将控制纵向的手柄拨动了，这时有两个方向进给，将造成机床重大事故，所以必须连锁保护。从图 3.7 可以看到，若纵向手柄扳到任一方向，SQ(1-2)或 SQ(2-2)两个位置开关中的一个被压开，接触器 KM_3 或 KM_4 立刻失电，电动机 M_2 停转，从而得到保护。

同理，当纵向操作手柄扳到某一方向而选择了向左或向右进给时，SQ_1 或 SQ_2 被压着，它们的常闭触头 SQ(1-2)或 SQ(2-2)是断开的，接触器 KM_3 或 KM_4 都由 SQ(3-1)和 SQ(4-1)接通。若发生误操作，使垂直和横向操作手柄扳离了中间位置，而选择上下、前后某一方向进给，就一定使 SQ(3-2)或 SQ(4-2)断开,使 KM_3 或 KM_4 断电释放,电动机 M_2 停止运转,避免了机床事故。

(3)铣床电气控制的工作过程

1)主轴电动机控制的工作过程

①主轴电动机启动

主轴电动机启动时,先合上电源开关 QS,再把主轴转换开关 SA_4 扳到所需的旋转方向,然后启动按钮 SB_3(或 SB_4),接触器 KM_1 线圈获电动作,其主触头图区 3 上的 KM_1(U_{11}-U_{12}、V_{11}-V_{12}、W_{11}-W_{12})闭合,其辅助常开触头图区 16 上的 KM_1(8-9)闭合自锁,主轴电动机 M_1 获电启动。同时,接触器 KM_1 的辅助常闭触头图区 11 上的 KM_1(5-6)切断接触器 KM_2 线圈电路进行互锁。M_1 启动后,速度继电器 KS 的一副常开触点图区 11 上的 KS(4-5)闭合,为主轴电动机 M_1 的停车制动做好准备。

②主轴电动机停车制动

当铣削完毕,需要主轴电动机 M_1 停车时,按停止转钮 SB_1(或 SB_2),接触器 KM_1 线圈失电释放,其主触头图区 3 上的 KM_1(U_{11}-U_{12}、V_{11}-V_{12}、W_{11}-W_{12})分离,电动机 M_1 断电,接触器KM_1 的辅助常闭触头图区 11 上的 KM_1(5-6)复位。同时,停止按钮 SB_1(或 SB_2)的动合触点图区 11(或 12)上的 SB_1(或 SB_2)(3-4)闭合,由于惯性的原因,刚停车时电动机 M_1 转速仍很高,速度继电器 KS 的常开触点图区 11 上的 KS(4-5)尚未断开,因此接触器 KM_2 线圈获电动作,其主触头图区 4 上的 KM_2(U_{11}-U_{14}、V_{11}-V_{12}、W_{11}-W_{14})闭合,其辅助常开触头图区 12 上的 KM_2(3-4)闭合自锁,改变 M_1 的电源相序进行串电阻反接制动。当 M_1 转速低于 120 r/min 时,速度继电器 KS 的常开触点图区 11 上的 KS(4-5)断开,接触器 KM_2 线圈失电释放,其主触头图区 4 上的 KM_2(U_{11}-U_{14}、V_{11}-V_{12}、W_{11}-W_{14})分断,电动机 M_1 断电停转,制动结束。

③主轴电动机变速时的瞬动(冲动)控制

主轴电动机变速时的瞬动(冲动)控制,是利用变速手柄与冲动行程开关 SQ_7 通过机械上的联动机构进行控制的。图 3.8 是主轴变速冲动控制示意图。

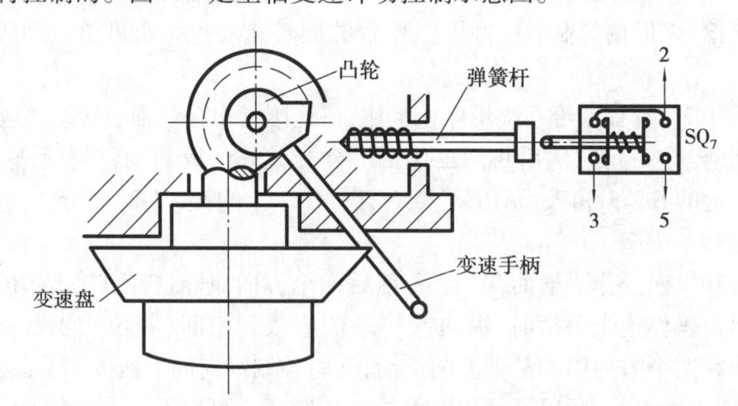

图 3.8　主轴电动机变速瞬动控制示意图

主轴电动机是经过弹性联轴器和变速机构的齿轮传动链来实现传动的,可使主轴获得十多级不同的转速。变速时,先下压变速手柄,然后拉到前面,当快要落到第二道槽时,转动变速盘,选择需要的转速,此时凸轮压下弹簧杆,使冲动行程开关 SQ_7 的常闭触点图区 11 上的 SQ_7(2-3)先断开,切断接触器 KM_1 线圈的电路,电动机 M_1 断电;同时,SQ_7 的常开触点图区 10 上

的 SQ_7(2-5)随后接通,接触器 KM_2 线圈得电动作,电动机 M_1 被反接制动。当手柄拉到第二道槽时,SQ_7 不受凸轮控制而复位,电动机 M_1 停转;接着把手柄从第二道槽推回原始位置时,凸轮又瞬时压动行程开关 SQ_7,使电动机 M_1 反向瞬时冲动一下,以利于变速后的齿轮啮合。但要注意,不论是开车还是停车时变速,都应以较快的速度把手柄推回原始位置,以免通电时间过长,引起电动机 M_1 转速过高而打坏齿轮。

2)工作台进给电动机控制的工作过程

在机床接通电源后,将控制圆工作台的组合开关 SA_1 扳到断开位置,使触点图区 19 上的 SA(1-1)(17-18)和图区 20 上的 SA(1-3)(11-21)闭合,而图区 21 上的 SA(1-2)(19-21)断开,再将选择工作台自动与手动控制的组合开关 SA_2 扳到手动位置,使触点图区 22 上的 SA(2-1)(18-25)断开,而图区 22 上的 SA(2-2)(21-22)闭合,然后按下启动按钮 SB_3 或 SB_4,接触器 KM_1 线圈通电吸合,电动机 M_1 启动,这时使 KM_1(8-13)闭合,就可进行工作台的进给控制。

①工作垂直(上下)和横向(前后)运动的控制

对应操作手柄的五个位置,与之对应的运动状态,见表 3.3。

表 3.3　工作台垂直与横向运动的操纵手柄位置

手柄位置	工作台运动方向	接通离合器	动作行程开关	动作接触器	M_2 转向
向上	向上进给或快速向上	垂直进给离合器	SQ_4	KM_4	反转
向下	向下进给或快速向下	垂直进给离合器	SQ_3	KM_3	正转
向前	向前进给或快速向前	横向进给离合器	SQ_3	KM_3	正转
向后	向后进给或快速向后	横向进给离合器	SQ_4	KM_4	反转
中间	垂直或横向停止	横向进给离合器	…	…	停止

A.工作台向上运动的控制

在主轴电机 M_1 启动后,将横向和升降操作手柄扳至向上位置,其联动机构一方面机械上接通垂直离合器,同时位置开关 SQ_4 被压动,其常闭触点图区 19 上的 SQ(4-2)(15-16)断开,其常开触点图区 24 上的 SQ(4-1)(18-27)闭合,见表 3.4。接触器 KM_4 线圈通电吸合,其主触点区 7(U_{15}-U_{16}、V_{15}-V_{16}、W_{15}-W_{16})闭合,接通电动机 M_2 电源,电动机 M_2 反转,工作台向上运动;同时,接触器 KM_4 的常闭辅助触点图区 19 上的 KM_4(19-20)切断 KM_3 线圈电路,实现互锁。

表 3.4　工作台垂直、横向进给行程开关 SQ_3、SQ_4 通断表

触点 \ 位置		向上、向后	停　止	向下、向前
SQ_3	18～19	-	-	+
	16～17	+	+	-
SQ_4	18～27	+	-	-
	15～16	-	+	+

将手柄扳中间位置时,电动机 M_2 停转,工作台停止运动。

B. 工作台向后运动的控制

当横向和升降操纵手柄扳至向后位置,机械上接通横向进给离合器,而压下的行程开关仍是 SQ_4,所以在电路上仍然接通 KM_4,M_2 也是反转,工作过程与工作台向上运动的控制相同,但在横向进给离合器的作用下,机械传动装置带动工作台向后进给运动。将手柄扳回中间位置,电动机 M_2 停转,工作台停止运动。

C. 工作台向下运动的控制

将横向和升降操作手柄扳至向上位置,其联动机构一方面机械上接通垂直离合器,同时位置开关 SQ_3 被压动,其常闭触点图区 19 上的 SQ(3-2)(16-17)断开,其常开触点图区 20 上的 SQ(3-1)(18-19)闭合,接触器 KM_3 线圈通电吸合,其主触点区 6(U_{15}-U_{16}、V_{15}-V_{16}、W_{15}-W_{16})闭合,接通电动机 M_2 电源,电动机 M_2 正转,工作台向下运动;同时,接触器 KM_3 的常闭辅助触点图区 24 上的 KM_3(27-28)切断 KM_4 线圈电路,实现互锁。

将手柄扳中间位置时,电动机 M_2 停转,工作台停止运动。

D. 工作台向前运动的控制

当横向和升降操纵手柄扳至向前位置时,机械上接通横向进给离合器,而压下的行程开关仍是 SQ_3,所以在电路上仍然接通 KM_3,M_2 也是正转,工作过程与工作台向下运动的控制相同,但在横向离合器的作用下,机械传动装置带动工作台向前运动。将手柄扳回中间位置,电动机 M_2 停转,工作台停止运动。

②工作台纵向(左右)运动的控制

A. 工作台向左运动

将横向和升降操作手柄扳至向左位置,其联动机构一方面机械上接通纵向离合器,同时在电气上压下位置开关 SQ_2 被压动,使图区 24 上的位置开关常闭触点 SQ(2-2)(22-23)断开,图区 23 上的行程开关 SQ(2-1)(18-27)闭合,而其他控制进给运动的位置开关都处于原始位置,见表 3.5。此时,接触器 KM_4 线圈通电吸合,其主触点区 7(U_{15}-U_{16}、V_{15}-V_{16}、W_{15}-W_{16})闭合,接通电动机 M_2 电源,电动机 M_2 反转,工作台向左运动;同时接触器 KM_4 的常闭辅助触点图区 24 上的 KM_4(19-20)切断 KM_3 线圈电路,实现互锁。

将手柄扳中间位置时,图区 23 上的行程开关 SQ(2-1)(18-27)断开,接触器 KM_4 线圈失电释放,电动机 M_2 停转,工作台停止运动。

B. 工作台向右运动

将操纵手柄扳至向右位置时,机械上仍然接通纵向进给离合器,但却压动了行程开关 SQ_1。使图区 24 上的位置开关常闭触点 SQ(1-2)(17-23)断开,图区 19 上的行程开关 SQ(1-1)(18-19)闭合,而其他控制进给运动的位置开关都处于原始位置,见表 3.5。此时,接触器 KM_3 线圈通电吸合,其主触点区 6(U_{15}-U_{16}、V_{15}-V_{16}、W_{15}-W_{16})闭合,接通电动机 M_2 电源,电动机 M_2 正转,工作台向右运动;同时,接触器 KM_3 的常闭辅助触点图区 24 上的 KM_3(27-28)切断 KM_4 线圈电路,实现互锁。

表 3.5　工作台纵向进给行程开关 SQ_1、SQ_2 通断表

触点 \ 位置		向　左	停　止	向　右
SQ_1	18~19	-	-	+
	17~23	+	+	-
SQ_2	18~27	+	-	-
	22~23	-	+	+

将手柄扳到中间位置时,图区 19 上的行程开关 SQ(1-1)(18-19)断开,接触器 KM_3 线圈失电释放,电动机 M_2 停转,工作台停止运动。

③工作台纵向(左右)运动的自动控制

工作台纵向(左右)运动的自动控制是用台面前侧上的 1 号—5 号撞块(图 3.9 撞块示意图)以及操作手柄支点处的八齿爪轮分别推动限位开关 SQ_1、SQ_2 及 SQ_5 来完成的。工作台纵向运动的自动控制分为:单向自动控制、自动往复控制、自动往复循环控制。

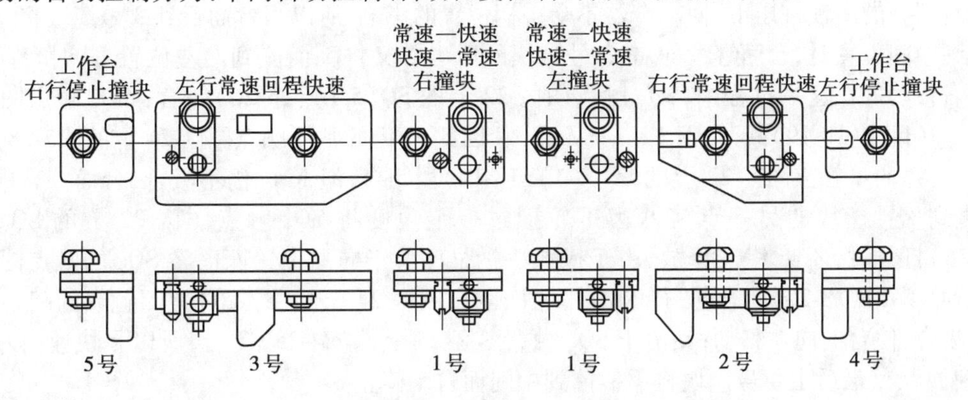

图 3.9　工作台纵向运动控制过程

A.单向自动控制

单向自动控制是以"快速运行—常速进给—快速运行—停止"这一规律进行的。根据运行方向及行程距离的要求装好撞块,如向右进给可将 1 号左撞块 1 号右撞块和 4 号或 5 号撞块(与进给方向有关)都装在操作手柄左面(向右进给则都装在右面,为了保证工作台不超越最大行程,一般 4 号及 5 号撞块不允许拆下的,这里仅指调整其位置而言),然后将转换开关 SA_2 扳到自动位置,见表 3.6。

表 3.6　工作台台面手动、自动控制 SA_2 选择开关通断表

触点 \ 位置		手　动	自　动
SA(2-1)	18~25	-	+
SA(2-2)	21~22	+	-

转换开关触点图区22上的SA(2-2)(21-22)断开,以保证工作台在台面移动时工作台不能移动,转换开关触点图区22上的SA(2-1)(18-25)闭合使快速接触器KM_5线圈通电吸合,接触器KM_5的主触点区7(W_{16}-W_{17}、U_{16}-U_{17})闭合,接通牵引电磁铁YA线圈的电源,于是牵引电磁铁跟着吸合(主轴运转时)。这时,如将中央手柄扳向右带动限位开关触点图区19上的SQ(1-1)(18-19)闭合,接触器KM_3线圈通电吸合,但由于快速行程机构已被牵引电磁铁的吸合拉到快速位置,这时台面是以快速进给的速度向右移动,当台面移到第一块1号撞块将八齿爪轮撞过一个角度时,限位开关触点图区25上的SQ(5-2)(24-25)断开,接触器KM_5线圈断电释放,同时牵引电磁铁释放,使台面由快速转为常速进给,在常速移到第二块1号撞块又将八齿爪轮撞过一角度触点图区22上的SQ(5-1)(25-26)闭合,牵引电磁铁吸合,台面又以快速向右直到4号(或5号)撞块将操作手柄撞到中间位置,则自动停止。

B. 自动往复控制

自动往复控制是以"快速运行—常速进给—快速回程—停止"这一规律进行的。这里是以向右进给为例。

将1号右撞块及3号撞块装在操作手柄的左方,4号撞块装在操作手柄右方(向左则将1号左撞块及2号撞块装在操作手柄的右方,5号撞块装在手柄左方)。扳动手柄向右,"快速运行—常速进给"这一过程与单向自动控制相同,当进给到预定行程时,3号撞块将位于台面前方偏右部分的闭锁桩压下,使离合器不受手柄位置的影响,所以当台面行到3号撞块将操作手柄撞到中间位置时,台面继续向右,3号撞块的后半部又将手柄撞到向左位置,此时台面仍继续向右移动。在这一过程中,SQ_5触点图区22上的SQ(5-1)(25-26)闭合,SQ_1触点图区19上的SQ(1-1)(18-19)断开,但KM_3仍不释放,因此KM_3的常闭触点图区24上的(27-28)仍旧断开,所以SQ_1触点图区22上的SQ(1-1)(18-19)虽闭合,但KM_3仍不吸合,台面一直向右移动,直到3号撞块的另一点将八齿爪轮撞过一个角度将SQ_5触点图区22上的SQ(5-1)(25-26)打开时,才使KM_3释放,由于操作手柄早已位于向左位置而已将SQ_2的触点图区22上的SQ(2-1)(18-27)闭合,只待KM_3的常闭触点图区24上的(27-28)常闭触点的闭合,KM_3即行吸合,使台面向左移动;又由于SQ_5触点图区25上的(24-25)闭合,所以是快速向左移动(快速回程),最后由4号撞块将手柄撞到中间而自动停止。

C. 自动往复循环控制

自动往复循环控制是以"快速向右—常速进给向右—快速向左—常速进给向左继而快速向右"循环工作。现以向右为起点为例。将1号右撞块与3号撞块装在操作手柄的左方,而1号左撞块及2号撞块装在手柄右方,然后扳手柄到向右位置即能循环工作。

自动往复循环的过程与自动往复的过程相同,只是两个方向都要换向而已。

④工作台的快速进给控制

将进给操纵手柄扳到所需位置,工作台按照先定的速度和方向做常速进给移动时,再按下快速进给按钮SB_5(或SB_6),使接触器KM_5线圈通电吸合,接触器KM_5的主触点区7(W_{16}-W_{17}、U_{16}-U_{17})闭合,接通牵引电磁铁YA线圈的电源,电磁铁吸合,通过杠杆使摩擦离合器合上,减少了中间传动装置,使工作台按原运动方向做快速进给运动。当快速移动到预定位置时,松开快速进给按钮,接触器KM_5断电,电磁铁YA线圈断电,摩擦离合器断开,快速进给运动停止,工作台仍按原常速进给时的速度继续运动。

⑤进给电动机变速时的瞬动(冲动)控制

当需要进行进给变速时,将转速盘的蘑菇形手轮向外拉出,使进给齿轮松开,并转动转速盘,把所需进给量的标尺数字对准箭头,然后再把蘑菇形手轮用力向外拉到极限位置,并随即推向原位,在推进时,其连杆机构瞬时压下行程开关 SQ_6,使 SQ_6 的常闭触点区 19 上的 SQ_6(11-15)断开,常开触点区 18 上的 SQ_6(15-19)闭合,使接触器 KM_3 线圈得电吸合,其通电回路(图3.7)是 11—21—22—23—17—16—15—19—20—KM_3—0,接触器 KM_3 主触点区 6 上的 KM_3(U_{15}-U_{16}、V_{15}-V_{16}、W_{15}-W_{16})闭合,接通电动机 M_2 电源,电动机 M_2 正转,因为 KM_3 是瞬时接通的,故能达到 M_2 瞬时转动一下,从而保证变速齿轮易于啮合。

由于进给变速瞬时冲动的通电回路要经过 $SQ_{(1-2)}$ ~ $SQ_{(4-2)}$ 四个行程开关的常闭触点,因此,只有当进给运动的操作手柄都在中间(停止)位置时,才能实现进给变速冲动控制,以保证操作时的安全。同时与主轴变速时冲动控制一样,电动机的通电时间不能太长,以防止转速过高,在变速时打坏齿轮。

⑥圆工作台运动的控制

圆工作台工作时,将进给操作手柄都扳到中间(停止)位置,然后将圆工作台组合开关 SA_1 扳到接通位置,这时图区 19 和图区 20 上的 SA(1-1)(17-18)及 SA(1-3)(11-21)断开,图区 21 上的 SA(1-2)(21-19)闭合(见表3.7)。准备就绪后,按下主轴启动按钮 SB_3 或 SB_4,则接触器 KM_1 和 KM_3 相继吸合,主轴电动机 M_1 与进给电动机 M_2 相继启动并运转,而进给电动机带动一根专用轴,使圆工作台仅以正转方向带动圆工作台做绕轴心定向回转运动,铣刀铣出圆弧。

此时 KM_3 的通电回路为:1—2—3—7—8—13—12—11—15—16—17—23—22—21—19—20—KM_3—0。若要使圆工作台停止运动,可按主轴停止按钮 SB_1 或 SB_2,则主轴与圆工作台同时停止工作。

表3.7　圆工作台组合开关 SA_1 通断表

触点 \ 位置	圆工作台	
	接通	断开
SA(1-1)(17-18)	−	+
SA(1-2)(19-21)	+	−
SA(1-3)(11-21)	−	+

由上通电回路中可知,当圆工作台工作时,不允许工作台在纵向、横向和垂直方向上有任何运动。若误操作而扳动进给运动操纵手柄,则必然会使位置开关 SQ_1 ~ SQ_4 中的某一个被压动,则其常闭触头将断开,就立即切断圆工作台的控制电路,电动机停止转动。由于实现了电气上的连锁,从而避免了机床事故。

圆工作台在运转过程中不要求调速,也不要求反转。只能定向做回转运动。

X62W 型铣床电器元件明细表见表3.8。

表 3.8　X62W 型万能铣床电器元件明细表

代　号	名　称	型号与规格	件数	备　注
M_1	主轴电动机	J02-51-4、7.5 kW、1 450 r/min	1	380 V、50 Hz、T2
M_2	进给电动机	J02-22-4、1.5 kW、1 410 r/min	1	380 V、50 Hz、T2
M_3	冷却泵电动机	JCB-22、0.125 kW、2 790 r/min	1	380 V、50 Hz
KM_1、KM_2	交流接触器	CJ0-20、110 V、20 A	2	
KM_3 ~ KM_6		CJ0-10、110 V、10 A	4	
TC	控制变压器	BK-150、380/110 V	1	
TL	照明变压器	BK-50、380/24 V	1	
SQ_1、SQ_2	位置开关	LX1-11K	2	开启式
SQ_3、SQ_4		LX2-131	2	自动复位
SQ_5 ~ SQ_7		LX3-11K	3	开启式
QS	组合开关	HZ1-60/E26、三极、60 A	1	
SA_1		HZ1-10/E16、三极、10 A	1	
SA_2		HZ1-10/E16、二极、10 A	1	
SA_4		HZ3-133、三极	1	
SA_3、SA_5		HZ10-10/2、二极、10 A	2	
SB_1、SB_2	按钮	LA2、500 V、5 A	2	红色
SB_3、SB_4		LA2、500 V、5 A	2	绿色
SB_5、SB_6		LA2、500 V、5 A	2	黑色
R	制动电阻器	ZB2、1.45 W、15.4 A	2	
FR_1	热继电器	JR0-40/3、额定电流 16 A	1	整定电流 14.85 A
FR_2		JR10-10/3、热元件编号 10	1	整定电流 3.42 A
FR_3		JR10-10/3、热元件编号 1	1	整定电流 0.415 A
FU_1	熔断器	RL1-60/35、熔体 35 A	3	
FU_2 ~ FU_4		RL1-15、熔体 10 A、3 只、6A、2A、各 1 只	5	
KS	速度继电器	JY1、380 V、2 A	1	
YA	牵引电磁铁	MQ1-5141、线圈电压 380 V	1	拉力 150 N
EL	低压照明灯	K-2、螺口	1	配灯泡 24 V、40 W

思考题

3.1　在M7120型平面磨床电气控制中,励磁、退磁电路中各有何作用?

3.2　当M7120型平面磨床工件磨削完毕,为了使工件容易从工作台上取下,应使电磁吸盘去磁,此时应如何操作,电路工作情况如何?

3.3　分析M7120型平面磨床电路故障的原因:

①合上总电源开关QS后,按下SB_3、KM_1线圈得电吸合,但松手后KM_1线圈失电释放;

②合上总电源开关QS,控制变压器TC电压正常,砂轮升降工作也正常,但按下SB_3液压泵电动机M_1不能工作;

③电路电源电压正常,按下充磁按钮SB_8接触器KM_5动作正常,但电磁吸盘磁力足。

3.4　Z3050型摇臂钻床在摇臂升降过程中,液压泵电动机M_3和摇臂升降电动机M_2应如何配合工作,并以摇臂上升为例叙述电路工作过程。

3.5　在Z3050型摇臂钻床电路中SQ_1、SQ_2、SQ_3各行程开关的作用是什么?结合电路工作情况说明。

3.6　在Z3050型摇臂钻床电路中,时间继电器KT、YA的作用各是什么?

3.7　分析Z3050型摇臂钻床电路故障的原因:

①电路的电源电压正常,按下摇臂上升按钮SB_3,摇臂不能上升;

②按下SB_3,摇臂上升工作正常,松开手后摇臂停止上升,但不能自动夹紧。

3.8　在X62W型万能铣床电路中,电磁离合器YA的作用是什么?

3.9　在X62W型万能铣床电路中,行程开关SQ_1、SQ_2、SQ_3、SQ_4、SQ_5、SQ_6、SQ_7的作用是什么?它们与机械手柄有何联系?

3.10　在X62W型万能铣床电路中,电气控制具有哪些连锁与保护?为什么要有这些连锁与保护?它们是如何实现的?

3.11　在X62W型万能铣床电路中,进给变速能否在运行中进行,为什么?

3.12　X62W型万能铣床主轴变速能否在主轴停止时或主轴旋转时进行,为什么?

3.13　X62W型铣床电气控制有哪些特点?

3.14　分析X62W型万能铣床电路故障的原因:

①合上电源开关QS后,电路工作电压正常,但按下SB_3,FU_3立即烧断;

②主轴电动机启动正常,按下停止按钮后电动机能停止,但无反接制动;

③工作台的六方向进给移动正常,但无快速移动。

第4章

起重设备的电气控制电路

常用的起重运输设备有桥式起重机、电动葫芦、电梯、皮带运输机等设备。从它们的控制特点来看，都是采用交流拖动进行控制的。本章主要介绍桥式起重机的电气控制和电梯的控制过程。

4.1 电动葫芦和梁式起重机的电气设备

4.1.1 电动葫芦

电动葫芦是将电动机、减速器、卷筒、制动器和运行小车等设备紧凑地结合在一起的起重设备。

电动葫芦和梁式起重机是重量较小、结构简单的起重机械，用于工矿企业的小型车间。

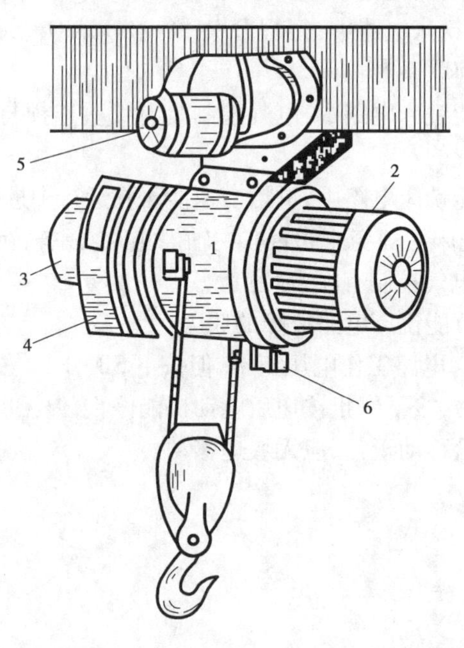

图4.1 电动葫芦的总体图

1—钢丝卷筒 2—锥形电动机 3—减速机 4—电磁制动器 5—电动机 6—限位开关

电动葫芦根据电动机、制动器和卷筒等主要部件布置的不同,可分为 TV 型、CD 型、DH 型和 MD 型。按用途可分为通用型和专用型两种。

CD 型电动葫芦是我国自行联合设计的新产品。如图 4.1 所示。它由提升机械和移动装置构成,并分别用电动机拖动。提升钢丝卷筒 1 由锥型电动机 2 经减速箱 3 拖动,主传动轴和电磁制动器 4 的圆盘相连接。移动电动机 5 经减速箱拖动导轮在工字钢上移动。

电动葫芦的控制线路如图 4.2 所示,电源由电网经刀开关 QS、熔断器 FU 和滑线(或软缆)供给主电路和控制电路。主电路分别通过 KM_1、KM_2 和 KM_3、KM_4 控制电动机 M_1 和 M_2 的正反运行,以达到提升下降重物和使电动葫芦前后移动。

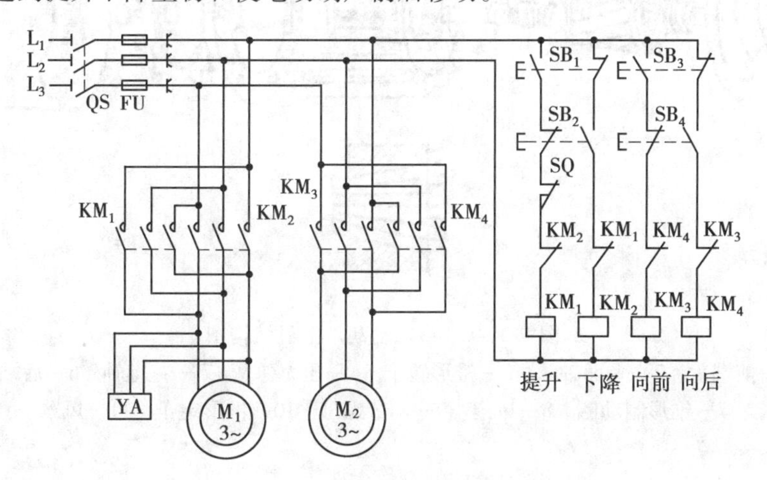

图 4.2　电动葫芦电气控制线路

其中 YA 为断电型电磁制动器,线路为点动控制线路。为了防止正反转接触器同时通电,造成电源短路,采用了按钮互锁、接触器互锁的双重连锁控制,其中 SQ 是上升限制位开关。

4.1.2　梁式起重机

将 CD 型电动葫芦安装于可沿厂房左右移动的轨道上,便称为电动单梁起重机。单梁起重机起吊重物时,除有上下、前后运动外,还有左右移动,即有六个方向运动。对于梁式起重机中梁架的左右移动,可采用鼠笼式或绕线式电动机拖动。梁式起重机采用悬吊式按钮站或在驾驶室中集中控制。

CD 型电动单梁起重机的电气控制线路与图 4.2 线路相似,只多了左右移动的电气控制。目前生产的 CD 型电动葫芦有 8 种起重量、10 种结构形式。该系列产品多采用 ZZ 型锥形转子电动机即(转子与定子呈锥形),其结构如图 4.3 所示。

其工作原理是:当定子通电后,产生磁场,磁力线垂直于转子表面,于是产生一个轴向分力,使转子 3 克服弹簧 4 的力,向锥形小端方向轴向移动,转子被吸进定子,并使锥形制动圈 7 脱离后盖 6 ,允许转子自由转动。当切断电源时,在被压缩弹簧 4 的作用下,转子向反向轴方向移动,使锥形制动圈紧刹于后盖上,实现转子停车制动。

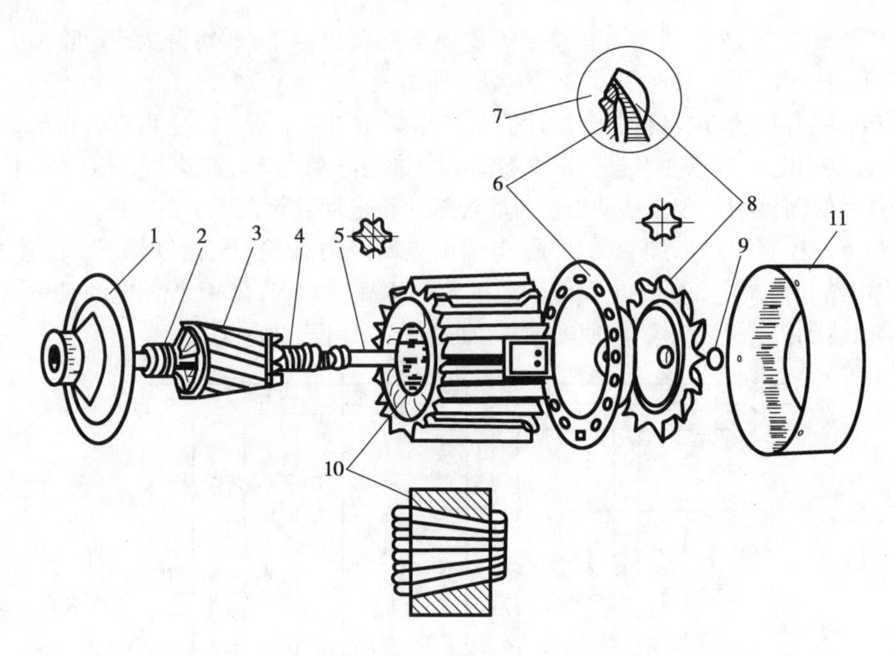

图 4.3　CD 型电动葫芦电机结构图

1—前端盖　2—平面轴承　3—锥形转子　4—压力弹簧　5—花键轴　6—后端盖
7—锥形制动圈　8—风扇　9—调节螺母　10—锥形定子　11—风罩

4.2　桥式起重机概述

4.2.1　桥式起重机的结构及运动情况

起重机主要用于起重和空中搬运重物，在冶金和机械制造工业中应用最广泛。根据其运动形式的不同，分为桥式起重机和臂架式起重机。桥式起重机又分为通用桥式起重机、冶金专用起重机、龙门起重机与缆索起重机。

通用桥式起重机又称“天车”“行车”，如图 4.4 所示。它是一种横架在固定跨度上空用来吊运重物的设备。桥式起重机按起吊装置不同，分为吊钩桥式起重机、电磁盘桥式起重机和抓斗桥式起重机。本章以吊钩桥式起重机为主进行介绍。

桥式起重机主要由桥架、大车运行机构、装载起升机构、小车运行机构和电器控制设备等组成。

(1) 桥架

桥架是桥式起重机的基件。它由主梁、端梁、走道等部分组成。主梁横跨在车间中间。主梁两端有端梁，组成箱式桥架。两则设有走道，一侧为安装和检修大车移动运行机构的传动装置，使桥架可在沿车间长度铺设的轨道上移动；另一侧安装小车所有的电气设备。主梁上铺有小车移动的轨道，小车可以前后移动。

(2) 大车

大车移动机构由大车电动机、制动器、传动轴、万向联轴节、车轮等部分组成。拖动方式有

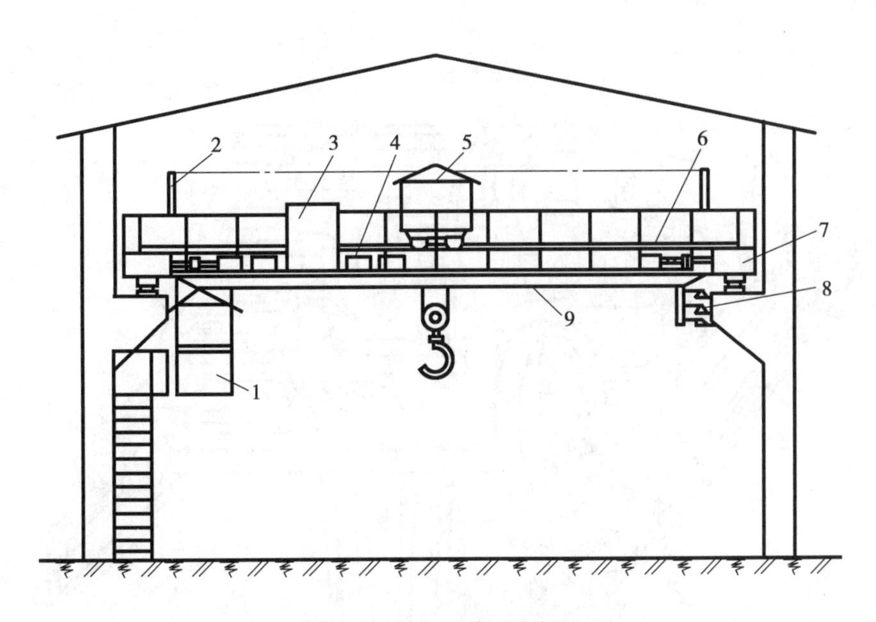

图4.4　桥式起重机示意图

1—驾驶室　2—辅助滑线架　3—交流磁力控制盘　4—电阻箱

5—起重小车　6—大车拖动电动机　7—端梁　8—主滑线　9—主梁

集中驱动和分别驱动两种,前者用一台电动机经减速装置拖动大车的两个(组)主动轮同时移动;后者采用两台电动机经减速装置分别拖动大车的两个(组)主动轮同时移动。分别驱动方案机动灵活,但应注意选用同型号的两台电动机和同一控制器,以实现同步拖动。目前我国生产的桥式起重机大都采用分别驱动方式。

(3)小车

小车俗称"跑车",主要由小车架、提升机构、小车移动机构和限位开头等组成。

小车运行机构采用集中驱动方式。

它的传动系统如4.5所示。小车移动机构由小车电动机6经立式减速箱7拖动小车前后移动,两端装有缓冲装置和限位保护开关。提升机构由提升电动机1经卧式减速箱2拖动卷筒3旋转,通过钢丝绳5使重物上升或下降,15 t以上的桥式起重机装有两套提升机构:主钩和副钩。

桥式起重机通常分为单主梁和双梁起重机两大类。按吊具不同又可分为吊钩、抓斗、电磁、两用(吊钩和可换的抓斗)桥式起重机;此外,还有防爆、绝缘、双小车、挂梁等桥式起重机。

4.2.2　桥式起重机对电力拖动和电气控制的要求

桥式起重机的电动机工作条件十分恶劣、粉尘大、温度高、空气潮湿,其负载性质为重复短时工作制。电动机处于频繁的启动、调速、制动工作状态;同时,负载很不规则,经常承受较大的过载和机械冲击。为此,专门设计制造了起重机用交流电动机YZR(绕线式)和YZ(鼠笼式)系列。这种电动机具有较高的机械强度和较大的过载能力。同时,为了降低起、制动时的能量损耗,电动机的转子制成细长状,以减小其转动惯量。为了适应起重机负载频繁起、制动的要求,电动机定子和转子间气隙较大,所以电动机空载电流大,机械特性软。

为了提高桥式起重机的生产率和安全可靠性,卷扬机的电力拖动与自动控制应满足如下

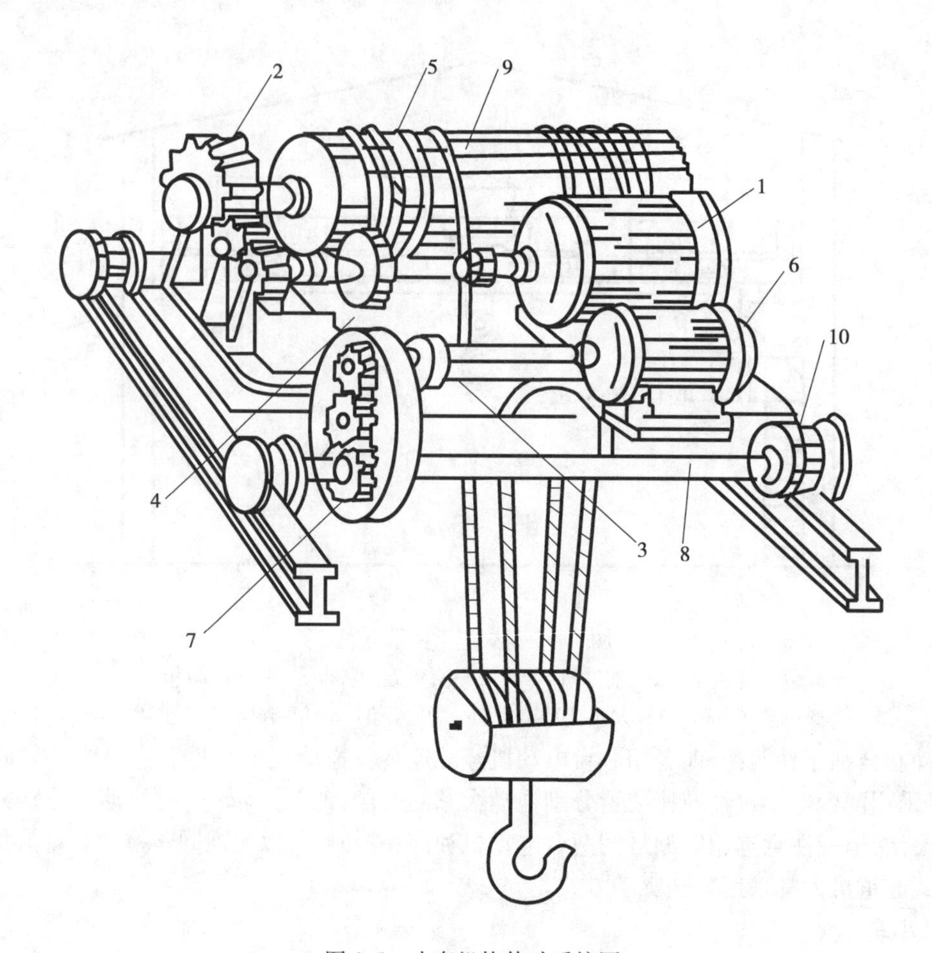

图 4.5　小车机构传动系统图

1—提升电动机　2—卧式减速箱　3—卷筒　4—提升机构　5—钢丝绳

6—小车电动机　7—立式电箱　8—小车车轮胎　9—小车制动轮　10—小车车轮

要求：

①具有合理的升降速度。升降速度依负载要求能够变化,空载最快,轻载稍慢,额定负载最慢;

②应具有一定的调速范围,一般为3∶1,要求较高的可达(5～10)∶1;

③为了消除传动间隙,将钢丝绳张紧,以避免过大的机械冲击,提升的第一级应作为预备级,该级的启动转矩应限制在额定转矩的一半以下;

④下放重物时,依据负载大小,其拖动电动机可以运行在电动状态(加速下放)或制动状态(制动下放),两者之间的转换是自动进行的;

⑤必须设有机械抱闸,以实现机械制动。

4.2.3　桥式起重机的主要参数

(1)额定起重量

额定起重量是指起重机允许的起吊负荷量,以t(吨)为单位。国产桥式起重机有5 t、10 t、15/3 t、20/5 t、30/5 t、50/10 t、75/20 t、100/20 t、125/20 t、125/30 t、200/30 t、250/30 t 等多种。

通常分数的分子为主钩的起重量，分母为副钩的起重量。其中 5～10 t 为小型，10～15 t 为中型，50 t 以上为重型起重机。

最大起重量不同于额定起重量，最大起重量是指正常工作条件下允许吊起的最大额定起重量。

(2) 跨度

起重机主梁两端车轮中心线间的距离，即大车轨道中心线间的距离称为跨度，以 m（米）为单位。一般常用的跨度为 10.5 m、13.5 m、16.5 m、19.5 m、22.5 m、28.5 m、31.5 m 等。

(3) 提升高度

吊具或抓取装置的上极限位置与下极限位置之间距离，称为提升高度，以 m 为单位。一般常见的提升高度有 12 m、16 m（为单钩），12/14 m、12/18 m、16/18 m、19/21 m、20/22 m、21/23 m、22/26 m、24/26 m 等（为双钩），其中分子为主钩起升高度，分母为副钩起重高度。

(4) 运行速度

桥式起重机的工作速度包括起升速度及大、小车运行速度。以 m/min（米/分）为单位。起升速度是指吊物（或其他取物装置）在稳定运动状态下，额定负载时的垂直位移速度。中、小起重量的起重机的起升速度一般为 8～20 m/min。

小车运行速度为小车稳定运行状态下的运行速度。一般为 30～60 m/min，跨度大的取值较大，跨度小的取值较小。

大车运行速度为起重机稳定运行时的运行速度。一般为 80～130 m/min，起重机行程长的可快些，起重机行程短的可慢些。

(5) 提升速度

桥式起重机的提升速度是指电动机在额定转速时提升装置上升的速度。通常用 m/min 为单位，一般提升速度不超过 30 m/min。

(6) 工作类型

起重机按照其载荷率和工作繁忙程度，可分为轻级、中级、重级三种工作类型。

①轻级　速度较低，使用次数不多，满载机会较少，通电持续率为 15%，用于不紧张或不繁重的场所。

②中级　经常在不同载荷下工作，速度中等，工作不太频繁，通电持续率为 25%，适用于装配车间。

③重级　经常工作在重载下，使用频繁，通电持续率在 40% 左右，适用于铸造、冶炼车间。

④特重级　经常超负荷工作，工作特别繁忙，通电持续率在 60% 左右。

(7) 通电持续率

工作时间与周期时间之比，称为通电持续率。

$$JC\% = \frac{工作时间}{周期时间} \times 100\% = \frac{通电时间}{通电时间 + 休息时间} \times 100\% \tag{4.1}$$

根据起重机工作特点，通常 10 min 为一个周期，JC% = 100% 为长期工作制，JC% = 25%（或 40%）为重复短时工作制。桥式起重机常工作于重复短时工作制。

4.2.4　起重机的供电特点

交流起重机的电源由交流网供电。由于起重机必须经常移动，移动部分电气设备的供电应采用滑线、电刷或软电缆等方式。

小型起重机(例如10 t以下)常采用软电缆供电,大车在导轨上移动(向左、向右)以及小车沿大车的导轨上移动(向前、向后)时,供电用软电缆随之伸展和叠卷。

中、大型起重机(例如15 t以上)常采用滑线和电刷供电。车间电源连接到车间布置的三根主滑线上,并刷黄、绿、红三色,有指示类在明显处告示有电。通过与滑线相接触的电刷,将电源引入到驾驶室保护盘的电源开关,再经电源开关向起重机各电气设备供电。对于提升机构,小车的电动机、电磁抱闸、提升限位等设备的供电及与转子电阻的连接,是依靠架设在大车一侧的辅助滑线来实现的。滑线通常用角钢、V形钢或钢轨制成。

4.2.5 起重机电动机工作状态的分析

对于移动机构拖动电动机,其负载转矩为摩擦转矩,它始终为反抗转矩,移动机构来回移动时,拖动电动机工作在正向电动状态或反向电动状态。

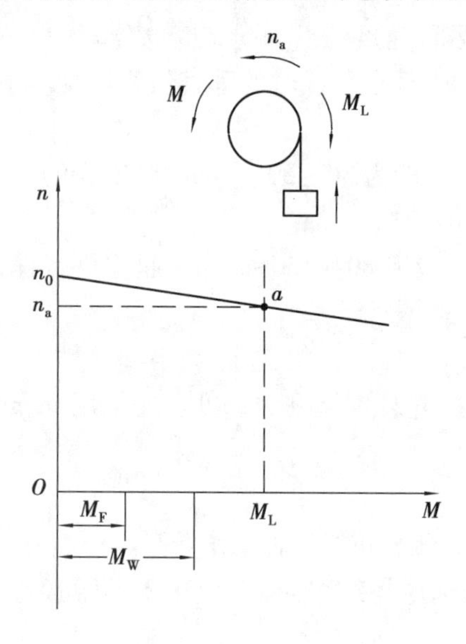

图4.6　提升重物时电动工作状态

提升机构电动机则不同,其负载转矩除摩擦转矩外,主要是由重物产生的重力转矩。当提升重物时,重力转矩为阻力转矩;而下放重物时,重力转矩成为原动转矩;在空钩或轻载下放时,还可能出现重力转矩小于摩擦转矩,需要强迫下放。所以,提升机构电动机将根据负载大小不同和提升与下降的不同,工作运行在不同的运行状态。

(1)提升重物时电动机工作状态

提升重物时电动机负载转矩 M_L 由重力转矩 M_W 及提升机构摩擦转矩 M_F 两部分组成。当电动机电磁转矩 M 克服这两个阻力转矩时,重物被提升,当 $M = M_L + M_F$ 时,电动机稳定工作在机械特性的 a 点,以转速提升重物,如图4.6所示。电动机工作在正向电动状态,在启动时,为了获得较大的启动转矩,减小启动电流,在绕线式异步电动机的转子电路中,串入电阻,然后依次切除,使提升速度逐渐提高,最后达到提升速度。

(2)下降重物时电动机的工作状态

1)反转电动状态

在空钩或轻载下放时,重力转矩 M_W 小于提升机构摩擦转矩 M_F,这时依靠重物不能下降,为此,电动机必须向下降方向产生电磁转矩 M,并与重力转矩 M_W 一起共同克服摩擦阻力转矩 M_F 强迫空钩或轻载下降,这在起重机中称为强迫下降。电动机工作在反转电动状态,如图4.7(a)所示。电动机运行在 $-n_a$ 下,以转速 n_a 强迫下降。

2)再生发电制动状态

在中型负载或重载长距离下降重物时,可将提升电动机按反相序接电源,产生下降方向的电磁转矩 M,这时电动机电磁转矩 M 方向与重力转矩 M_W 方向一致,使电动机很快加速超过电动机的同步转速。此时,电动机转子绕组内感应电动势与电流均改变方向,阻止重物下降的电磁转矩,当 $M = M_W - M_F$ 时,电动机以高于同步转速的转速稳定运行,如图4.7(b)所示,电动机

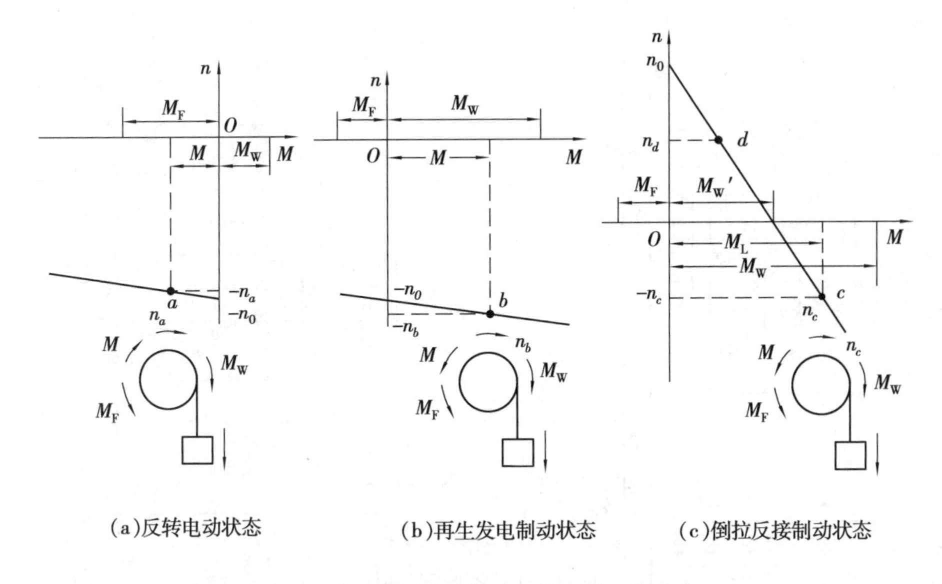

图 4.7 下放重物时电动机的三种工作状态

工作在再生发电制动状态,以高于同步转速的 n_b 下放重物。

3)倒拉反接制动状态

在下放重物时,为了获得低速下降,常采用倒拉反接制动。这时电动机定子按正转提升相序接电源,但在电动机转子电路中串接较大电阻,此时电动机启动转矩 M 小于负载转矩 M_L,电动机在重力负载作用下,迫使电动机反转。反转后的电动机转差率 s 加大,直至 $M=M_L$,其机械特性如图 4.7(c)所示,在 c 点稳定运行,以转速 n_c 低速下放重物。此时,如用于轻载下降,并且重力转矩小于 M_W 时,将出现不但不下降反而会上升的后果,如图 4.7(c)中在 d 点稳定运行,以转速 n_d 上升。

4.3 15/3 t 桥式起重机的控制线路

4.3.1 概述

通常情况下,10 t 以下的桥式起重机采用单卷扬机构,15/3 t 以上的桥式起重机采用双卷扬机构。下面以 15/3 t 的桥式起重机为例,详细介绍桥式起重机的工作过程和原理。

15/3 t 桥式起重机为交流电动机拖动,由于主钩的提升电动机功率较大,所以采用磁力控制盘和主令控制器操纵,副钩、大车、小车均采用凸轮控制器操纵。桥式起重机的各种控制和保护(过载、短路、终端、紧急、舱口栏杆安全开关等保护),由保护配电箱来控制。

图 4.8 为 15/3 t 中级通用吊钩桥式起重机制控制线路。它有两台卷扬机构,主钩额定起重量为 15 t、副钩额定起重量为 3 t,分别用 M_5 和 M_1 传动,大车采用 M_3、M_4 分别传动,小车由 M_2 传动。

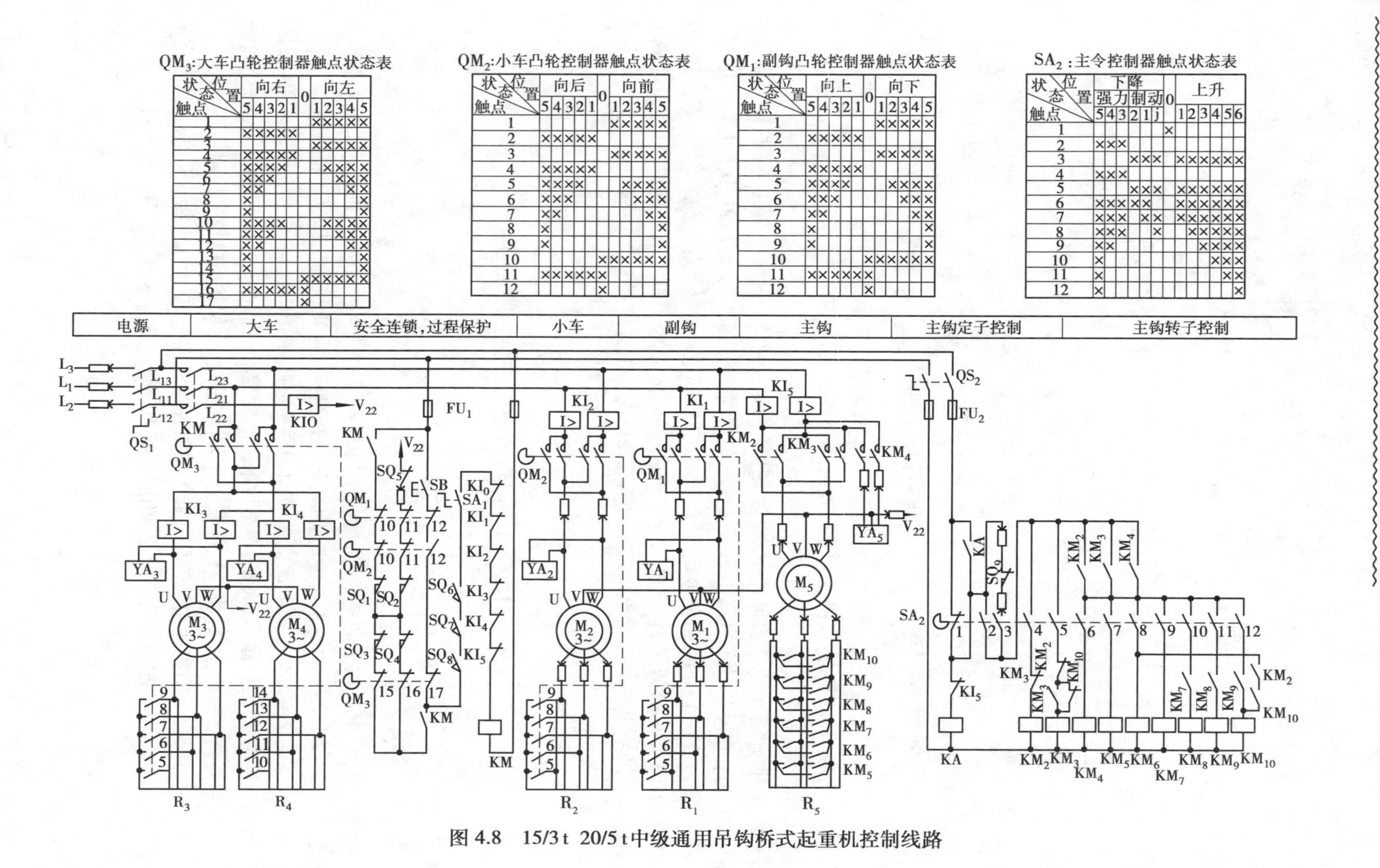

图 4.8　15/3 t 20/5 t 中级通用吊钩桥式起重机控制线路

图中 SA_1 为紧急开关，当主令电器失控时，作紧急停止用；SQ_1、SQ_2 为小车前后限位开关；SQ_3、SQ_4 为大车左右移动限位开关；SQ_9 和 SQ_5 为主、副钩提升限位开关；SQ_6 为舱口门安全开关；SQ_7、SQ_8 为端梁栏杆门安全开关。当检修人员上桥架检修机电设备或大车轨道上检修设备而打开门时，使 SQ_6 或 SQ_7、SQ_8 释放，以确保检修人员的安全。KI_1 ~ KI_5 分别为 M_1、M_2、M_3、M_4、M_5 电机的过电流继电器，实现过流和过载保护，KI_0 为总过流继电器。YA_1 ~ YA_5 分别为副钩、小车、大车、主钩的制动电磁铁。控制线路由凸轮控制器 QM_1 ~ QM_3、主令控制器 SA_2 和交流磁力控制盘等组成，线路简单，工作可靠，操作灵活，系标准化线路。

下面简单介绍一下控制线路的工作原理：

合上电源开关 QS_1、QS_2，线路有电。在所有凸轮控制器及主令控制器均在"0"位，所有安全开关均压下，且所有过电流继电器均未动作的前提下，按下启动按钮 SB，电源接触器 KM 通电吸合，并通过各控制器的连锁触点，限位开关组成自锁电路，便可以操纵 QM_1、QM_2、QM_3、SA_2 工作。

副钩和小车分别由电动机 M_1 和 M_2 拖动，用两台凸轮控制器 QM_1、QM_2 分别控制电动机 M_1、M_2 的启动、变速、反向和停止，副钩和小车的限位保护由限位开关 SQ_5、SQ_1、SQ_2 实现。

大车采用两台电动机 M_3、M_4 拖动，用一台凸轮控制器 QM_3 同时控制电动机 M_3 和 M_4 的启动、变速、反向和停止。大车左右移动的限位保护由限位开关 SQ_3、SQ_4 分别控制。

主钩由电动机 M_5 拖动，用一套主令控制器 SA_2 和交流磁力控制盘组成的控制系统，控制主钩上升、下降、制动、变速和停止等动作。主钩提升限位保护由限位开关 SQ_9 控制。

三台凸轮控制器 QM_1、QM_2、QM_3 和一台主令控制器 SA_2、交流保护柜、紧急开关等，安装在驾驶室内；电动机各转子电阻、大车电动机 M_3 和 M_4、大车制动电磁铁 YA_3 和 YA_4 以及交流磁力控制盘均安装在大车桥架一侧；桥架的另一侧安装 19 根或 21 根辅助滑线及小车限位开关 SQ_1、SQ_2。小车上有小车电动机 M_2，主、副钩电动机 M_5 和 M_1，提升限位开关 SQ_5、SQ_9，以及制动电磁铁 YA_2、YA_5、YA_1 等。大车限位开关 SQ_3、SQ_4 安装于端梁两边（左右）。

电动机各转子电阻根据电动机型号按标准选择匹配。

起重机在起吊设备时，必须注意安全。只允许一人指挥，并且指挥信号必须明确。起吊时任何人不得在起重臂下停留或行走。起吊设备进行平移操作时，必需高出障碍物 0.5 m 以上。

15/3 t 桥式起重机主要电器元件明细表见表 4.1。

表 4.1　15/3 t 桥式起重机主要电器元件明细表

代　号	名　称	规格与型号	数　量	作用及用途
M_1	电动机	JZR41-8　11 kW	1	驱动副钩升降
M_2	电动机	JZR12-6　3.5 kW	1	驱动小车横向运动
M_3、M_4	电动机	JZR22-6　7.5 kW	2	驱动大车纵向运动
M_5	电动机	JZR63-10　60 kW	1	驱动主钩升降
QM_1	凸轮控制器	KT14-25J/1	1	副钩电动机 M_1 的控制
QM_2	凸轮控制器	KT14-25J/1	1	小车电动机 M_2 的控制
QM_3	凸轮控制器	KT14-25J/2	1	大车电机 M_3、M_4 的控制
SA_2	主令控制器	LK1-12/90	1	主钩电动机 M_5 的控制
YA_1	电磁铁	MZDI-300	1	副钩电动机 M_1 制动电磁铁
YA_2	电磁铁	MZDI-100	1	小车电动机 M_2 制动电磁铁

续表

代　号	名　称	规格与型号	数　量	作用及用途
YA_3、YA_4	电磁铁	MZDI-200	2	大车电动机制动电磁铁
YA_5、YA_6	电磁铁	MZSI-45H	2	主钩电动机制动电磁铁
R_1	电阻器	2K1-41-8/2	1	副钩电动机 M_1 转子串电阻
R_2	电阻器	2K1-12-6/1	1	小车电动机 M_2 转子串电阻
R_3、R_4	电阻器	4K1-22-0/1	2	大车电动机转子串电阻
R_5	电阻器	4P5-63-10/9	1	主钩电动机 M_5 转子串电阻
QS_1	开关	DH13-400/3	1	电源总开关
QS_2	开关	HD11-200/2	1	主钩电动机 M_5 主电路开关
QS_2	开关	DZ5-50	1	主钩电动机 M_5 控制电路开关
SA_1	开关	A-3161	1	驾驶室紧急开关
SB	按钮	LA19-11	1	主接触器启动按钮
KM	接触器	CJ12B-400/3	1	总电源接通接触器
KIO	电流继电器	JL4-150/1	1	总过电流保护
KI_1 ~ KI_4	电流继电器	JL4-40	4	M_1、M_2、M_3、M_4 过流保护
KI_5	电流继电器	JL4-150	1	主钩电动机 M_5 过流保护
FU_1 ~ FU_2	熔断器	RL1-15/5	2	主接触器回路短路保护
KM_2	接触器	CJ12B-100	1	控制主钩电动机 M_5 反转
KM_3	接触器	CJ12B-100	1	控制主钩电动机 M_5 正转
KM_4	接触器	CJ12B-100	1	控制主钩制动电磁铁
KM_7 ~ KM_9	接触器	CJ12B-100	4	控制 M_5 转子串电阻
KM_5 ~ KM_6	接触器	CJ12B-100	2	控制 M_5 转子串电阻
KA	欠电压继电器	JT4-10P	1	主钩电动机欠压保护
SQ_9	位置开关	JLXK1-311	1	主钩上限位保护开关
SQ_5	位置开关	JLXK1-311	1	副钩上限位保护开关
SQ_1 ~ SQ_4	位置开关	JLXK1-311	2	大、小车限位行程开关
SQ_6	位置开关	JLXK1-311	1	舱口安全行程开关
SQ_7 ~ SQ_8	位置开关	JLXK1-311	2	横梁栏杆安全行程开关

4.3.2　凸轮控制器控制的控制线路

(1)凸轮控制器

1)凸轮控制器的结构

图 4.9 所示为凸轮控制器的结构原理图。凸轮控制器由手柄、转轴、凸轮、杠杆、弹簧、定

位节轮等机械机构,触头、接线,联板等电气结构,上下盖板、外罩、防止电弧短路的灭弧罩等固一防护结构三部分组成。

当转轴转动时,凸轮随绝缘方轴转动。当凸轮的凸起部分顶起带活动触头的杠杆上端的滚子时,使动触头与静触头断开,分断电路;而当转轴带动凸轮转动到凸轮凹处与滚子相对,滚子下移,动触头受弹簧的作用紧压在固定触头上,动静触头闭合,接通电路。在方轴上叠装不同形状的凸轮和定位棘轮,可使一系列的动、静触头组按预先规定的顺序来接通或分断电路,达到控制电动机启动、运转、反转、制动、调速等目的。

2)凸轮控制器型号及主要技术数据

目前国内常用的凸轮控制器有 KT10、KT12、KT14 及 KT16 等系列。

型号代表意义:

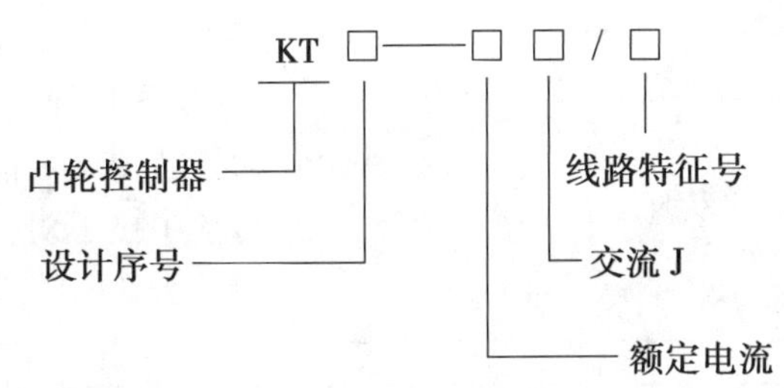

KT 系列的主要技术数据见表 4.2。

表 4.2　凸轮控制器主要技术数据

型　号	额定电压/V	额定电流/A	工作位置		通电持续率为25%时所控制的电动机	额定操作频率/(次·h⁻¹)	最大工作周期/min
			向前(上)	向后(下)	最大功率/kW		
KT14-25J/1	380	25	5	5	11.5	600	10
KT14-25J/2		25	5	5	2×6.3		
KT14-25J/3		25	1	1	8		
KT14-60J/1		60	5	5	32		
KT14-60J/2		60	5	5	2×16		
KT14-60J/4		60	5	5	2×25		

目前我国生产的凸轮控制器主要有 KT10、KT14 型两种,额定电流有 25 A、60 A。其中 KT10 型的触点为单断点转动式,具有钢质灭弧罩,操作方式有手轮式和手柄式。KT14 型的触点为双断点和直动式,采用半封闭式纵缝陶土灭弧罩,只有手柄式操作方式。KT14-25J/1、KT14-60J/1 型用于控制一台三相绕线式异步电动机;KT14-25J/2、KT14-60J/2 型用于同时控制两台三相绕线式异步电动机,并带有定子电路的触点;KT14-25J/3 型用于控制一台三相鼠笼式异步电动机;KT14-60J/4 型用于同时控制两台三相绕线式异步电动机,定子回路由接触器控制。

(2)凸轮控制器的控制线路

图 4.10 为凸轮控制器 KT14-25J/1 型控制线路图,用于 15/3 t、20/5 t 桥式起重机的小车及副钩的控制电路。大车的控制采用 KT14-25J/2 型,其接点多了 5 对,以控制两台电动机转

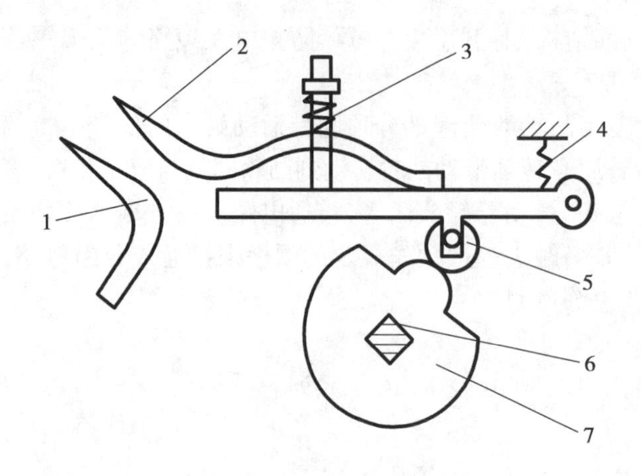

图 4.9 凸轮控制器结构示意图
1—静触点 2—动触点 3—触点弹簧 4—弹簧
5—滚子 6—绝缘方轴 7—凸轮

子电阻的切换，控制线路与 KT-25J/1 型相似。从图 4.10 中可以看出，凸轮控制器有 12 对触点，分别控制电动机的主电路、控制电路及其安全、连锁保护电路。

1）电路特点

①可逆对称电路。通过凸轮控制器触点来换接定子电源相序，实现电动机正反转，以及改变电动机转子外接电阻。在控制器正反转对应挡位，电动机工作情况完全相同。

②由于凸轮控制器触点数量有限，为了获得尽可能多的调速等级，电动机转子串接不对称电阻。

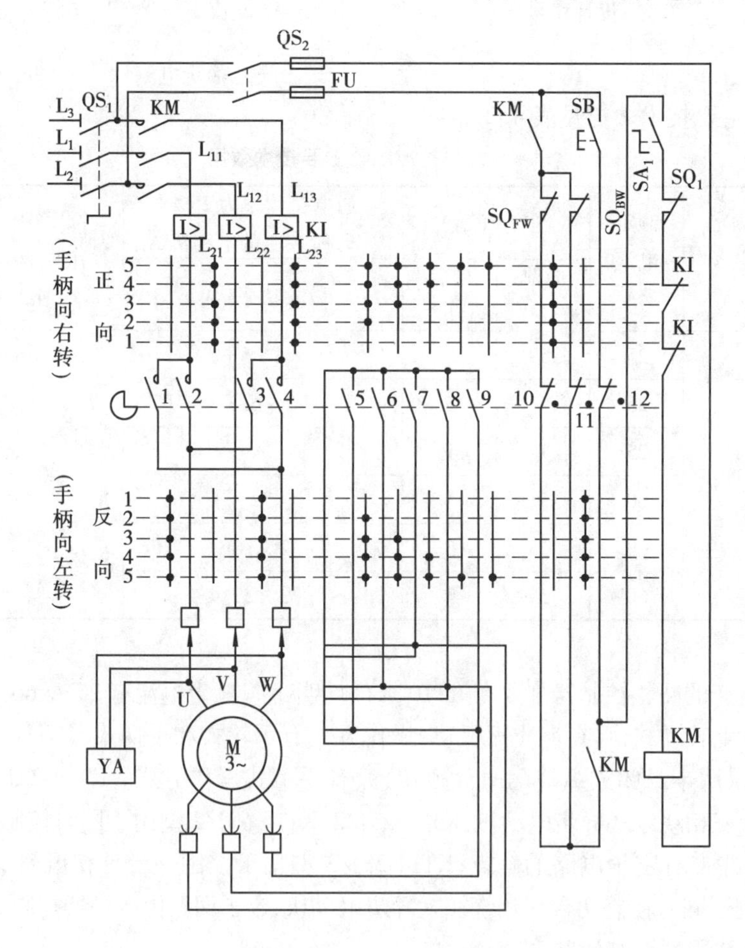

图 4.10 KT14-25J/1 型凸轮控制器原理图

③当凸轮控制器用于控制提升机构电动机时，提升与下降重物，电动机处于不同工

作状况。

提升重型负载时,第一挡为预备级,用于张紧钢丝绳,在第2、3、4、5挡时,提升速度逐渐提高。

下放重型负载时,电动机工作在再生发电状态。

提升轻载时,第一挡为启动级,第2、3、4、5挡提升速度逐渐提高,但提升速度变化不大。

下降空钩或轻载时,如果不足以克服摩擦转矩,电动机工作在强迫下降电动状态。所以,该控制电路在用于平移机构时,正反转机构特性完全对称,在用于提升机构时,不能获得重载或轻载的低速下降。在下降过程中需要准确定位时,可采用点动操作方式,即控制器手柄扳至下降1位后立即扳回0位,经多次点动,配合电磁抱闸便能实现准确定位的控制。

2)电动机定子电路的控制

合上三相电源刀闸开关QSI,三相交流电经接触器KM的主触点和过电流继电器KI,其中一相L_{22}直接与电动机M的V端相连,另外两相L_{21}和L_{23}分别通过凸轮控制器的四对触点与电动机M的U、W端相连。当控制器的操作手柄向右转动时(第1~5挡),凸轮控制器的主触点2、4闭合,使(L_{21}-U)和(L_{23}-W)相连通,电动机M加正向相序电压而正转。当控制器的操作手柄向左转动时,凸轮控制器的另外两对触点1、3闭合,即(L_{21}-W)、(L_{23}-U)相连通,电动机M加反向相序电压而反转。通过凸轮控制器的四对触点的闭合与断开,可以实现电动机的正反、停止控制。四对触点均装有灭弧装置,以便在触点通断时能更好熄灭电弧。

3)电动机转子电路的控制

凸轮控制器有五对触点(5~9)控制电动转子电阻接入或切除,以达到调节电动机的目的。凸轮控制器的操作手柄向右(正向)或向左(反向)转动时,五对触点通断情况对称,转子电阻接入与切除如图4.11所示。

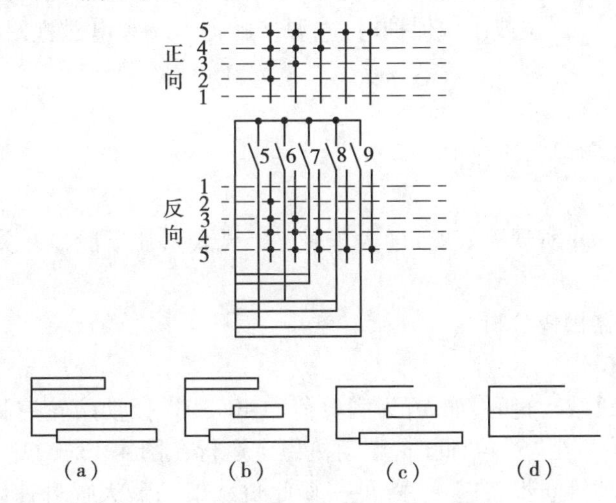

图4.11　凸轮控制器转子电阻切换情况

当控制器手柄置于第1挡时,转子加全部电阻,电动机以最低速运行;当置于“2”“3”“4”及“5”位置时,转子电阻被逐级不对称切除(图(a)、(b)、(c)及(d)),电动机的转子转速逐渐升高,可调节电动机转速和输出转矩,相应的电动机的机械特性如图4.12所示。当转子电阻被全部切除时,电动机将运行在自然特性曲线“5”上。

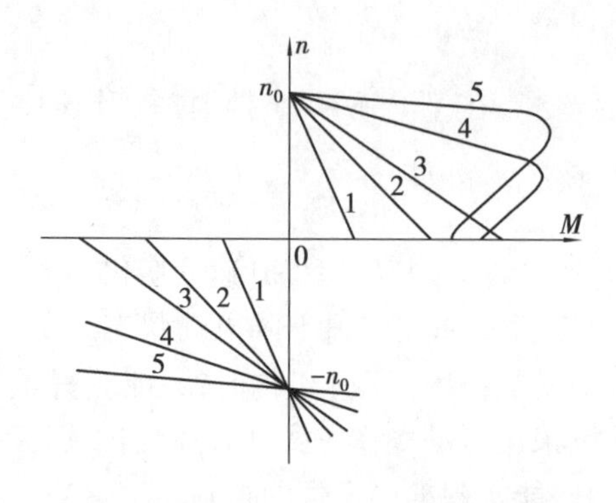

图 4.12　用 KT14-25J/1 型控制电动机的机械特性

4）凸轮控制器的安全连锁触点

在图 4.10 中，凸轮控制器的触点 12 用来作为零位启动保护。零位触点 12 只有在控制器手柄置于“0”位时处于闭合状态。按下按钮 SB，接触器 KM 才能通电并自锁，M 才能启动，其他位置均处于断开状态。运行中如突然断电又恢复供电时，M 不能自行启动，而必须将手柄回到零位重新操作，连锁触点 10、11 在“0”位亦闭合。当凸轮控制器手柄反向时，连锁触点 11 闭合、触点 10 断开；而手柄置于正向时，连锁触点 10 闭合、触点 11 断开。连锁触点 10、11 与正向和反向限位开关 SQ_{Fw}、SQ_{Bw} 组成移动机构（大车或小车）的限位保护。

5）控制电路分析

在图 4.10 中，合上三相电源的开关 QSI，凸轮控制器手柄置于“0”位，触点 10～12 均闭合。合上紧急开关 SAI，如大车顶无人，舱口关好以后（即触点开关 SQI 闭合），这时按下启动按钮 SB，电源接触器 KM 通电吸合，其常开触点闭合，通过限位开关触点 SQ_{Fw}、SQ_{Bw} 构成自锁电路。当手柄置于反向时，连锁触点 11 闭合、10 断开，移动机构运动，限位开关 SQ_{Bw} 作为限位保护。当移动机构运动（例如大车向左移动）至极限位置时，压下 SQ_{Bw}，切断自锁电路，线圈 KM 自动失电，移动机构停止运动。这时，欲使移动机构向另一方面运动（例如大车向右移动），则必须先使凸轮控制器手柄回到“0”位，才能使接触器 KM 重新通电吸合（实现零位保护），并通过 SQ_{Fw} 支路自锁，操作凸轮控制器手柄置于正向位置，移动机构才能向另一方向运动。

当电动机 M 通电运转时，电磁抱闸线圈 YA 同时通电，松开电磁抱闸，运动机构自由旋转。当凸轮控制器手柄置于“0”位或限位保护时，电源接触器 KM 和电磁抱闸线圈 YA 同时失电，使移动机构准确停车。

本电路还能实现下列保护：

①过流断电器 KI 实现过流保护；

②事故紧急保护；

③舱口安全开关 SQI 实现关好舱口（大车桥梁上无人），压下舱口开关，触点闭合，才能开车的安全保护。

6）副钩凸轮控制器操作分析

①轻载时的提升操作

当提升机构起吊负载较轻时，如 M_L 为满负荷的 40% 时，扳动凸轮控制器手柄由“0”位依次经由“1”“2”“3”“4”直至“5”位，此时，电动机稳定运行在图 4.13（a）中 A 点对应的转速 n_A 上。该转速已接近电动机同步转速 n_0，故可获得此负载下的最大提升速度，这对加快吊运速度，提高生产率是有利的；但在实际操作中，应注意以下几点：

A. 严禁采用快速推挡操作，只允许逐步加速，此时物体虽然较轻，但电动机从 $n=0$ 增速至 $n_a \approx n_0$，若加速时间太短，会产生过大的加速度，给提升机构和桥架主梁造成强烈的冲击。为此，应逐级推挡且每挡停留 1 s 为宜。

B. 一般不允许控制器手柄长时间置于提升第 1 挡提升物体。因为在此挡位，电动机启动转矩 $M_{st}/M_N=0.75$，电动机稳定转速 $n_A/n_0=0.5$ 左右，提升速度较低，对于提升距离较长时，

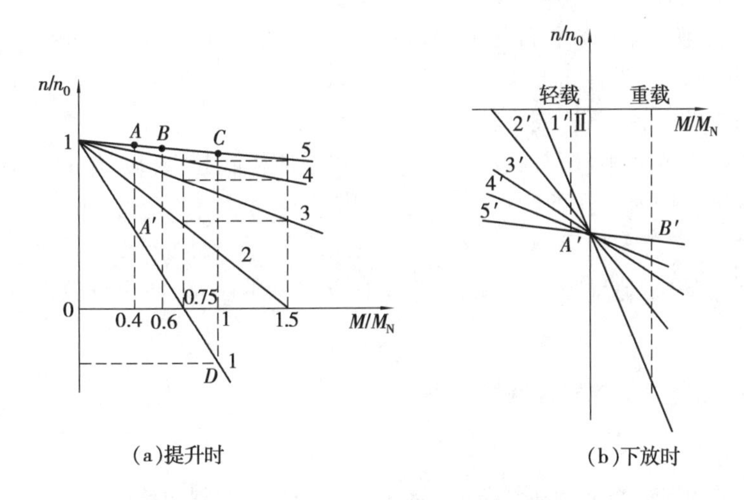

图4.13　提升与下放重物时电动机械特性

采用该挡位工作极不经济。

C. 当物件已提至所需高度应制动停车,此时,将控制器手柄逐级扳回至“0”位,每挡也应有1 s左右的停留时间,使电动机逐级减速,最后制动停车。

②中型负载的提升操作

当起吊物件负载转矩 M_L 为满负荷的50% ~60%时,由于物件较重,为了避免电动机转速增加过快对起重机的冲击,控制器手柄可在提升“1”位停留2 s左右,然后逐级加速,最后电动机稳定运行在图4.13(a)中的 B 点。

③重载负载的提升操作

当起吊物件负载转矩 M_L 为满负荷时,控制器手柄由“0”位推至提升“1”位,此时电动机启动转矩 $M_{st}/M_N = 0.75 < T_L$,故电动机不能启动旋转。这时,应将手柄迅速通过提升“1”位而置于提升“2”位,然后再逐级加速,直到提升“5”位。在此负载下,电动机稳定运行在图4.13(a)中的 C 点。

在提升重载时,无论在提升过程还是为了使已提升的重物停留在空中,在将控制器手柄扳回“0”位的操作时,手柄不允许在提升“1”位有所停留,不然重物不但不上升,反而以倒拉反接制动状态下降,即负载转矩拖动电动机以为 n_0 的1/3的转速 n_D 下放重物,稳定工作在图4.13(a)的 D 点,于是,发生重物下降的误动作,或重物在空中停不住的危险事故。所以,由提升“5”位扳回“0”位的正确操作是:在返回每一挡位时,应有适当的停留,一般为1 s;在提升“2”位时,应停留时间稍长点,使速度下来后再迅速扳至“0”位,制动停车。

一方面由于其他挡位提升速度低,生产效率低;另一方面由于电动机转子长时间串入电阻运行,电能损耗大;因此,无论是重载还是轻载提升工作时,在平稳启动后都应把控制器手柄推至提升“5”挡位,而不允许在其他挡位长时间提升重物。

④轻型负载下放时的操作

当轻型负载下放时,可将控制器手柄扳到下放“1”位,从图4.13(b)中可知,电动机工作在反转电动机状态运转。

⑤重型负载下放时的操作

当下放重型负载时,电动机工作在再生发电制动状态,这时,应将控制器手柄从“0”位迅速扳至下放“5”,使被吊物件以稍高于同步转速下放,并在图4.13(b)中的B'点运行。

综上所述,凸轮控制器有如下作用:

①控制电动机的正转、停止或反转;

②控制转子电阻的大小、调节电动机的转速,以适应桥式起重机工作的不同速度要求;

③适应起重机较频繁工作的特点;

④有零位触点,实现零位保护;

⑤与限位开关SQ_{Fw}、SQ_{Bw}联合工作,可限制移动机构的位移,防止越位而发生人身与设备事故。

4.3.3 主钩升降机构电气控制线路

(1)主令控制器

主令控制器是用来频繁地切换复杂的多路(例如12路)控制线路的主令电器。常用于起重机、轧钢机与及其他生产机械(例如,大型同步电机、压缩机)的操作控制。主令控制器的结构如图4.14所示,动作原理与凸轮控制器类似,也是利用凸轮块来控制触点系统的通断。当转动手柄时,方轴带动凸轮块1、7,凸轮块的凸出部分顶动小轮8,使动触点4离开静触点3,断开操作回路;当凸轮块的凸出部分离开小轮时,在复位弹簧9的作用下,触点闭合,接通操作回路。如在不同层次、不同位置安装许多套凸轮块,即可按一定程序接通和断开多个回路。由于主令控制器的触点小巧玲珑,触点采用银或银合金,所以操作轻便、灵活,提高了每小时的通电率。

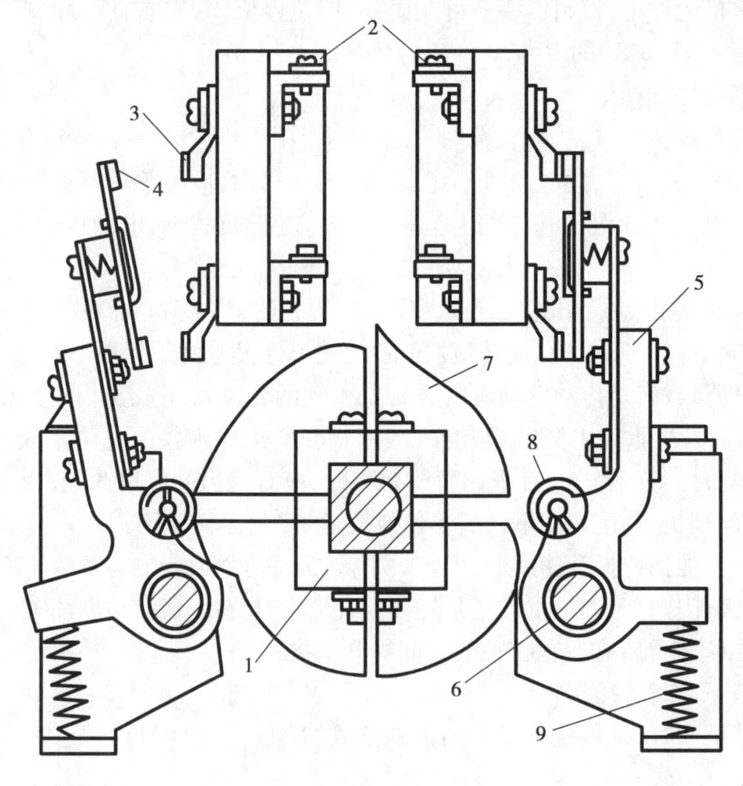

图4.14 主令控制器工作原理图

1、7—凸轮块 2—接线柱 3—静触点 4—动触点 5—支杆 6—转动轴 8—小轮 9—复位弹簧

目前国内外生产的主令控制器主要有LK14、LK15、LK16等系列。表4.3列出LK14系列的主要技术参数。

型号的意义：

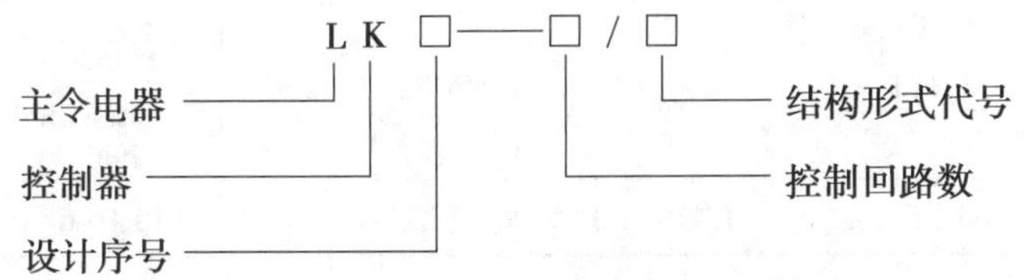

表4.3　LK14主令控制器主要技术参数

型　号	额定电压 U_N/V	额定电压 I_N/A	控制路数	外形尺寸/mm
LK1-12/90	380	15	12	329×314×325
LK14-12/90				227×220×300
LK14-12/96				
LK14-12/97				

(2)交流磁力控制盘

交流磁力控制盘内安装有起重机电气控制系统中除主令控制器外的其他电气设备，按控制对象分为平移机构交流磁力控制盘和升降机构交流磁力控制盘两类产品，有FQY和PQS等系列。交流磁力控制盘型号意义：

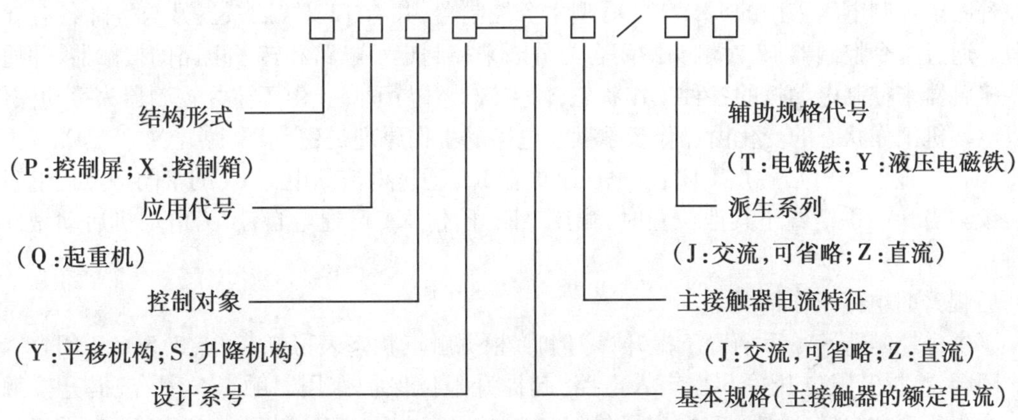

①PQY系列。用以控制平移机构的磁力控制盘，常用的有四种型号。

PQY1系列——控制一台电动机；

PQY2系列——控制二台电动机；

PQY3系列——控制二台电动机，允许一台电动机单独运转；

PQY4系列——控制四台电动机，分成二组，允许每台电动机单独运转。

②PQS系列。用以控制升降机构的磁力控制盘，常用的有三种型号：

PQS1系列——控制一台电动机；

PQS2系列——控制二台电动机，允许一台电动机单独运转；

PQS3系列——控制三台电动机，允许一台电动机单独运转，并可进行点操作。

FQY系列和FQS系列是全国统一设计的新系列产品，它与主令控制器的配合使用表见表

4.4。但目前各工矿企业仍大量使用旧型号的交流磁力控制盘，如平移机构使用 PQR9、PQR9 A、PQR9B 及 PQ×640 等系列。

表 4.4　主令控制器与磁力控制盘的配合

控制盘型号	PQY1	PQY2 PQY3 PQY4	PQS1 PQS2-100-250 PQS3-100-250	PQS2-400 PQS3-400	PQR10A
配用主令控制器	LK16-5/31	LK16-5/31	LK16-11/31	LK16-6/31	LK1-12/90

升降机构使用 PQR10、PQR10A、PQR10B 及 PQ×6402 等系列。为了适应目前维护和使用这些旧型号设备的需要，现先对 PQR10A 控制盘与 LK1-12/90 型主令控制器构成的磁力控制器控制系统进行分析，然后再对 PQY、PQS 等新系列交流磁力控制盘控制系统做一简介。

(3) 主钩升降机构电气控制线路

由于拖动主钩升降机构的电动机容量大，不适于转子三相电阻不对称调速，因此采用由主令控制器与 PQR10A 系列控制屏组成的磁力控制器来控制主钩升降，并将尺寸较小的主令控制器安装在驾驶室，控制屏安装在大车顶部。采用磁力控制器控制后，由于是用主令控制器来控制接触器，再由接触器控制电动机，要比用凸轮控制器在直接接通主电路上更为可靠，维护方便，减轻了操作强度，因此，适合于繁重工作状态。但磁力控制器控制系统的电气设备比凸轮控制器投资大，并且结构复杂得多，因而多用于钩升降机构上。

图 4.15 所示为由 LK1-12/90 型主令控制器与 PQR10A 系列控制屏组成的磁力控制器控制原理图。控制电路采用的 LK1-12/90 型主令控制器，共有 12 对触头，提升与下降各有 6 个位置。通过主令控制器 12 对触头的闭合与分断来控制定子电路和转子电路的接触器，并通过这些接触器来控制电动机的各种工作状态，使主钩上升与下降。由于主令控制器为手动操作，所以电动机工作状态的变化由操作者掌握。电路的工作原理是：合上电源开关 QS_1、OS_2，主令控制器 SA_2 置于“0”位，触点 1 闭合，电压继电器 KA 通过电流断电器 KI 的常闭触点通电吸合并自锁。当 SA_2 手柄置于其他位置时，触点 1 断开，但 KA 已通电自锁，为电动机启动做好了准备。

1) 提升时电路工作情况

①主令控制器 SA_2 手柄置于提升“1”挡时，根据触点状态表可知，触点 3、5、6、7 闭合。触点 3 闭合，将提升限位开关 SQ_9 串入电路，起提升限位保护作用。触点 5 闭合，提升接触器 KM_3 通电吸合并自锁，电动机 M_5 定子绕组加正向相序电压；KM_3 辅助触点闭合，为了切除各级电阻的接触器和接通制动电磁铁的电源做准备。

触点 6 闭合，制动接触点 KM_4 通电吸合并自锁；制动电磁铁 YA 通电，松开电磁抱闸，提升电机 M_5 可自由旋转。

触点 7 闭合，接触器 KM_5 通电吸合，其常开触点闭合，转子切除一级电阻(R_1)。

可见，这时电动机转子切除一级电阻，电磁抱闸松开，电动机 M_5 定子加正向相序电压低速启动，当电磁转矩等于阻力矩时，M_5 做低速稳定运转，工作在图 4.16 特性曲线 1 上。

②主令控制器 SA_2 手柄置于提升“2” 挡时，较“1”挡增加了触点 8 闭合，接触器 KM_6 通电，其主触点闭合，又切除一级转子电阻(R_2)，电动机的转速增加，工作在特性曲线“2”上。

③SA_2 手柄置于提升“3”挡时，又增加触点 9 闭合，接触器 KM_7 通电吸合，再切除一级电

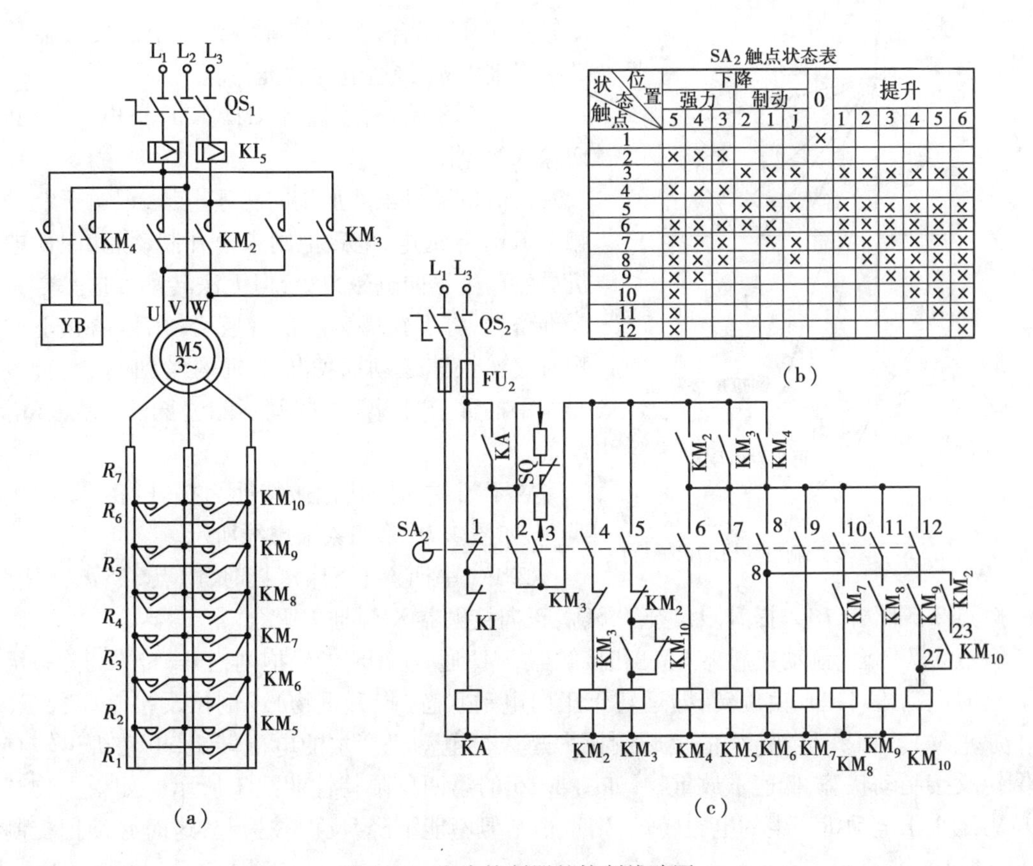

状态 位置 / 触点	下降 强力 5	4	3	制动 2	1	j	0	提升 1	2	3	4	5	6
1							×						
2	×	×	×										
3				×	×	×		×	×	×	×	×	×
4	×	×	×										
5				×	×	×		×	×	×	×	×	×
6	×	×	×	×	×			×	×	×	×	×	×
7	×	×	×		×	×		×	×	×	×	×	×
8	×	×	×			×			×	×	×	×	×
9	×	×								×	×	×	×
10	×										×	×	×
11	×											×	×
12	×												×

图 4.15　主令控制器的控制线路图

阻(R_3),电动机转速又增加,工作在特性曲线 3 上。其辅助触点 KM_7 闭合,为 KM_8 通电做准备。

④SA_2 手柄置于提“4、5、6”挡时,接触器 KM_8、KM_9、KM_{10} 相继通电吸合,分别切除各段转子电阻(R_4、R_5、R_6),电动机分别运行在特性曲线 4、5、6 上,当 SA_2 置于提升“6”挡时,电动机转子电阻除保留一段常串电阻 R_7 外,其余全部切除,电动机速度最高。

综上所述,“上升”各挡用于提升负载,电动机处于电动工作状态。其中“上 1”挡的转矩最小,转速最慢,主要用于起吊开始时使钢丝绳张紧,以消除传动间隙,“上 2”～“上 6”挡分别可获得不同的提升速度。

2)下降时电路工作情况

主令控制器 SA_2 下降也有 6 挡,前三挡(J、1、2),因触点 3 和 5 都接通,电动机仍加正向相序电压(与提升时相同),仅转子中分别串入较大的电阻,在一定位能负载力矩作用下,电动机运转于倒拉反接制动状态(低速下放重物),从而得到较小的一下降速度。当负载较轻时,电动机也可以运转在正向电动状态。后三挡(3、4、5)电动机加反向相序电压,电动机按下降方向运转,强力下放重物。下面详细讨论。

①SA_2 手柄置于下降“J”挡时,据触点状态表可知,触点 1 断开,电压继电器 KA 仍能电自锁,触点 3、5、7、8 闭合。

触点 3 闭合,提升限位开关 SQ 仍串入电路,起上升限位保护作用。

触点 5 闭合,提升接触器 KM_3 通电吸合并自锁,电动机 M_5 定子绕组加正向相序电压,辅

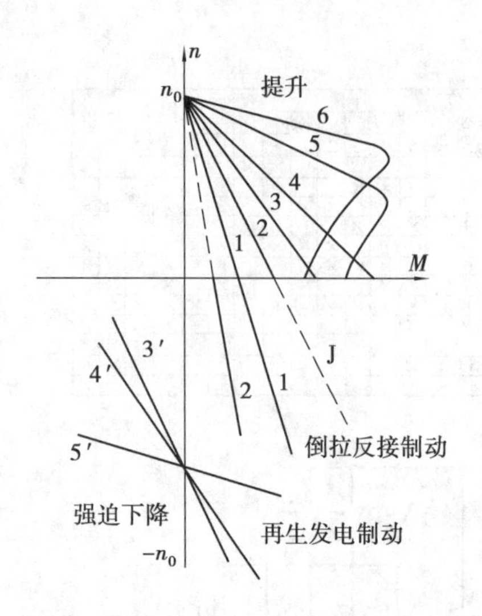

图 4.16　用 LKI-12/90 控制电动机的机械特性

助触点 KM_3 闭合，为了切除各级电阻的接触器和制动接触器 KM_4 接通电源做准备。

触点 7、8 闭合，接触器 KM_5、KM_6 通电吸合，转子切除二级电阻。

这时电动机虽然加正向相序电压，但由于制动接触器 KM_4 未通电，电磁抱闸未松开制动轮，因而电动机虽然产生正向电磁力矩，但无法转动。这一挡是下降准备挡，将齿轮等传动部件咬合好，以防止下放重物时突然快速运动而使传动机构受到剧烈的冲击。操作手柄置于"J"挡时，时间不能过长，以免烧坏电气设备。

置于"J"挡时，其机械特性为提升特征 2 的延伸线上，如图 4.16 第四象限虚线所示。

②SA_2 手柄置于"下 1"挡时，触点 3、5、6、7 闭合。

触点 3、5 闭合，串入提升限位开关 SQ_9，正向接触器 KM_3 通电吸合。

触点 6、7 闭合，制动接触器 KM_4 和接触器 KM_5 通电吸合，电磁抱闸松开，转子切除一级电阻。这时电动机可以自由旋转，即运转于正向电动状态（提升重物）或倒拉反接制动状态（低速下放重物）。如果重物产生的负载倒拉力矩大于电动机产生的电磁转矩，电动机运转在负载倒拉反接制动状态，低速下放重物，如图 4.16 的第四象限特性曲线 1 所示。如果重物产生倒拉力矩小于电动机产生的电磁转矩，则重物不但不能下降，反而被提起，这时必须把控制器 SA 手柄迅速推到下一挡。

③SA_2 柄置于"下 2"挡时，触点 3、5、6 闭合。这时电动机加正向相序电后，转子中加入全部电阻，电磁转矩减小。如果重物产生倒拉力矩大于电磁转矩，电动机运转在负载倒拉反接制动状态低速下放重物，特性如第四象限曲线 2 所示。如果重物产生倒拉力矩小于电磁转矩，则重物将被提升，这时应将 SA_2 手柄推向下一挡。

④SA_2 手柄置于"下 3"挡时，触点 2、4、6、7、8 闭合。

触点 2 闭合，为下面通电做准备。

触点 4、6 闭合，反向接触器 KM_2 和制动接触器 KM_4 通电吸合，电动机加反向相序电压，电磁抱闸松开，电动机产生反向电磁转矩，反向接触点 KM_2 闭合，为接触器 KM_4 和加速接触器 KM_5、KM_6 通电做准备。

触点 7、8 闭合，接触器 KM_5、KM_6 通电吸合，转子中切除二级电阻。这时电动机运转在反转电动状态（强力下降重物），机械特性如图 4.16 的曲线 3′所示。下降速度与负载重量 G 有关，若负载较轻（空钩或轻载），电动机处于反转电动状态；若负载较重，下放重物速度很高，电动机超过同步转速，电动机将进入再生制动状态，电动机运行于特性曲线 3′的延伸线上（第四象限），则下降速度愈大，就注意安全操作。

⑤SA_2 手柄置于"下 4"挡时，除上一挡闭合触点外，增加触点 9 闭合，接触器 KM_7 通电吸合，再切除一级电阻（共切除三级电阻），电动机运行在特性曲线 4′上。若负载较轻，则电动机运转在反转电动状态。若负载较重时，电动机下降重物速度超过同步速度，电动机运转在再生发电制动状态。从特性曲线可知，在同一较重负载下，"下 3"挡的速度要比"下 4"挡的

速度低。

⑥SA_2 手柄置于“下 5”挡时，除上一挡触点闭合外，又增加触点 10、11、12 闭合，接触点 KM_8、KM_9、KM_{10} 相继通电吸合，转子电阻也将逐步被全部切除，仅留一段常串电阻 R_7、电动机运行在特性曲线 5′上。如负载较轻或空钩，电动机工作在反转状态，获得低速下放重物；在同一负载下，“下 5”挡下降速度比“下 4”“下 3”挡高。如负载很重，电动机运行在再生发电制动状态，下降速度高于同步速度，但该速度比主令控制器 SA_2 手柄置于前两挡时速度低。

因此，在下降重物的控制中，主令控制器 SA 置于前三挡（J、“下 1”“下 2”）时，电动机加正向相序电压，其中“J”挡为准备挡。当负载为较重时，“下 1”和“下 2”挡电动机运转在负载倒拉反接制动状态，可获得重载低速下降，而“下 2”挡速度比“下 1”挡速度高，更适合中型载荷低速下放。若负载较轻时，电动机会转于正向电动状态，重物不但不能下降，反而将重物提升。

SA 置于后三挡时，常用于轻载下放或空钩下放。此时，电动机加反向相序电压，工作在反转电动状态，若负载较轻或空钩时，强迫放下重物，速度“下 5”挡最高，“下 3”挡最低。若负载较重，可以得到超过同步速度的下降速度，而且“下 3”挡速度最高，“下 5”挡速度最低，电动机工作在再生制动状态。由于“下 3”挡、“下 4”挡速度较高，很不安全，因而只能选择“下 5”挡速度。重载下降时，J 挡是准备挡，“下 2”挡下降速度比“下 1”挡高；“下 3”“下 4”“下 5”挡的下降速度会超过同步速度，而“下 3”挡速度最高，不安全，常用“下 5”挡。在连锁保护中考虑了这一点。

3）连锁保护

①顺序连锁保护环节。为了使电动机的特性过渡平滑，确保转子电阻按顺序依次短接，在每个加速接触器的支路中，加了前一个接触器的常开触点。只有前一个接触器接通后，才能接通下一个接触器。这样就保证了转子电阻被逐级顺序切除，防止运行中的冲击现象。

②由强力下降过渡到倒拉反接制动下降，避免重载时出现高速的保护。在“下 5”挡下降较重重物时，如果要降低下降速度，就需要将主令控制器 SA 的手柄扳回“下 2”或“下 1”挡，这时必然要通过“下 4”“下 3”挡。为了避免经过“下 4”“下 3”挡时速度过高，在“下 5”挡 KM_{10} 线圈通电吸合时，用它的常开触点（23-27）与它串联进行自锁。为了避免提升受到影响，故自锁回路中又串了下降接触器 KM_2 的常开触点，使其只有下降时才可能自锁。在下降时，当 SA 手柄由“下 5”扳到“下 2”“下 1”时，如果不小心停留在“下 4”或“下 3”挡，有了这样的连锁，其电路状态与下降速度都与“下 5”相同。

③防止直接启动的保护。用 KM_{10} 常闭触点与 KM_3 的线圈串联，这样使得只有 KM_{10} 释放后 KM_3 才能吸合，保证在反接过程中转子回路串一定的电阻，防止过大的冲击电流。

④在制动下降挡位与强力下降挡位相互转换时，断开机械制动的保护环节。主令控制器 SA 在“下 2”与“下 3”转换时，接触器 KM_3 与 KM_2 也互换通断；由于电器动作需要时间，当一电器已释放而另一电器尚未完全吸合时，会造成 KM_2 和 KM_3 同时断电，因而将 KM_2、KM_3、KM_4 三对常开触头并联，KM_4 触点起自锁作用，保证在切换时 KM_4 线圈仍通电，电磁抱闸始终松开，防止换挡时出现高速制动而产生强烈的机械振动。

4）其他保护

通过电压继电器 KA 来实现主令控制器 SA 的零位保护；通过过电流继电器 KI 实现过流过载保护；利用 SQ 实现提升限位保护。

(4)操作注意事项

①本线路由主令控制器 LK1-12/90 和交流磁力控制盘 PQR10A 组成,在下降的前三挡为制动挡,其中"J" 挡时电磁抱闸没有松开。电动机虽然产生提升方向的电磁转矩,但无法自由转动,因而在"J"挡,不允许停留时间超过 3 s,以免电机堵转而烧坏。

②在下降的制动挡(下 1、下 2 挡),电动机是按提升方向产生转矩的。当下放重物时,电动机运行在倒拉反接制动状态,这种状态时间一般不允许超过 3 min。

③轻载和空钩时,不使用制动挡"下 1""下 2"下放重物,因为轻载空钩负荷过轻,不但不能下降,反而会被提起上升。

④当负载很轻,要求点动慢速下降时,可以采用"下 2"和"下 3"挡配合使用,操作者要灵活掌握,否则,"下 2"挡停留稍长,负载即被提升。

⑤重载快速下降时,主令控制器 SA_2 手柄应快速拉到强力下降"下 5"挡,使手柄通过制动下降"J""下 1""下 2"三挡和强力下降"下 3""下 4"两挡的时间最短。特别提出不允许在"下 3""下 4"挡停留,否则,重载下放速度过高(电动机转速已超过同步转速,运转于再生发电制动状态),那是十分危险的。

4.3.4　保护箱所构成的保护线路

为了保证安全可靠地工作,起重机电气控制一般具有下列保护与连锁:电动机过载保护、短路保护、失压保护、控制器的零位连锁,终端保护,以及舱盖、端梁、栏杆门安全开关等保护。

电动机过载和短路保护:对于绕线式异步电动机采用过电流继电器进行保护,其中瞬动的过电流继电器只能用以短路保护;而反时限特性的过电流继电器不仅具有短路保护,还具有过载保护作用。对于笼式异步电动机系,用熔断器或空气开关作为短路保护。大型起重机和有的电动单梁起重机的总保护,用空气开关作为短路保护;一般桥式起重机的总保护,用总过流继电器和接触器作为短路保护。

失压保护:对于用主令控制器操作的机构,一般在其控制站控制电路中加零电压继电器作为失压保护;对于用凸轮控制器操作的机构,利用保护箱中的线路接触器来作为失压保护。在起重机总保护和部分机构中,用可自动复位的按钮和线路接触器实现失压保护。

控制器零位连锁:为了保证只有当主令或凸轮控制器手柄置于"零"位时,才能接通控制电路,一般将控制器仅在零位闭合的触点与该机构失压保护作用的零电压继电器或线路接触器的线圈相串联,并用该继电器或接触器的常开触点作为自锁,出现零位连锁保护。这就避免了控制器手柄不在零位而发生停电事故时,一旦送电后,将使电动机自行启动,而发生危险。

(1)保护箱类型

桥式起重机上用的标准型保护箱是 XQBI 系列,其型号及所代表意义如下:

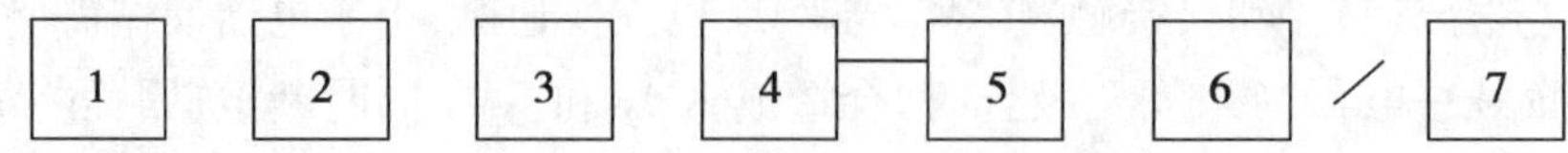

①结构形式:X—控制箱;

②工业用代号:Q—起重机;

③控制对象或作用:B—保护;

④设计序号:以阿拉伯数字表示;

⑤基本规格代号:以接触器额定电流安培数表示;

⑥主要特征代号:以控制绕线式电动机台数和传动方式来区分,加F表示在车运行机构为分别驱动;

⑦辅助规模代号:1~50为瞬时动作过电流继电器,51~100为反时限动作过电流继电器。

XQBI保护箱的分类和使用范围见表4.5。

表4.5　XQBI系列起重机保护箱的分类

型　号	所保护电动机台数	备　注
XQBI-150-2/□	三台绕线式电动机和一台笼式电动机	
XQBI-150-3/□	三台绕线式电动机	
XQBI-150-4/□	四台绕线式电动机	
XQBI-150-4F/□	四台绕线式电动机	大车分别驱动
XQBI-150-5F/□	五台绕线式电动机	大车分别驱动
XQBI-150-3/□	三台绕线式电动机	
XQBI-150-3F/□	三台绕线式电动机	大车分别驱动
XQBI-250-4/□	四台绕线式电动机	
XQBI-250-4F/□	四台绕线式电动机	大车分别驱动
XQBI-600-3/□	三台绕线式电动机	
XQBI-600-3F/□	三台绕线式电动机	大车分别驱动
XQBI-600-4F/□		大车分别驱动

(2)XQBI系列保护箱电气原理图

1)主回路原理图

图4.17所示为保护箱主回路原理图。图中QS为总电源开关,用来在无负荷的情况下接通或切断电源,KM为线路接触器,用来接通或分断电源,兼作失压保护。KI_0为总过流继电器(各机构电动机共用),用来保护电动机和动力线路的一相过载和短路。KI_1、KI_4为小车和副钩电动机的过电流继电器,KI_2、KI_3为大车电动机的过电流继电器。

2)控制回路原理图

图4.18所示为保护箱控制回路原理图,图中HL为电源指示灯,SA_1为紧急开关,用于出现事故情况下紧急断开电源,SQ_6~SQ_8为舱口门开关与横梁门开关,KI_0、KI_1~KI_4为过电流继电器触点,QM_1(10)~(12)、QM(10)~(12)、QM(10)~(12)分别为副卷扬、小车与大车凸轮控制器触点,SQ_1、SQ_2为大车移动机构行程开关,SQ_3、SQ_4为小车移动机构行程开关,SQ_5为副卷扬提升行程开关。依靠上述电器开关与电路,实现起重机各种保护器。

图4.19所示为XQBI型保护箱照明及信号电路图。图中EL_1为操纵室照明灯,EL_2、EL_3、EL_4为桥架下方的照明灯,别外,还有供插接手提检修灯和电风扇用的插座XS_1~XS_3,以及音响装置HA。除桥架下方照明灯为220 V外,其余均用安全电压36 V供电。

4.3.5　制动器与电磁铁

制动器是桥式起重机的主要部件之一。在桥式起重机的大车、小车、主钩、副钩上,使用的

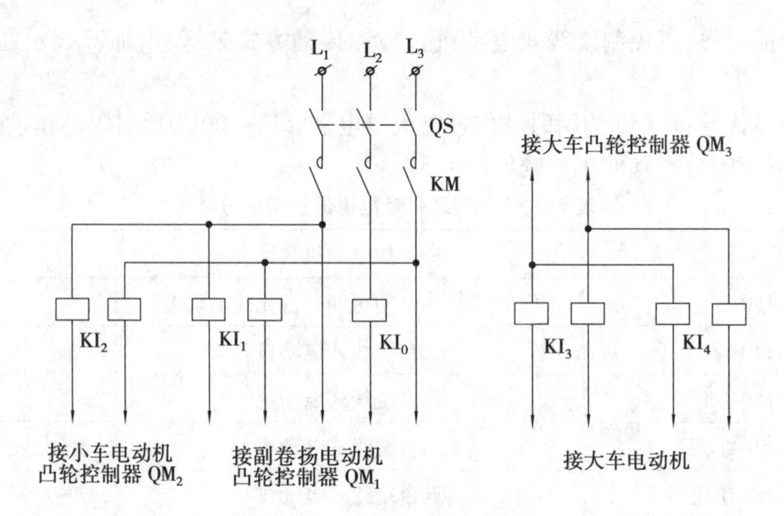

图 4.17　XQB1 型保护箱主电路图

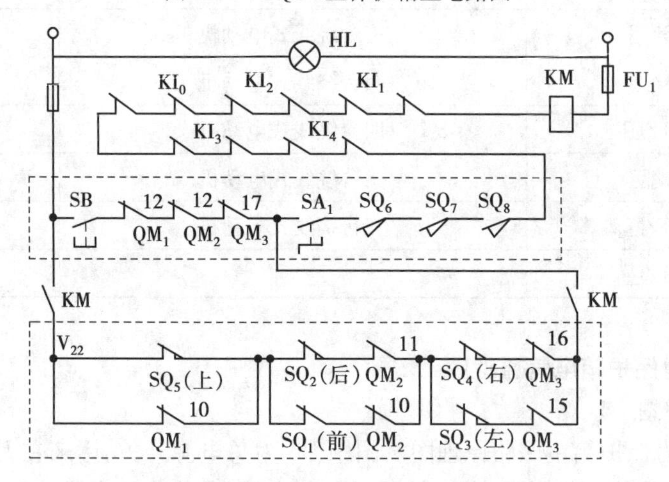

注:虚线框内的元件不包括在保护箱内

图 4.18　XQB1-250-4F/□保护配电箱电气原理图

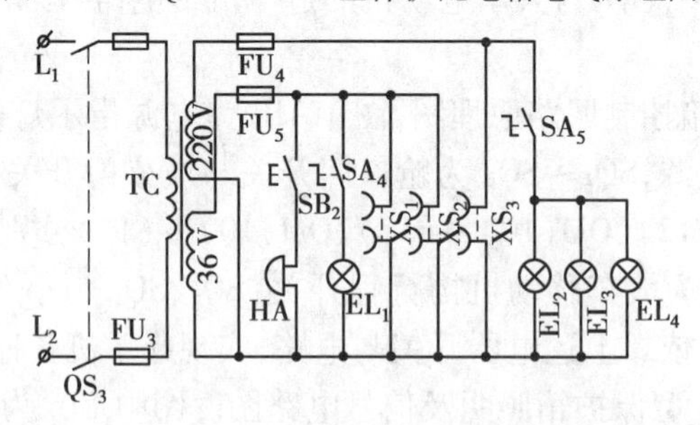

图 4.19　XQBI 型保护箱照明与信号电路图

是常闭式双闸瓦制地动器。制动器平时抱紧制动轮,当起重机工作电动机通电时才松开,因此,在任何时候停电都会使闸瓦抱紧制动轮。常闭式双闸瓦制动器有短行程和长行程两种。

制动器分交流制动器和直流制动器两种。交流制动器有单相短行程 MZDI 系列制动电磁铁和三相长行程 MZSI 系列制动电磁铁,直流制动器有短行程 MZZ1 系列制动电磁铁和长行程

MZZ2 系列电磁铁。制动器与制动电磁铁配合,俗称电磁抱闸。

(1)短行程电磁铁块制动器

图4.20 所示为短行程电磁瓦块式制动器的工作原理图。制动器是借助主弹簧,通过框形拉板使左右制动臂上的制动瓦块压在制动轮上,借助制动轮和制动瓦块之间的摩擦力来实现制动的。

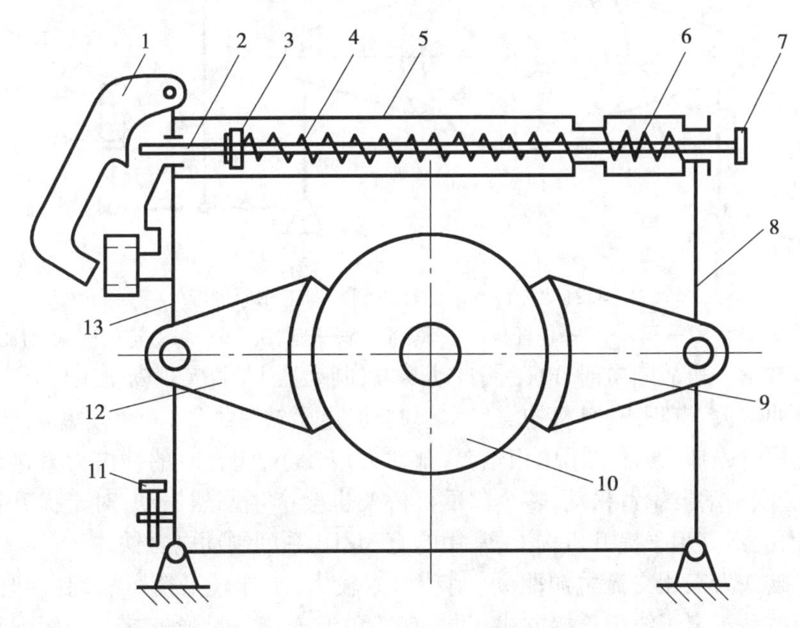

图4.20　短行程电磁瓦块式制动器工作原理图

1—电磁铁　2—顶杆　3—锁紧螺母　4—主弹簧　5—框形拉板　6—副弹簧　7—调整螺母
8—右制动臂　9—右制动瓦块　10—制动轮　11—调整螺钉　12—左制动瓦块　13—左制动臂

制动器松闸也是借助电磁铁,当电磁铁线圈通电后,衔铁吸合,将顶杆向右推动,制动臂带动制动瓦块同时离开制动轮,实现松闸。在松闸时,左制动臂在电磁铁自重作用下自动左倾,制动瓦块也离开了制动轮。为了防止制动臂倾斜过大,可用调整螺钉调整制动臂的倾斜量,以保证左右制动瓦块离开制动轮的间隙相等。副弹簧的作用是把右制动臂推向右倾,防止在松闸时,整个制动器左倾,而造成右制动块离不开制动轮。锁紧螺母由三个螺母组成,可调整主弹簧的长度并将其锁紧。

短行程电磁瓦块制动器上闸、松闸动作迅速,结构紧凑,自重小;由于铰链少(较长行程),所以死行程小;由于制动瓦块与制动臂铰接,制动瓦与制动轮接触均匀,磨损也均匀。但由于短行程电磁铁松闸力小,故只适用于小型制动器(制动轮直径一般不大于0.3 m)。

(2)长行程电磁块式制动器

当机构要求有较大制动力矩时,可采用长行程电磁铁制动器。图4.21 所示为长行程电磁块式制动器工作原理图。它通过杠杆系统来增加上闸力,其松闸是借助电磁铁通过杠杆系统实现的,上闸是借助弹簧力。当电磁铁通电时,抬起水平杠杆,带动螺杆4 向上运动,使杠杆绕轴逆时针方向转动,压缩制动弹簧。在螺杆2 与杠杆板作用下,两个制动臂分别左右运动,使制动瓦块松开闸轮。当电磁铁断电时,靠制动弹簧以张力使制动瓦块闸住制动轮。

上述两种电磁铁制动器的优点是:结构简单,能与它控制的电动机的操纵电路连锁;当电

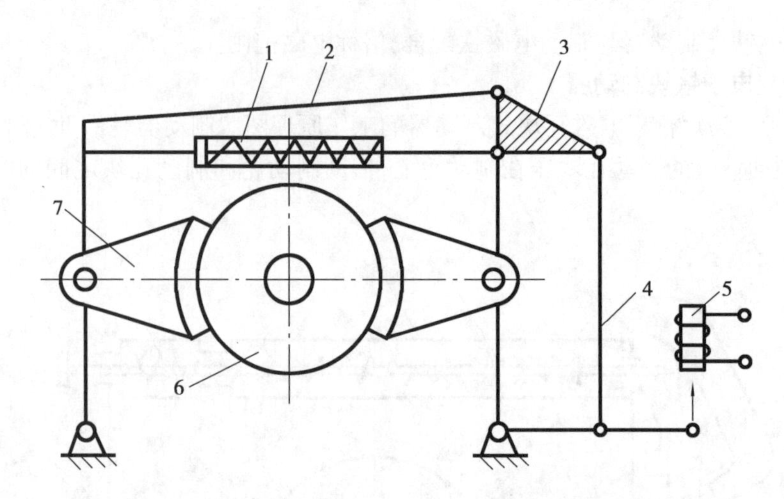

图 4.21　长行程电磁瓦块制动器工作原理图

1—制动弹簧　2—螺杆　3—杠杆板　4—螺杆　5—电磁铁　6—制动轮　7—制动瓦块

动机停止工作或发生事故断电时，电磁铁自动断电，制动器上闸，实现安全工作。其缺点是：电磁铁在吸合时冲击大，有噪声，且机构需经常起制动，电磁铁易损坏，寿命较短。

对于短行程电磁铁，通常采用单相电源，制动力矩较小，闭合时的冲击力直接作用在整个制动机构中，造成制动器螺钉松动，整个起重机桥架也会产生剧烈振动，对于提升钢丝绳的寿命也有影响，因此不宜用于提升机构上，常用的有 MZDI 系列制动电磁铁。

长行程电磁铁为三相交流电源驱动，制动力矩较大，工作较平衡可靠，制动时没有自振。其连接方式与电动机定子绕组连接方式相同，有三角形连接与星形连接。一般起重机上多使用长行程电磁铁制动器，常用的为 MZSI 系列制动电磁铁。

(3) 液压电磁铁制动器

为了克服电磁铁制动器的缺点，目前已广泛采用一种新型电磁铁，即液压电磁铁。

液压电磁铁实质上是一个直流长行程电磁铁，但其铁芯动作是通过液压传到松闸推杆的，所以动作平稳。其工作原理是：当电磁铁线圈通电后，处于下部的动铁芯被上部的静铁芯吸引向上运动，在运动过程中将两铁芯间隙里的油液挤出，这些油液经静铁芯中部与推杆的缝隙进入缸，推动油塞并带动推杆向上移动，从而推动外部杠杆机构，使制动器松闸。当线圈断电时，在制动器弹簧压力作用下，推杆向下运动，活塞下腔的油又流回工作间隙，动铁芯回到下方位置，动铁芯下部的油液通过通道流回油缸产生制动。常用的有 MYI 系列液压电磁铁。

液压电磁铁动作平衡，无噪声，寿命长，能自动补偿瓦块磨损；但制造工艺要求高，价值贵。

4.4　20/5 t 桥式起重机及桥式起重机的故障分析

4.4.1　20/5 t 桥式起重机

20/5 t 桥式起重机与 15/3 t 桥式起重机极为相似，它们的控制线路相同，只是 20/5 t 桥式起重机的机械设备和电动机比 15/3 t 桥式起重机的大，相应的控制设备和保护设备要大一个等级。

20/5 t中级通用吊钩桥式起重机制控制线路也为图4.8。它也有两台卷扬机构，主钩额定起重量为20 t、副钩额定起重量为5 t，分别用M_5和M_1传动；大车采用M_3、M_4分别传动；小车由M_2传动。

图中SA_1为紧急开关，当主令电器失控时，它作为紧急停止用；SQ_1、SQ_2为小车前后限位开关；SQ_3、SQ_4为大车左右移动限位开关；SQ_9和SQ_5为主、副钩提升限位开关；SQ_6为舱口门安全开关；SQ_7、SQ_8为端梁栏杆门安全开关。当检修人员上桥架检修机电设备或大车轨道上检修设备而打开门时，使SQ_6或SQ_7、SQ_8释放，以确保检修人员的安全。K_{11} ~ K_{15}分别为M_1、M_2、M_3、M_4、M_5电机的过电流继电器，实现过流和过载保护，K_{10}为总过流继电器，它们的整定值比15/3 t桥式起重机的大。YA_1 ~ YA_5分别为副钩、小车、大车、主钩的制动电磁铁，电磁铁的制动力都比15/3 t桥式起重机的大。控制线路也由凸轮控制器QM_1 ~ QM_3、主令控制器SA_2和交流磁力控制盘等组成，线路简单，工作可靠，操作灵活，系标准化线路。下面简单介绍一下20/5 t桥式起重机控制线路的工作原理。

合上电源开关QS_1、QS_2，线路有电。在所有凸轮控制器及主令控制器均在“0”位，所有安全开关均压下，且所有过电流继电器均未动作的前提下，按下启动按钮SB，电源接触器KM通电吸合，并通过各控制器的连锁触点，限位开关组成自锁电路。便可以操纵QM_1、QM_2、QM_3、SA_2工作。

副钩和小车分别受YZR-200L-8与YZR-132MB-6型电动机M_1、M_2拖动，用两台KT14-25/1型凸轮控制器QM_1、QM_2分别控制电动机M_1、M_2的启动、变速、反向和停止，副钩和小车的限位保护由限位开关SQ_5、SQ_1、SQ_2实现。

大车采用两台YZR-160MB-6型电动机M_3、M_4拖动，用一台KT14-25J/2型凸轮控制器QM_3同时控制电动机M_3和M_4的启动、变速、反向和停止。大车左右移动的限位保护由限位开关SQ_3、SQ_4分别控制。

主钩由YZR-200 MA-8型电动机M_5拖动，用一套LK-12/90主令控制SA_2和PQR10B-150交流磁力控制盘组成的控制系统，控制主钩上升、下降、制动、变速和停止等动作。主钩提升限位保护由限位开关SQ_9控制。

三台凸轮控制器QM_1、QM_2、QM_3和一台主令控制器SA_2、交流保护柜、紧急开关等安装在驾驶室内。电动机各转子电阻、大车电动机M_3和M_4、大车制动电磁铁YA_3和YA_4以及交流磁力控制盘均安装在大车桥架一侧；桥架的另一侧安装19根或21根辅助滑线及小车限位开关SQ_1、SQ_2。小车上有小车电动机M_2，主、副钩电动机M_5和M_1，提升限位开关SQ_5、SQ_9，以及制动电磁铁YA_2、YA_5、YA_1等。大车限位开关SQ_3、SQ_4安装于端梁两边（左右）。

电动机各转子电阻根据电动机型号按标准选择匹配。

起重机在起吊设备时，也必须注意安全。只允许一人指挥，并且指挥信号必需明确。起吊时，任何人不得在起重臂下停留或行走。起吊设备做平移操作时，必须高出障碍物0.5 m以上。

4.4.2　桥式起重机故障分析

桥式起重机是典型的生产机械。它的电机和电器的维修及故障的分析、排除，与其他的电气设备相似。但是，为了保证人身与设备的安全，它对电器可靠运行要求较高，特别是限位开关和安全开关电器，工作的可靠性尤其重要。现将常见故障原因及排除的方法见表4.6。

表 4.6 常见故障的原因及排除方法

故障现象	故障原因	处理意见
1. 操作线路		
合上保护盘的刀开关 SQ_1、SQ_2 时，熔断器熔断	操作电路中有一相接地短路	检查对地绝缘，消除接地故障
电源接触器 KM 不能接通	①线路无电压 ②刀开关未合或未合好 ③紧急开关 SA_1 未合或未合好 ④安全开关未压或未压好 ⑤控制手柄未居零位 ⑥过电流继电器触点未闭合好 ⑦FU_1 断路 ⑧KM 线圈断路 ⑨零位保护和安全连锁触点电路断开	①用表检查有无电压 ②~⑦检查各电器元件 ⑧检查 KM 线圈支路的接通条件或更换线圈 ⑨查线，找出断路点
合上接触器 KM 后，过电流继电器 KI 动作和接触器释放	①控制器的电路接地 ②接触器的灭弧罩未紧固好，造成相间短路跳闸	①逐一检查对地点 ②上紧灭弧罩的螺钉；如灭弧罩有缺口，则应更换
控制器合上后，过电流继电器 KI 动作	①整定值偏小 ②定子线路中有接地故障 ③机械部分有卡死现象	①按标准调整 ②用兆欧表找出绝缘损坏地方 ③查出机械卡死部分
操纵控制器，电动机只能向一个方向转动	①终端开关有一个失灵 ②检修时，接错线	①查终点开关，并恢复正常 ②找出故障，复原
起重机改变原有运转方向	检修时将相序搞错	恢复相序
终点开关的杠杆已动作，而相应电动机不断电	①终点开关的触点已发生短路现象 ②杠杆虽动作，但触点无动作	①查电器短接点 ②开关传动机构失灵
2. 电动机		
电动机发热	①通电持续率超过规定值 ②被驱动的机械有故障（卡住、润滑不良等原因） ③电源电压过低	①减轻负载 ②查机械自由转动情况，对症处理 ③减少负载或升高电压

续表

故障现象	故障原因	处理意见
操作控制器,电动机不转	①线路中无电 ②缺相 ③控制器的动、静卡接触不良 ④电刷与滑线接触不良或断线 ⑤转子开路	①用表检查有无电压 ②用表检查是否缺相 ③用表检查控制器触点接触情况 ④观察、调整电刷与滑线的接触情况 ⑤检查转子有无断路或电刷接触不良
电动机输出功率不足,转速慢	①制动器未松开 ②转子或定子电路中的启动电阻未安全切除 ③机械有卡现象 ④电网电压下降	①检查、调整制动器 ②检查控制器,使接触器按控制线路动作 ③消除机械故障 ④消除电压下降原因或调整负荷
电刷产生火花超过规定等级或滑环被烧毛	①电刷接触不良或有油污 ②电刷接触太紧或太松 ③电刷牌号不准确	①加工电刷,保证接触或用酒精擦净油污 ②调整电刷弹簧 ③更换电刷
电动机在空载时转子开路,或带负载后转速变慢	①转子电阻开路 ②转子电阻有两处接地 ③绕组有部分短路或端部接线处有短路	①查转子电路 ②用兆欧表检查,并修补破损处 ③加低电压、比较各处发热程度
电动机在运转中有异常响声	①轴承缺油或滚珠烧毛 ②转子擦铁芯 ③槽楔膨胀 ④有异物入内(钢屑)	①加油或更换轴承 ②更换轴承或修补轴承座或加工转子 ③更换 ④清除
3. 交流电磁铁		
响声很大	①电磁铁过载 ②铁芯表面有油污 ③电压过低 ④短路环断裂 ⑤铁芯面不平	①调整弹簧压力或调整电磁铁运动轨道 ②用汽油擦净 ③查电网电压 ④检修或更换 ⑤锉或铣平铁芯平面
电磁铁断电衔铁复位	①机构被卡住 ②铁芯面有油污粘住 ③寒冷时润滑油并结	①整修机构 ②清除铁芯面的油污 ③处理润滑油
4. 交流接触器及继电器		
线圈过热或烧坏	①线圈过载 ②线圈有匝间短路 ③动、静铁芯闭合后有间隙 ④电压过高或过低	①减少动触点上弹簧压力 ②更换线圈 ③检查间隙产生的原因,并排除故障 ④调整电压

续表

故障现象	故障原因	处理意见
衔铁噪音大	①衔铁与铁芯的接触不良或衔铁歪斜 ②短路环损坏 ③触点弹簧压力过大 ④电源电压低	①清除铁芯面上的油污、锈蚀、修正铁芯面或轨道 ②更换铁芯 ③调整弹簧 ④调整电压
衔铁吸不上或吸不到位	①电源电压过低或波动过大 ②线圈断线或烧坏;线圈支路有接触不良、断路点 ③可动部分被卡住 ④触点压力和超行程过大	①调整电源 ②检查修复线路或更换线圈 ③排除卡住故障 ④将触点调整合适
衔铁不释放或释放缓慢	①触点压力过小 ②触点熔焊 ③可动部分被卡住 ④反力弹簧损坏 ⑤铁芯中剩磁过大 ⑥铁芯面有油污	①调整触点 ②排除故障或修理 ③排除卡住故障 ④更换反力弹簧 ⑤更换铁芯 ⑥清除油污
触点过热或磨损过大	①触点压力不足 ②接触不良(氧化、积垢、烧片等) ③操作频率过高,电磨损和机械磨损增大	①调整触点压力弹簧 ②清理、整修 ③更换触点
5. 控制器		
控制器工作中产生卡轧或滑移	①接触粘在铜片上 ②滑动部分有故障(紧固件嵌入轴承部分) ③定位机构滑移	①调整触点压力弹簧 ②检修 ③高速、固定定位机构
触点之间火花过大	①动、静片接触不良、烧毛 ②过载	①调整、整修 ②调整负荷

思 考 题

4.1 桥式起重机的电气控制有哪些控制特点?

4.2 起重机上采用了各种电气制动,为何还必须设有机械制动?

4.3 起重机上电动机为何不采用熔断器和热继电器作为保护?

4.4 桥式起重机对电力拖动有哪些要求?

4.5 凸轮控制器控制线路有哪些保护环节?

4.6 主令控制器与凸轮控制器有何区别,各有什么用途?

4.7　提升重物与下降重物时提升机构电动机各处在何种工作状态,它们是如何实现的?

4.8　试分析图4.15主令控制器控制线路的工作原理,并用机械特性曲线和电动机运行状态加以说明?

4.9　图4.15中有哪些连锁保护?

4.10　提升机构电动机的转子有一段常串电阻,有何作用?

第 5 章 继电—接触器控制系统的设计

任何生产机械电气控制装置的设计都包括两个基本方面:一个是满足生产机械和工艺的各种控制要求,另一个是满足电气控制装置本身的制造、使用及维护的需要。前者决定着生产机械设备的先进性、合理性,后者决定了电气控制设备的生产可行性、经济性、使用及维护方便与否。因此,在设计时两个方面要同时考虑。

尽管生产机械的种类多种多样,电气控制设备也各有不同,但电气控制系统的设计原则和设计方法基本相同。作为一个电气工程技术人员,应了解生产机械电力装备设计的基本原则和内容,电力拖动系统设计的确定原则,理解继电—接触器控制系统设计的一般要求,掌握电气控制线路设计的基本规律和注意事项,以及常用控制电器的选择。

5.1 生产机械电力装备设计的基本原则和内容

5.1.1 生产机械电力装备设计的基本原则

在设计的过程中,一般要遵循以下几个原则:

①电气控制的设计要满足生产机械和工艺的要求。生产机械和工艺对电气控制系统的要求是电气设计的主要依据,设计时必须充分和最大限度地考虑。对于有调整要求的场合,还应给出调速技术指标。

②在满足控制要求的前提下,设计方案应力求简单、经济。

③妥善处理机械与电气的关系。很多生产机械是采用机电结合控制方式来实现控制要求的,要从工艺要求、制造成本,结构复杂性、使用维护方便等方面协调处理好二者的关系。

④正确合理地选用电器元件,特别是如接触器、继电器等一些主控设备。

⑤确保使用安全可靠。

⑥造型、结构要美观、使用操作维护要方便。

⑦考虑用提供电电网的种类、电压、频率及容量。

5.1.2 生产机械电力装备设计的主要内容

生产机械电力装备设计包括原理设计与工艺设计两个基本部分。

(1)原理设计内容

①拟订电气设计任务书。

②选择拖动方案与控制方式。

③确定电动机的类型、容量、转速,并选择具体型号。

④设计电气控制方式,确定各部分之间的关系,拟订各部分技术要求。

⑤设计并绘制电气原理图,计算主要技术参数。

⑥选择电气元件,制订元件目录清单。

⑦编写设计说明书。

(2)工艺设计内容

工艺设计的主要目的是便于组织电气控制装置的购买、制造,实现原理设计要求的各项技术指标,为设备的调试、维护、使用提供必要的图纸资料及查阅手册等。

①根据设计的原理图以及选定的电器元件,设计生产机械电力装备的总体配置,绘制电气控制系统的装配备和接线图,供装配、调试及日常维护使用。

②对总原理图进行编写,绘制各个组件的原理电路图,列出各部分的元件目录表,并根据总图编写,统计出各组件的进出线号。

③根据组件原理电路及选定的元件目录表,设计组件装配图(电器元件布置与安装)和接线图中应反映各电器元件的安装方式与接线方式。

④根据组件装配要求,绘制电器安装板和非标准的电器安装零件图纸,标明技术要求。这些图纸是机械加工和外协作加工所必需的技术资料。

⑤设计电气箱。根据组件尺寸及安装要求确定电气箱结构与外形尺寸,设置安装支架,标明安装尺寸、面板安装方式、各组件的连接方式,通风散热以及开门方式。在电气箱设计中,应注意操作维护方便与造型美观。

⑥根据总原理图,总装配图及各组件原理图等资料,进行汇总,分别列出外购件清单,标准件清单以及主要材料消耗定额。这些是生产管理和成本核算所必须具备的技术资料。

⑦编写使用维护说明书。

5.1.3　生产机械电力装备设计的一般程序

1)拟订设计任务书。

设计任务书是整个系统设计的依据,同时又是今后设备竣工验收的依据。因此,设计任务书的拟订是一个十分重要而且必须认真对待的问题。

设计任务书中,除简单说明所造设备的型号、用途、工艺过程、动作要求和工作条件以外,还应说明以下主要技术指标及要求。

①控制精度、生产效率要求。

②电气传动基本特征,如运动部件数量、动作顺序、负载特性、调速指标、启动、制动要求等。

③自动化程度要求。

④稳定性及抗干扰要求。

⑤保护及连锁要求。

⑥电源种类、电压等级、频率及变量要求。

⑦目标成本与经费限额。

⑧验收方式及验收标准。

⑨其他相关要求。

2)选择拖动方案与控制方式。

电力拖动方案与控制方式的确定是设计的主要部分,很容易理解,只有总体方案正确的情况下,才能保证生产设备各项技术指标实施的可能性。在设计过程中,对个别环节要进行重复试验,不断地改进和修改,有时还要列出几种可能的方案,并根据实际情况和工艺要求进行比较分析后做出决定。

电力拖动方案的确定是以零件加工精度、加工效率要求,生产机械的结构、运动部件的数量、运动的要求、负载特性、调速要求以及资金等条件为依据的,也就是根据这些条件来确定电动机的类型、数量、传动方式,以及确定电动机的启动、运行、调速、转向、制动等控制方式。

例如,对于有些生产机械的拖动,根据工艺要求,可以采用直流拖动,也可以采用交流拖动;可以采用集中控制,也可以采用分散控制。要根据具体情况进行综合考虑、比较论证,做出合理的选择。

3)电动机的选择。

拖动方案决定后,就可以进一步选择电动机的类型、数量、结构形式、容量、额定电压以及额定转速等。

4)选择控制方式。

拖动方案确定之后,拖动电动机的类型、数量及其控制要求就已基本确定,采用什么方式去实现这些控制要求就是控制方式的选择问题。随着技术的更新与发展,可供选择的控制方式很多,比如继电—接触器控制、顺序控制、可编程逻辑控制、计算机联网控制等,还有各种新型的工业控制器及标准分列控制系统也不断出现。本章所述的是继电—接触器控制系统。

5)设计电气控制原理线路图并合理选用元器件,编制元器件目录清单。

6)设计电气设备制造、安装、调试所必需的各种施工图纸,并以此为根据编制各种材料定额清单。

7)编写说明书。

5.2 电气控制线路设计

电气控制线路设计是继电—接触器控制系统设计的内容。在总体方案确定后,具体设计是从电气原理图开始,如上所述,各项设计指标是需要控制原理图来实现的,同时又是工艺设计和编制各种技术资料的依据。

5.2.1 电力拖动系统设计方案的确定原则

电力拖动系统设计得的确定是生产机械电力装备设计主要内容之一。不同的电力拖动形式对设备整体结构和性能有很大影响。

(1)传动方式

电气传动上,一台设备只有一台电动机,通过机械传动链将动力传送到各个工作机构的称为主拖动。

电气传动发展的趋向是靠近执行机构,即由过去一台电动机驱动各个执行机构,改为一台电动机驱动一个执行机构，形成电动机的传动方式，这样，不仅能缩短机械传动链，提高传动效率，便于实现自动化，而且也能使机械传动累积差减小，设备总体结构得到简化。在实际应用时，要根据具体情况选择电动机。

(2)调速方式

机械设备的调速要求对于确定传动方案是一个很重要的因素。设备传动的调速方式一般可分为机械调速和电气调速。前者是通过电动机驱动变速机械或液压装置进行调查。后者是采用直流电动机或交流电动机及步进电机的调速系统，以达到设备无级和自动调速的目的。

对于一般无特殊调速指标要求的设备应优先采用三相鼠笼式异步电动机做电力拖动。因为该类电动机具有结构简单、运行可靠、价格经济、维修方便等优点，若配以适当级数的齿轮变速箱或液压调速系统，便能满足一般设备的调速要求。当调速范围 $D=2\sim3$，调速级数 $\leqslant 2\sim4$ 时，可采用双速或多速鼠笼式异步电动机，这样可以简化传动机构，减少机械传动链，提高传动效率，扩大调速范围。

对于调速范围、调速精度、调速平滑性要求较高以及起制动频繁的设备，则采用直流或交流调速系统。由于直流调速系统已经很完善，具有很好的调速性能，因此，在条件允许的情况下是优先考虑的方案，但其结构复杂，造价较高，而对于交流调速系统，其技术已日趋成熟，结构也较简单，在一定范围内有取代直流调速系统的趋势。

在选择调速方式时，还要考虑以下两点：

①对于重型或大型设备的主运动和进给运动，精密机械设备（如坐标镗床、数控机床等）应采用无级调速，无级调速可用直流调速系统实现，也可用交流调速系统实现。

②在选用三相鼠笼式异步电动机的额定转速时，应满足工艺条件要求，可选用二极（同步转速 3 000 r/min）、四极（同步转速 1 500 r/min）或更低的同步转速，以便简化机械传动链，降低齿轮减速箱的制造成本。

(3)传动方式与其负载特性相适应

在确定电力传动方案时，要求电动机的调速特性与负载特性相适应。也就是在选择传动方式和确定调速方案时，要充分考虑负载特性，找出电动机在整个调速范围内转矩、功率与转速的关系（$T=fcn$，$P=fcn$）。确定负载需要恒转矩传动还是恒功率传动。这也是为合理确定传动方案、控制方案及选择电动机提供必要的依据。若机械设备的负载特性与电力传动系统的调速特性不相适应，将会引起电力传动的工作不正常，电动机得不到合理使用。

(4)电动机起制动和正反转的要求

一般来说，由电动机来完成设备的启动、制动和正反转，要比机械方法简单容易。因此，机电设备主轴的启动、停止、正反转运动和调整操作，只要条件允许最好由电动机来完成。

机械设备主运动传动系统的启动转矩都比较小，因此，原则上可采用任何一种启动方式，而它的辅助运动，在启动时往往要克服较大的静转矩，所以在必要时可选用高启动转矩的电动机，或采用提高启动转矩的措施。另外，还要考虑电网容量。对于电网容量不大，而启动电流较大的电动机，一定要采取限制启动电流的措施（如串电阻启动等），以免电网电压波动较大而造成事故。

如果对于制动的性能无特殊要求而电动机又不需要反转时，则采用反接制动，可使线路简化。在要求制动平稳、准确且在制动过程中不允许有反转可能时，则宜采用能耗制动方式。在起重运输设备中也常采用具有连锁保护功能的电磁机械制动，有些场合也采用回馈制动。

电动机的频繁启动、反向或制动会使过渡过程中的能量损耗增加，导致电动机过热。因此，在这种情况下，必须限制电动机的启动或制动电流，或者在选择电动机的类型时加以考虑。有些机械手、数控机床、坐标镗床等除要求启动、制动、反向快速平稳外，还要求准确定位。这类高动态性能的设备需要采用反馈控制系统、步进电动机系统以及其他较复杂的控制手段来满足上述要求。

5.2.2 电气控制线路设计的基本步骤

电气控制线路设计的基本步骤是：

①根据选定的拖动方案及控制方式设计系统的原理框图，拟订出各部分的主要技术要求和主要技术参数。

②根据各部分的要求，设计出原理框图中各个部分的具体电路。对于每一部分的设计应按照主电路、控制电路、辅助电路、连锁与保护、总体检查重复修改与完善的步骤进行。

③绘制总原理图。按系统框图结构将各部分联成一个整体。

④正确选用原理线路中每一个电器元件，并制订元器件目录清单。

对于比较简单的控制线路，可以省略前两步直接进行原理图设计和选用电器元件。但对于比较复杂的控制线路和要求较高的生产机械控制线路，则必须按上述过程一步一步进行设计。只有各个独立部分都达到技术要求，才能保证总体技术要求的实现，保证总装调试的顺利进行。

5.2.3 电气控制线路设计方法及设计实例

电气控制线路的设计方法主要有分析设计法和逻辑设计法两种。

(1)分析设计法

分析设计法也称经验设计法，它是先从满足生产工艺要求出发，按照电动机的控制方法，利用各种基本控制环节和基本控制原则，借鉴典型的控制线路，把它们综合地组合成一个整体来满足生产工艺要求。这种设计方法比较简单，但要求设计人员必须熟悉控制线路，掌握多种典型线路的设计资料，同时具有丰富的设计经验。分析设计法的灵活性很大，对于比较复杂的线路，可能要经过多次反复修改才能得到符合要求的控制线路。另外，初步设计出来的控制线路可能有几种，这时要加以比较分析，反复地修改简化，甚至要经过实验加以验证，才能确定比较合理的设计方案。这种方法设计的线路可能不是最简，所用的触点和电器不一定最少，所得出的方案不一定是最佳方案。

分析设计法没有固定的模式，还需选用一些典型线路环节凑合起来实现某些基本要求，而后根据生产工艺要求逐步完善其功能，并加以适当配置连锁和保护环节。

下面通过 C534J1 型车床横梁升降电气控制原理线路的设计实例，进一步说明分析设计法的设计过程。

1)电力拖动方式及其控制要求

为了适应不同高度工件加工时对刀的需要，要求安装有左右立刀架的横梁能通过丝杠传动快速做上升和下降的调整运动。丝杠的正反转由一台三相交流异步电动机 M_1 拖动，为了保证零件的加工精度，当横梁点动到需要的高度后，应立即通过夹紧机构将横梁夹紧在立柱上。每次移动前要先放松夹紧装置，因此，设置另一台三相交流异步电动机 M_2 拖动夹紧放松机构,以实现横梁移动前的放松和到位后的夹紧动作。在夹紧、放松机构中,设置两个行程开关 SQ_1 与 SQ_2,如图5.1所示,分别检测已放松和已夹紧信号。

横梁升降控制要求是:

采用短时工作的点动控制。

①横梁上升控制动作过程:

按上升按钮→横梁放松(夹紧电动机反转)→压下放松位置开关→停止放松→横梁自动上升(升/降电动机正转)→到位放开上升按钮→横梁停止上升→横梁自动夹紧(夹紧电动机正转)→已放松位置与开关松开,达到一定夹紧程度后夹紧位置开关压下→上升过程结束。

②横梁下降控制动作过程:

按下降按钮→横梁放松→压下已放松位置开关→停止放松,横梁自动下降→到位放开下降按钮→横梁停止下降并自动短时回升(升/降电动机短时正转)→横梁自动夹梁→已放松位置开关松开,并夹紧一定紧度已夹紧位置开关压下→下降过程结束。

可见,下降与上升控制的区别在于到位后多了一个自动的短时回升动作,其目的在于消除移动螺母上端面与丝杠的间隙,以防止工作过程中因横梁倾斜造成的误差,而上升过程中移动螺母上端面与丝杠之间不存在间隙。

横梁升降动作应设置上下极限位置保护。

2)设计过程

①根据拖动要求设计主电路

由于升、降电动机 M_1 与夹紧放松电动机 M_2 都要求正反转,所以采用 KM_1、KM_2 及 KM_3、KM_4 接触器主触头变换相序控制。

考虑到横梁夹紧时有一定的紧度要求,在 M_2 正转即 KM_3 动作时,其中一相串过电流继电器KI检测电流信号,当 M_2 处于堵转状态,电流增长至动作值时,过电流继电器KI动作,使夹紧动作结束,以保证每次夹紧紧度相同。据此便可设计出如图5.1所示的主电路。

②设计控制电路草图

如果暂不考虑横梁下降控制的短时回升,则上升与下降控制过程完全相同,当发出"上升"或"下降"指令时,首先是夹紧放松电动机 M_2 反转(KM_4 吸合),由于平时横梁总是处于夹紧状态,行程开关 SQ_1(检测已放松信号)不受压,SQ_2 处于受压状态(检测已夹紧信号),将 SQ_1 常开触头串在横梁升降控制回路中,常闭触头串于放松控制回路中(SQ_2 常开触头串在立车工作台转动控制回路中,用于连锁控制),因此,在发出上升或下降指令时(按 SB_1 或 SB_2),必然是先放松(SQ_2 立即复位,夹紧解除),当放松动作完成 SQ_1 受压,KM_4 释放,KM_1(或 KM_2)自动吸合实现横梁自动上升(或下降)。上升(或下降)到位,放开 SB_1(或 SB_2)停止上升,由于此时 SQ_1 受压,SQ_2 不受压,因此 KM_3 自动吸合,夹紧动作自动发出直到 SQ_2 压下,再通过KI常闭触头与 KM_3 的常开触头串联的自保回路继续夹紧至过电流继电器动作(达到一定的夹紧紧度),控制过程自动结束。按此思路设计的草图如图5.1所示。

③完善设计草图

图5.1设计草图功能不完善,主要是未考虑下降的短时回升。下降到位的短时自动回升,是满足一定条件下的结果,此条件与上升指令是"或"的逻辑关系,因此它应与 SB_1 并联,应该是下降动作结束即用 KM_2 常闭触头与一个短时延时断开的时间继电器KT触头的串联组成,回升时间由时间继电器控制。于是,便可设计出如图5.2所示的设计草图之二。

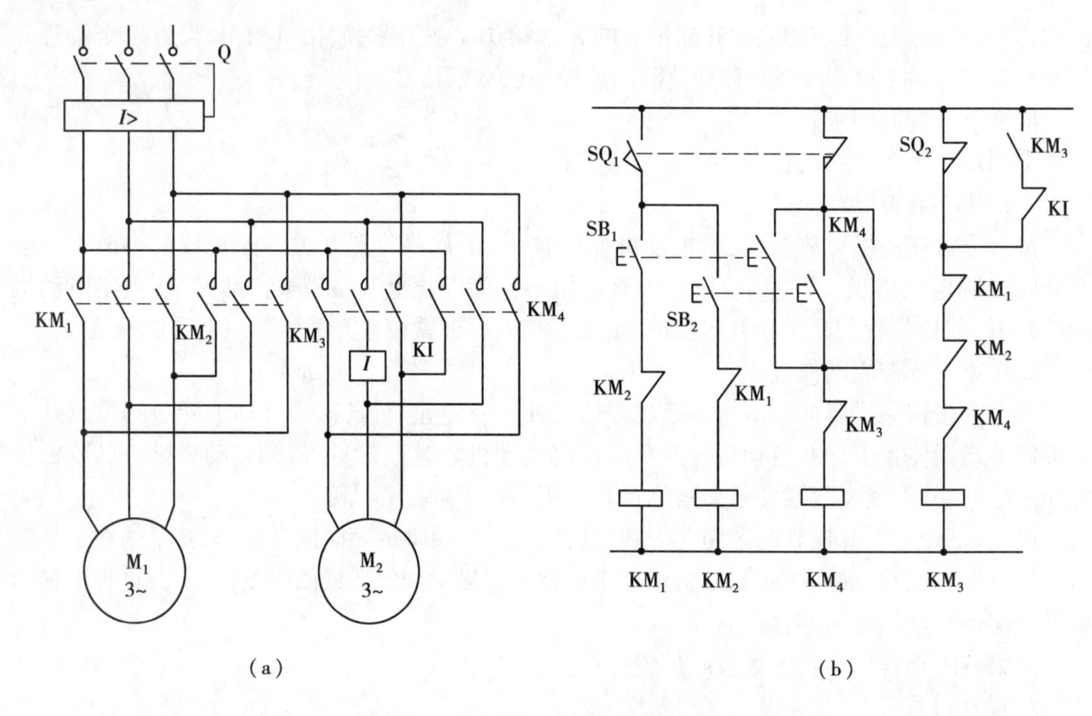

图 5.1 主电路与控制电路设计草图

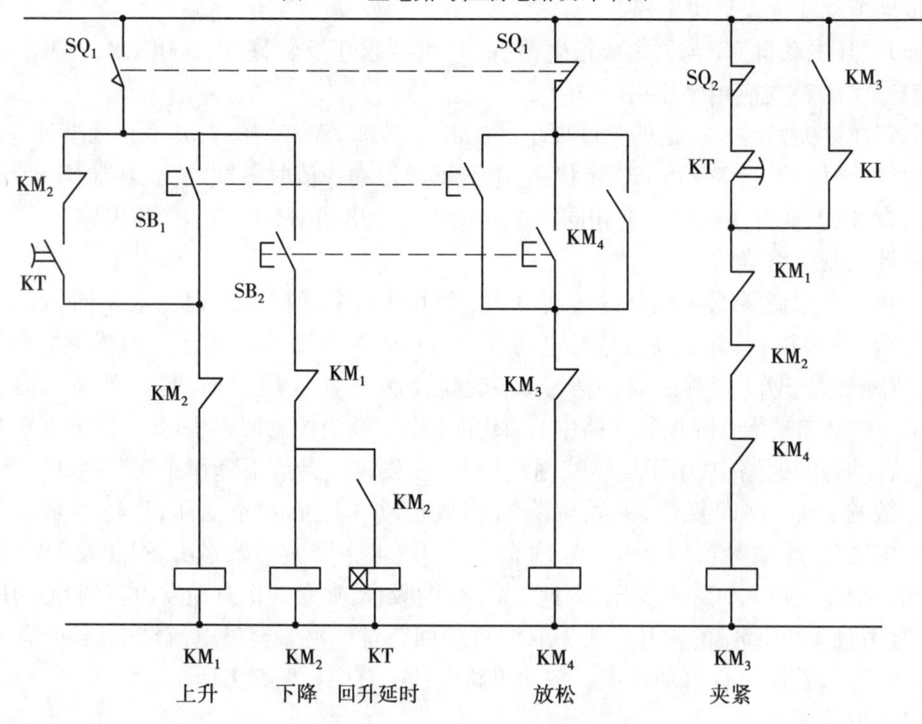

图 5.2 控制电路设计草图

④检查并改进设计草图

图 5.2 在控制功能上已达到上述控制要求，但仔细检查会发现 KM_2 的副触头使用已超出接触器拥有数量，同时考虑到一般情况下不采用二常开二常闭的复式按钮，因此，可采用中间

继电器 KA 来完善设计，如图 5.3 所示。其中 R-M、L-M 为工作台驱动电动机正反转连锁触头，以保证机床进入加工状态，不允许横梁移动。反之，横梁放松时就不允许工作台转动，是通过行程开关 SQ_2 的常开触头串联在 R-M、L-M 的控制回路中来实现。在完善控制电路设计过程中，进一步考虑横梁上下极限位置保护而采用 SQ_3、SQ_4 的常闭触头串接在上升与下降控制回路中。

⑤总体校核

控制线路设计完毕，最后需进行总体校核，检查是否存在不合理、遗漏或进一步简化的可能。检查内容包括：控制线路是否满足拖动要求，触头使用是否超出允许范围，必要的连锁与保护，电路工作的可靠性，照明显示及其他辅助控制要求，以及进一步简化的可能。

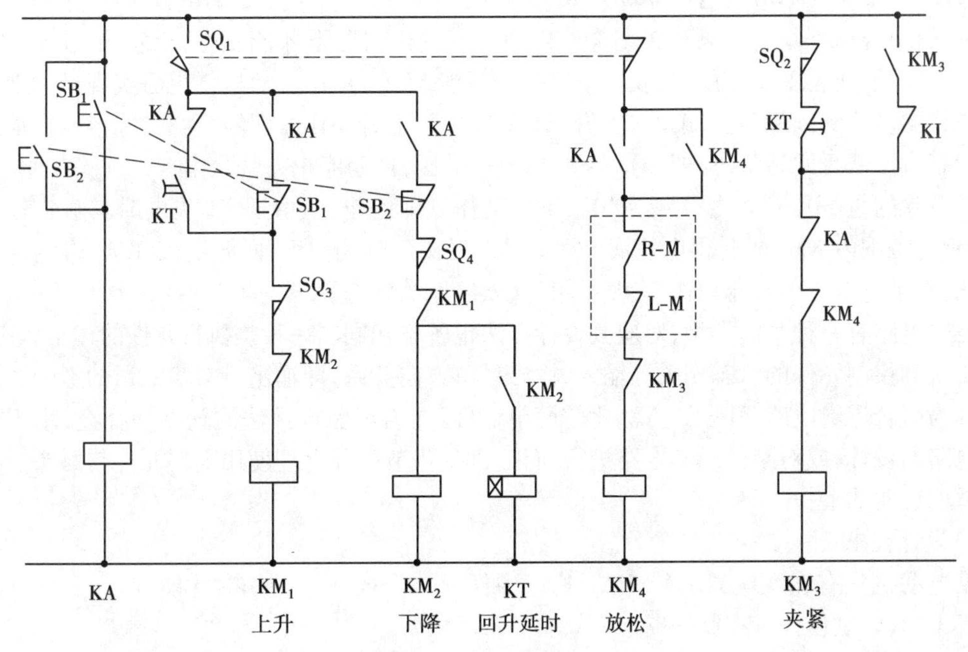

图 5.3　控制电路设计图

(2)逻辑设计法

逻辑设计法是利用逻辑代数这一数学工具来进行电路设计，即根据生产机械的拖动要求及工艺要求，将执行元件的工作信息以及主令电器的接通与断开状态看成逻辑变量，并根据控制要求将它们之间的关系用逻辑函数关系式来表达，然后再运用逻辑函数基本公式和运算规律进行简化，使之成为需要的最简“与、或”关系式，根据最简式画出相应的电路结构图，最后再做进一步的检查和完善，即能获得需要的控制线路。

采用逻辑设计法能获得理想、经济的方案，所用元件数量少，各元件能充分发挥作用，当给定条件变化时，能指出电路相应变化的内在规律，在设计复杂控制线路时，更能显示出它的优点。

对于任何控制线路，控制对象与控制条件之间都可以用逻辑函数式来表示，所以逻辑法不仅能用于线路设计，也可以用于线路简化和读图分析。逻辑代数读图法的优点是各控制元件的关系能一目了然，不会读错和遗漏。

例如，前设计所得控制电路图 5.3 中，横梁上升与下降动作发生条件与电路动作可以用下面的逻辑函数式来表示：

$KA = SB_1 + SB_2$

$KM_4 = \overline{SQ_1} \cdot (KA + KM_4) \cdot \overline{R-M} \cdot \overline{L-M} \cdot \overline{KM_3}$

动作之初横梁总处于夹紧状态，SQ_1 为“0”（不受压）SQ_2 为“1”（受压），因此在 R-M、L-M、KM_3 均为“0”情况下，只要发出“上升”或“下降”指令 KM_4 得电放松（夹紧解除 SQ_2 由“1”变为“0”）直到 SQ_1 受压（状态由“0”变为“1”），放松动作才结束。

$KM_1 = SQ_1 \cdot (\overline{SB_2} \cdot KA + \overline{KA} \cdot KT) \cdot \overline{KM_2} \cdot \overline{SQ_3}$

$KM_2 = SQ_1 \cdot \overline{SB_1} \cdot \overline{SQ_4} \cdot KA \cdot \overline{KM_1}$

$KM_3 = \overline{KA} \cdot \overline{KM_4} (\overline{SQ_2} \cdot \overline{KT} + KM_3 \cdot \overline{KI})$

可见，上升与下降动作只有在完全放松即 SQ_1 受压情况下才能发生，当发出“上升”指令（SB_1 为“1”）只可能 KM_1 为“1”，发出下降指令只能 KM_2 为“1”。放松结束后实现自动上升或下降之目的。达到预期高度，解除“上升”，KA 为“0”，上升动作立即停止。KM_3 得电自动进入夹紧状态直至恢复原始状态，即 SQ_1 不受压，SQ_2 受压，自动停止夹紧动作。

若解除的是“下降”指令，KA 为“0”，下降动作立即停止，但由于 KT 失电时其触头延时动作，在延时范围内 KM_1 短时得电使横梁回升，KT 触头延时动作后，回升结束，KM_3 得电自动进入夹紧，直至过电流继电器动作，夹紧结束，又恢复原始状态。

逻辑电路有两种基本类型，对应其设计方法也各不相同。一种是执行元件的输出状态，只与同一时刻控制元件的状态相关。输入、输出呈单方向关系，即输出量对输入量的影响。这类电路称为组合逻辑电路，其设计方法比较简单，可以作为经验设计法的辅助和补充，用于简单控制电路的设计，或对某些局部电路进行简化，进一步节省并合理使用电器元件与触头。

举例说明如下：

1）设计要求：

某电动机只有在继电器 KA_1、KA_2、KA_3 中任何一个或两个动作时才能运转，而顺其他条件下都不运转，试设计其控制线路。

2）设计步骤：

①列出控制元件与执行元件的动作状态表，如表 5.1 所示。

表 5.1　状态表

KA_1	KA_2	KA_3	KM
0	0	0	0
0	0	1	1
0	1	0	1
0	1	1	1
1	0	0	1
1	0	1	1
1	1	0	1
1	1	1	0

②根据表 5.1 写出 KM 的逻辑代数式:

$$KM=\overline{KA_1}\cdot\overline{KA_2}\cdot KA_3+\overline{KA_1}\cdot KA_2\cdot KA_3+KA_1\cdot\overline{KA_2}\cdot KA_3+KA_1\cdot\overline{KA_2}\cdot\overline{KA_3}+KA_1\cdot KA_2\cdot\overline{KA_3}+\overline{KA_1}\cdot KA_2\cdot\overline{KA_3}$$

③利用逻辑代数基本公式化简单至最简"与或"式:

$$\begin{aligned}KM&=\overline{KA_1}(\overline{KA_2}\cdot KA_3+KA_2\cdot\overline{KA_3}+KA_2\cdot KA_3)+KA_1(\overline{KA_2}\cdot\overline{KA_3}+\overline{KA_2}\cdot KA_3+KA_2\cdot\overline{KA_3})\\&=\overline{KA_1}[KA_3(\overline{KA_2}+KA_3)+KA_2\cdot\overline{KA_3}]+KA_1[\overline{KA_3}\cdot(\overline{KA_2}+KA_2)+\overline{KA_2}\cdot KA_3]\\&=\overline{KA_1}(KA_3+KA_2\cdot\overline{KA_3})+KA_1(\overline{KA_3}+\overline{KA_2}\cdot KA_3)\\&=\overline{KA_1}(KA_2+KA_3)+KA_1(\overline{KA_3}+\overline{KA_2})\end{aligned}$$

④根据简化了的逻辑式绘制控制电路,如图 5.4 所示。

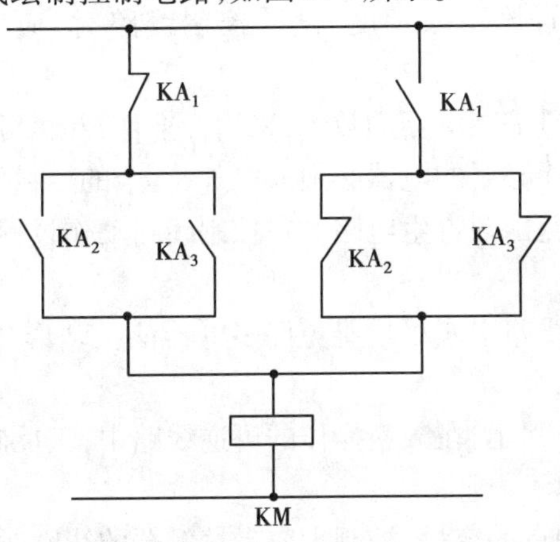

图 5.4　控制电路

另一类逻辑电路被称为时序逻辑电路,其特点是,输出状态不仅与同一时刻的输入状态有关,而且还与输出量的原有状态及其组合顺序有关,即输出量通过反馈作用对输入状态产生影响。这种逻辑电路设计要设置中间记忆元件(如中间继电器等),记忆输入信号的变化,以达到各程序两两区分的目的。其设计过程比较复杂,基本步骤如下:

A. 根据拖动要求,先设计主电路,明确各电动机及执行元件的控制要求,并选择产生控制信号(包括主令信号与检测信号)的主令元件(如按钮、控制开关、主令控制器等)和检测元件(如行程开关、压力继电器、速度继电器、过电流继电器等)。

B. 根据工艺要求作出工作循环图,并列出主令元件、检测元件以及执行的状态表,写出各状态的特征码(一个以二进制数表示一组状态的代码)。

C. 为区分所有状态(重复特征码)而增设必要的中间记忆元件(中间继电器)。

D. 根据已区分的各种状态的特征码。写出各执行元件(输出)与中间继电器、主令元件及检测元件(逻辑变量)间的逻辑关系式。

E. 化简逻辑式,据此绘出相应控制线路。

F. 检查并完善设计线路。

由于这种方法设计难度较大,整个设计过程较复杂,还要涉及一些新的东西,因此,在一般常规设计中,很少单独采用。其具体设计过程可参阅专门论述资料,这里不再做进一步介绍。

5.2.4 电气控制线路设计的注意事项

电气控制线路的设计要本着设计线路简单、正确、安全、可靠、结构合理、使用维修方便等原则进行。在设计时应注意以下问题:

①尽量减少控制线路中电流、电压的种类,控制电压等级应符合标准等级,在控制线路比较简单的情况下,可直接采用电网、电压,即交流 220 V、380 V 供电,可省去控制变压器。当然,很多控制系统应采用控制变压器降低控制电压,或用直流电压进行控制。

②尽量减少触点,以提高可靠性。

③正确地连接电器的触点和电器的线圈。

④尽量缩短连接导线的数量和长度,设计控制线路时,应考虑到各个元件之间的实际接线。

⑤正确地使用电器,尽量缩减电器的数量,采用标准件,并尽可能选用相同型号。

⑥控制线路在工作时,除必要的电器必须通电外,其余的尽量不通电以节约电能。

⑦在控制线路中,应避免出现寄生电路。在控制线路动作过程中,意外接近的电路叫寄生电路。

⑧避免电器依次动作,线路中应尽量避免许多电器依次动作才能接近另一个电器间控制线路。

⑨电气连锁和机械连锁共用,在频繁操作的可逆线路中,正反向接触器之间不仅要有电气连锁,而且还要有机械连锁。

⑩注意小容量继电器触点的容量,控制大容量接触器的线圈时,要计算继电器触点断开和接近容量是否足够,如果不够必须加小容量接触器或中间继电器,否则工作不可靠。

⑪应具有完善的保护环节,以避免因误操作而发生事故。完善的保护环节包括运载、短路、过电流、过电压、失电压等保护环节,有时还应设有合闸、断开、事故、安全等必需的指示信号。

5.3 电气控制线路常用控制电器的选择

随着工业化程度的提高及科学技术的发展,自动化控制系统的规模越来越大,一个大型的自动化控制系统往往需要几万个元件。因此,整个系统可靠性的基础就是所选用元件的可靠性。比如一个串联电路,其中只要有一个元件失效,就会使整个电路发生故障,可能会使整个设备所造成的损失要远远超过该元件本身的价值。可见,如何正确选用好元件,对控制线路的设计是很重要的。

5.3.1 电器元件选择的基本原则

①根据对控制元件功能的要求,确定电器元件类型。比如,对于继电—接触器控制系统,当元件用于切换功率较小的电路(控制电路或微型电机的主电路)时,则应选择中间继电器;若还伴有延时要求,则应选用时间继电器;若有限位控制,则应选用行程开关等。

②确定元器件承载能力的临界值及使用寿命。主要是根据电器控制的电压、电流及功率

的大小来确定元件的规格。

③确定元器件预期的工作环境及供应情况。

④确定元器件在应用时所需的可靠性等。

5.3.2　电动机的选择

电动机的机械特性应满足生产机械提出的要求,要与负载特性相适应,以保证加工过程中运行稳定并具有一定的调速范围与良好的启动、制动性能。电动机在工作过程中,容量要能得到充分作用,即温升尽可能达到或接近额定温升值。在此,正确选定电动机容量是电动机选择的关键,由于生产机械拖动负载的变化,散热条件的不同,准确选择电动机额定功率是一个多因素和较为复杂的过程,不仅需要一定理论分析为依据,还需要经过试验来校准。

(1)电动机容量的选择

电动机的额定容量由允许温升决定,选择电动机功率的依据是负载功率。因为电动机的容量反映了它的负载能力,它与电动机的容许温升和过载能力有关。前者是电动机负载时容许的最高温度,与绝缘材料的耐热性能有关;后者是电动机的最大负载能力,在直流电动机中受整流条件的限制,在交流电动机中由最大转矩决定。以机床电动机容量的选择为例,通常考虑两种类型。

1)主拖动电动机容量的选择

①分析计算法　分析计算法是根据生产机械提供的功率负载图,预选一台功率相近的电动机,根据负载从发热方面进行检验,将检验结果与预选电动机参数进行比较,并检查电动机的过载能力与拖动转矩是否满足要求,如果不能满足要求,再选一台电动机重新进行计算,直至合格为止。

电动机在不同工作制下的发热校验计算有等效发热法、平均损耗法等,详细计算方法可参阅有关资料。

②统计类比法　统计类比法是在不断总结经验的基础上,选择电动机容量的一种实用方法,此法比较简单,但有一定局限性,通常留有较大的裕量,存在一定的浪费。它是将各种同类型的机床电动机容量进行统计和分析,从中找出电动机容量和机床主要参数间的关系,再根据具体情况得出相应的计算公式。

对于不同类型的机床,目前采用的拖动电动机功率的统计分析公式如下:

$$P = 36.5D^{1.54} \tag{5.1}$$

式中　P——主拖动电动机功率,kW;

　　D——工件最大直径,m。

立式车床主拖动电动机的功率:

$$P = 20D^{0.88} \tag{5.2}$$

式中　P——主拖动电动机功率,kW;

　　D——工件的最大直径,m。

摇臂钻床主拖动电动机功率为:

$$P = 0.0646D^{1.19} \tag{5.3}$$

式中　P——主拖动电动机功率,kW;

　　D——最大钻孔直径,mm。

卧式镗床主拖动电动机功率为：

$$P = 0.004D^{1.7} \tag{5.4}$$

式中 P——主拖动电动机功率，kW；

D——镗杆直径，mm。

龙门刨床主拖动电动机功率为：

$$P = \frac{1}{166}B^{1.15} \tag{5.5}$$

式中 P——主拖动电动机功率，kW；

B——工作台宽度，mm。

2)进给拖动电动机容量的选择

主进给拖动和进给拖动共用一台电动机的情况下，计算主拖动电机的功率即可。而主拖动和进给拖动没有严格内在联系的机床(如铣床)，一般进给拖动采用单独的电动机拖动，该电动机除拖动进给运动外，还拖动工作台的快速移动。由快速移动所需的功率比进给运动所需功率大得多，所以该电动机的功率常按快速移动所需功率来选择。快速移动所需功率，一般按经验数据来选择，见表5.2。

表5.2 进给电动机功率经验数据

机床类型		运动部件	移动速度 /($m \cdot min^{-1}$)	所需电动机功率 /kW
卧式车床	D_{max} = 400 mm	溜板	6 ~ 9	0.6 ~ 1.0
	D_{max} = 600 mm		4 ~ 6	0.8 ~ 1.2
	D_{max} = 1 000 mm		3 ~ 4	3.2
摇臂钻床	D_{max} = 35 ~ 75 mm	摇臂	0.5 ~ 1.5	1 ~ 2.8
升降台铣床		工作台	4 ~ 6	0.8 ~ 1.2
		升降台	1.5 ~ 2.0	1.2 ~ 1.5
龙门镗铣床		横梁	0.25 ~ 0.50	2 ~ 4
		横梁上的铣头	1.0 ~ 1.5	1.5 ~ 2
		立柱上的铣头	0.5 ~ 1.0	1.5 ~ 2

机床进给拖动的功率一般均较小，按经验，车床、钻床的进给拖动功率为主拖动功率的3% ~ 5%，而铣床的进给拖动功率为主拖动功率的20% ~25%。

(2)电动机额定电压的选择

直流电动机的额定电压应与电源电压相一致。当直流电动机由直流发电机供电时，额定电压常用220 V或110 V。大功率电动机可提高到600 ~800 V，甚至为1 000 V。当电动机由晶闸管整流装置供电时，为了配合不同的整流电路形式，Z3型电动机除了原有的电压等级外，还增加了160 V(单相桥式整流)及440 V(三相桥式整流)两种电压等级；Z2型电动机也增加了180 V、340 V、440 V等电压等级。

对于交流电动机，额定电压则与供电电网电压一致。一般车间电网电压为380 V，因此，中小型异步电动机额定电压为220/380 V(△/Y连接)及380/600 V(△/Y连接)两种。

(3)电动机额定转速的选择

对于额定功率相同的电动机,额定转速愈高,电动机的尺寸、质量和成本愈小;相反,电动机的额定转速愈低,则体积愈大,价格也愈高,功率因数和效率也愈低,因而选用高速电动机较为经济。但由于生产机械所需转速一定,电动机转速愈高,传动机构速比愈大,传动机构愈复杂,因此,应通过综合分析来确定电动机的额定转速。

①电动机连续工作时,很少启动、制动。可从设备初始投资、占地面积和维护费用等方面,以几个不同的额定转速进行全面比较,最后确定转速。

②电动机经常启动、制动及反转,但过渡过程持续时间对生产率影响不大时,除考虑初投资外,主要以过渡过程能量损耗最小为条件来选择转速比及电动机额定转速。

(4)电动机结构形式的选择

电动机的结构形式按其安装位置的不同可分为卧式、立式等。根据电动机与工作机构的连接方便和紧凑为原则来选择。如:立铣、龙门铣、立式钻床等机床的主轴都是垂直于机床工作台的,这时采用立式电动机较合适,它可减少一对变换方向的圆锥齿轮。

另外,按电动机工作的环境条件,还有不同的防护形式供选择,如防护式、封闭式、防爆式等,可根据电动机的工作条件来选择。粉尘多的场合,选择封闭式的电动机;易燃易爆的场合选用防爆式电动机。按机床电气设备通用技术条件中规定,机床应采用全封闭扇冷式电动机。机床上推荐使用防护等级最低为IP44的交流电动机。在某些场合下,还必须采用强迫通风。

常用的Y系列三相异步电动机是封闭自扇冷式笼式三相异步电动机,是全国统一设计的基本系列,它是我国20世纪80年代取代JO2系列的更新换代产品。安装尺寸和功率等级完全符合IEC标准和DIN 42673标准。本系列采用B级绝缘,外壳防护等级为IP44,冷却方式为IC0.141。

YD系列三相异步电动机的功率等级和安装尺寸与国外同类型先进产品相当,因而具有与国外同类型产品之间良好的互换性,供配套出口及引进设备替换。

5.3.3　控制变压器容量计算

当控制线路比较复杂,控制电压种类较多时,需要采用控制变压器进行电压变换,以提高工作的可靠性和安全性。

控制变压器的容量可以根据由它供电的控制线路在最大工作负载时所需要的功率来考虑,并留有一定的余量,即

$$S_T = K_T \sum S_C \tag{5.6}$$

式中　S_T——控制变压器容量,VA;

$\sum S_C$——控制电路在最大负载时所有吸持电器消耗功率的总和,VA,对于交流电磁式电器,S_C应取其吸持视在功率,VA;

K_T——变压器容量储备系数,一般取1.1～1.25。

常用交流电磁式电器的启动与吸持功率(均为视在功率)列于表5.3中。

表 5.3 启动与吸持功率

电器型号	启动功率 S_S/VA	吸持功率 S_C/VA	电器型号	启动功率 S_S/VA	吸持功率 S_C/VA
JZ7	75	12	CJ10-40	280	33
CJ10-5	35	6	MQ1-5101	≈450	50
CJ10-10	65	11	MQ1-5111	≈1 000	80
CJ10-20	140	22	MQ1-5121	≈1 700	95
CJ10-40	230	32	MQ1-5131	≈2 200	130
CJ10-10	77	14	MQ1-5141	≈100 000	480
CJ10-20	156	33			

5.3.4 常用电器元件的选择

在控制系统原理图设计完成之后，就可根据线路要求，选择各种控制电器，并以元件目录形式列在标题栏上方。

正确、合理地选用各种电器元件是控制线路安全与可靠工作的保证，也是使电气控制设备具有一定的先进性和良好的经济性的重要环节。有关常用电器元件的选用原则在第 1 章中已做详细介绍，下面从设计和使用角度简要介绍一些常用控制电器的选用依据。

(1)按钮、刀开关、组合开关、限位开关及自动开关的选择

1)按钮

按钮通常是用来短时接通或断开小电流控制电路的一种主令电器。其选用依据主要是按需要的触点对数、动作要求、是否需要带指示灯、使用场合以及颜色等要求。目前，按钮产品有多种结构形式、多种触头组合以及多种颜色，供不同使用条件选用。例如，紧急操作一般选用蘑菇形，停止按钮通常选用红色等。其额定电压有交流 500 V、直流 440 V，额定电流为 5 A。常选用的按钮有 LA2、LA10，LA19 及 LA20 等系列。

2)刀开关

刀开关又称为闸刀，主要用于接通和切断长期工作设备的电源及不经常启动及制动容量小于 7.5 kW 的异步电动机。刀开关选用时，主要是根据电源种类、电压等级、断流容量及需要极数。当用刀开关来控制电动机时，其额定电流要大于电动机额定电流的 3 倍。

3)组合开关

组合开关主要用于电源的引入，所以又称为电源隔离开关。其选用依据是电源种类、电压等级、触头数量以及断流容量。当采用组合开关来控制 5 kW 以下小容量异步电动机时，其额定电流一般为(1.5 ~2.5)I_N，接通次数小于 15 ~20 次/h，常用的组合开关为 HZ10 系列。

4)限位开关

限位开关主要用于位置控制或有位置保护要求的场合。限位开关种类很多，常用的有 LX2、LX19、JLZK1 型限位开关以及 LXW-11、JLXW-11 型微动开关。选用时，主要根据机械位置对开关形式要求的控制线路对触头数量的要求，以及电流、电压等级来确定其型号。

5)断路器

由于断路器具有很好的保护作用，故在电气设计的应用中越来越多。自动开关的类型较多，有框架式、塑料外壳式、限流式、手动操作式和电动操作式。在选用时，主要从保护特性要求(几段保护)、分断能力、电网电压类型、电压等级、长期工作负载的平均电流、操作频率程度等几方面去确定它的型号。

在初步确定断路的类型和等级后,保护动作值的整定还必须注意与上下级开关保护特性的协调配合,从总体上满足系统对选择性保护的要求。

(2)接触器的选择

在电气控制线路中,接触器的使用十分广泛,而其额定电流或额定控制功率是随使用条件的不同而变化的,只有根据不同使用条件去正确选用,才能保证它在控制系统中长期可靠地运行,充分发挥其技术经济效果。

接触器分直流和交流接触器,选择的主要依据是接触器主触头的额定电压、电流要求,辅助触头的种类、数量及其额定电流,控制线圈电源种类、频率与额定电压,操作频繁程度负载类型等因素。具体选用方法是:

①主触头额定电流 I_N 的选择。主触头的额定电流应大于、等于负载电流,对于电动机负载可按下面经验公式计算主触头电流 I_N,即

$$I_N = \frac{P_N \times 10^3}{KU_N} \tag{5.7}$$

式中　P_N——被控制电动机额定功率,kW;

U_N——电动机额定线电压,V;

K——经验系数取1~1.4。

在选用接触器额定电流应大于计算值,也可以参照表5.4,按被控制电动机的容量进行选取。

对于频繁启动、制动与频繁正反转工作情况,为了防止主触头的烧蚀和过早损坏,应将接触器的额定电流降低一个等级使用,或将表5.4中的控制容量减半选用。

②主触头额定电压 U_N 应大于控制线的额定电压。

③接触器触点数量、种类应满足控制需要,当辅助触点的对数不能满足要求时,可用增设中间继电器方法来解决。

④接触器控制圈的电压种类与电压等级应根据控制线路要求选用。简单控制线路可直接选用交流380 V、220 V。线路复杂且使用电器较多时,应选用127 V、110 V或更低的控制电压。

直流接触器主要有CZ0系列,选用方法与交流接触器基本相同。

(3)继电器的选择

1)电器式继电器的选用

中间继电器、电流继电器、电压继电器等都属于这一类型。选用的依据主要是:被控制或被保护对象的特性、触头的种类、数量、控制电路的电压、电流、负载性质等因素。线圈电压、电流应满足控制线路的要求。如果控制电流超过继电器触头额定电流,可将触头并联使用,也可以采用触头串联使用方法来提高触头的分断能力。

表 5.4 接触器额定电流的选取

型 号	额电流/A	可控制的笼式异步电动机的最大容量/kW		
		220 V	380 V	500 V
CJ10-5	5	1.2	2.2	2.2
CJ10-10	10	2.2	4.0	4.0
CJ10-20	20	5.5	10.0	10.0
CJ10-40	40	11	20.0	20.0
CJ10-60	60	17	30.0	30.0
CJ10-100	100	30	50	50
CJ10-150	150	43	75	75

2)时间继电器的选用

选用时应考虑延时方式(通电延时或断电延时)、延时范围、延时精度要求、外形尺寸、安装方式、价格等因素。

常用的时间继电器有气囊式、电动式及晶体管式等,在延时精度要求不高和电源电压波动大的场合,宜选用价格较低的电磁式或气囊式时间继电器。当延时范围大和延时准确度较高时,可选用电动式或晶体管式时间继电器。

3)热电器的选用

热继电器有两相式、三相式等形式。对于星形接法的电动及电源对称性较好的情况,可采用两相式结构的热继电器;对于三角形接法的电动机或电源对称性不够好的情况,则应选用三相式结构或带断相保护的三相结构热继电器;而在重要场合或容量较大的电动机,可选用半导体温度继电器来进行过载保护。

热继电器发热元件额定电流原则上按被控制电动机的额定电流选取,并依此去选择发热元件编号和一定的调节范围。

(4)熔断器选择

熔断器选择的主要内容是其类型、额定电压、熔断器额定电流等级与熔体额定电流。根据负载保护特性、短路电流大小及各类熔断器的适用范围来选用熔断器的类型。额定电压是根据被保护电路的电压来选择的。

熔体额定电流是选择熔断器的关键,它与负载大小、负载性质密切相关。对于负载平稳、无冲击电流(如照明、信号、电热电路),可直接按负载额定电流选取;而对于电动机一类有冲击电流负载,熔体额定电流可按下式计算值选取。

单台电动机长期工作:

$$I_R = (1.5 \sim 2.5) I_N \tag{5.8}$$

多台电动机长期共用一个熔断器保护:

$$I_R \geqslant (1.5 \sim 2.5) I_{Nmax} + \sum I_N \tag{5.9}$$

式中 I_{Nmax}——容量最大一台电动机的额定电流;

$\sum I_N$——除容量最大的电动机之外,其余电动机额定电流之和。

轻载及启动时间短时,系数取1.5,启动负载较重及启动时间长,启动次数又较多的情况,则取2.5。

熔体额定电流的选择还要考虑到上下级保护的配合,以满足选择性保护要求,使下一级熔断器的分断时间较上一级熔断器熔体的分断时间要短,否则,将会发生越级动作,扩大停电范围。

思考题

5.1　电力拖动电气控制设计应遵循的原则是什么?设计内容包括哪些主要方面?

5.2　在电力拖动电气控制设计中,电动机的选择包括哪些主要内容?选用的依据是什么?

5.3　电气控制原理设计的主要内容有哪些?原理设计的主要任务是什么?

5.4　采用分析法设计一个控制电路控制三台交流电动机,要求第一台启动10 s后,第二台自行启动并运行15 s后,第三台电动机启动的同时第一台电动机停止运行,第三台电动机运行10 s后,三台电动机同时运行(停车无特殊要求)。

5.5　根据自己的想法设计一台机床的电气自动控制线路,画出电气原理图并制订电气元件明细表。

该机床是采用钻孔倒角组合刀具,其加工工艺是:快进→工进→停留光刀(3 s)→快退→停车。该机床采用三台电动机,其中 M_1 为主运动电动机(Y112M-4,容量4 kW),M_2 为工进电动机(Y90L-4,容量1.5 kW),M_3 为快速移动电动机(Y801-2,容量0.75 kW)。

5.6　设计说明书和使用说明书应包括哪些主要内容?

参考文献

[1] 尚艳华. 电力拖动[M].5 版. 北京:电子工业出版社,2011.
[2] 程周. 电机拖动与电控技术[M].3 版. 北京:电子工业出版社,2013.
[3] 赵秉衡. 工厂电气控制设备[M]. 北京:冶金工业出版社,2001.
[4] 何焕山. 工厂电气控制设备[M]. 北京:高等教育出版社,2005.
[5] 张延英,任志锦. 工厂电气控制设备[M].2 版. 北京:中国轻工业出版社,1999.
[6] 朱平. 电器(低压、高压、电子)[M]. 北京:机械工业出版社,2000.
[7] 王仁祥. 常用低压电器原理及其控制技术[M].2 版. 北京:机械工业出版社,2008.
[8] 齐占伟. 电气控制及维修[M]. 北京:机械工业出版社,2003.
[9] 方承远. 工厂电气控制技术[M].2 版. 北京:机械工业出版社,2006.
[10] 倪远平. 现代低压电器及其控制技术[M].3 版. 重庆:重庆大学出版社,2019.
[11] 张秉淑. 维修电工生产实习[M].2 版. 北京:中国劳动出版社,1997.
[12] 陈远龄. 机床电气自动控制线路[M].4 版. 重庆:重庆大学出版社,2018.
[13] 马应魁. 电气控制技术[M]. 北京:化学工业出版社,1998.